美国互联网金融与大数据监管研究

王 达 著

中国金融出版社

责任编辑：任　娟
责任校对：张志文
责任印制：陈晓川

图书在版编目（CIP）数据

美国互联网金融与大数据监管研究（Meiguo Hulianwang Jinrong yu
Dashuju Jianguan Yanjiu）/王达著.—北京：中国金融出版社，2016.9
　ISBN 978 - 7 - 5049 - 8793 - 8

　Ⅰ.①美…　Ⅱ.①王…　Ⅲ.①互联网络—应用—研究—美国　②数据
处理—研究—美国　Ⅳ.①F837.122　②TP274

中国版本图书馆 CIP 数据核字（2016）第 280358 号

出版
发行　**中国金融出版社**

社址　北京市丰台区益泽路 2 号
市场开发部　（010）63266347，63805472，63439533（传真）
网上书店　http://www.chinafph.com
　　　　　　（010）63286832，63365686（传真）
读者服务部　（010）66070833，62568380
邮编　100071
经销　新华书店
印刷　保利达印务有限公司
尺寸　169 毫米 ×239 毫米
印张　23.75
字数　343 千
版次　2016 年 9 月第 1 版
印次　2016 年 9 月第 1 次印刷
定价　48.00 元
ISBN 978 - 7 - 5049 - 8793 - 8/F.8353
如出现印装错误本社负责调换　联系电话(010)63263947
责任编辑邮箱：394390282@qq.com

　　本书为教育部第48批留学回国人员科研启动基金"互联网金融的运作机理、风险与监管：基于国际比较视角的研究"的研究成果并得到了吉林大学美国研究所的资助

推荐序

以第三方支付、P2P 与股权众筹为代表的互联网金融，与以信托产品、银行理财产品、银行间拆借为代表的影子银行，成为近年来中国金融市场发展中最重要的两大现象。互联网金融与影子银行成为民间金融市场突破利率管制、打破金融抑制、提高信贷可获得性与开展普惠金融的重要抓手。与影子银行体系在中国实质上属于"商业银行的影子"、更多地是通道服务而非实质创新相比，互联网金融由于与"大数据、云计算、区块链、去中心"等新概念捆绑到一起，则更加吸引眼球。

然而，在中国，最近几十年以来，很多民间金融创新都难以摆脱"一放就乱、一管就死"的"治乱循环"。互联网金融也不例外，尤其是其中的 P2P 业务。在政府最初的热情鼓励之下，大量的 P2P 公司应运而生，使得中国迅速超过美国，成为全球 P2P 网络融资规模最大的国家。然而，这里面有大量的 P2P 公司，它们既没有真正成熟的商业模式，也缺乏专业、系统的风险管理，从而沦为新的民间融资骗局，让很多天真的投资者亏得血本无归。在这一背景下，中国政府开始全面管理 P2P 行业，现在要注册新的 P2P 公司难度很大，且监管空前严格，就连规范经营的 P2P 企业，也感觉到处处受到掣肘。

互联网金融如何能够打破"一放就乱、一管就死"的怪圈，真正在中国金融市场获得长足发展呢？笔者认为，首先，监管部门与社会公众应该努力厘清互联网金融的概念与本质，只有这样，才能真正区分那些诚意经营的企业，以及那些浑水摸鱼的"李鬼"。其次，阳光底下无新事。中国的互联网金融产品，其实绝大部分是来自美国市场的舶来品（当然，有些产品由于中国的固有特征而在中国更加发展壮大）。因此，全面、系统地把握美国互联网金融行业的发展历程、产生的问题与监管实践，能够帮助我们更加前瞻性地经营与管理互联网金融事业。最后，金融创新通常意味着利用监管空白、规避或突破监管，因此监管机构必须与时俱进，随时跟踪市场上的发展动态，并相应调整自己的监管理念与实践。

在笔者看来，吉林大学经济学院王达博士的新著《美国互联网金融与大数据监管研究》就有助于我们加强对互联网金融概念与本质的了解、熟悉美国相应监管框架的特色与变化，从而帮助业界与监管者更好地走出关于创新与监管的"治乱循环"。

王达博士这本新著的内容相当丰富，分为上、下两篇。上篇主要分析美国互联网金融的发展与监管，下篇则转为梳理美国大数据监管的探索与实践。在我更加关注的上篇，作者首先讨论了作为互联网金融理论框架的网络经济学，其次概述了美国互联网金融的发展历程，再次重点剖析了美国互联网金融的监管实践，最后将中美互联网金融进行了系统的比较。

挂一漏万地来说，这本新著至少在以下几个方面给我留下了深刻印象：

首先，在互联网金融的界定方面，作者指出，互联网金融不仅仅体现为传统金融与互联网技术的结合，在更深层次意义上，也表现为互联网技术所承载的"开放、互联、沟通、包容、平等、协作、分享"的互联网精神对传统金融的参与和再造。

其次，作者将美国互联网金融模式的发展分为三个阶段：20世纪90年代初至21世纪初的传统互联网金融模式（传统金融机构网络化）、2005年至2010年前后的互联网直接融资模式（P2P与众筹等），以及2010年以来的金融科技（大数据技术与区块链技术和传统金融业务的结合）。

再次，在比较中美互联网金融时，作者将网络规模作为一个关键差异。他指出，由于中国的网络规模大于美国，网络产品的用户规模在达到临界容量进而引发正反馈机制方面耗时更长、难度更大，竞争将会更加激烈与残酷，以至于企业往往不得不借助于一些极端的竞争策略。

最后，作者提出了三个非常深刻的问题：其一，互联网金融发展是否会加剧金融脱媒？其二，互联网金融发展究竟会提高还是降低实体企业的融资成本？其三，互联网金融发展是否会彻底颠覆传统的金融模式？

虽然我不是一个专门研究互联网金融的学者，但我还是认为，王达博士的上述判断与观察还是非常敏锐的，他提出的三个问题也是耐人寻味的。

王达博士是一位非常努力的学者。我其实很佩服他是做金融监管研究的。众所周知，现在要在顶级期刊发表文章，没有模型、没有实证是非常困难的。王达博士当然具备这方面的能力，但他还是毅然决然地选择了从事监管体系与监管实践的研究，这种兴趣导向的非功利主义情怀现在已经很稀缺了。长时间伏案工作使年纪轻轻的他就已经开始面临学者常见的肩颈腰背毛病的困扰，以至于我每次见他的时候，都劝他要注意身体。

学术是一种生活方式，是一场马拉松，是一种宗教。要一辈子献身学术，除了兴趣与情怀之外，还需要好的身体、苦中作乐的心态，以及志同道合的朋友。借此与王达博士共勉。

中国社科院世经政所国际投资室主任、研究员　张明

序

　　美国是最早认识到信息技术对国民经济的重要意义的国家。作为以电子计算机和信息技术为代表的第三次产业革命的策源地，美国信息技术产业不仅已经取代传统的周期性产业，成为其经济周期的新增长点，而且该产业的发展以及由此导致的传统产业的信息化，使美国的劳动生产率大大提高。信息技术产业的产值在 GDP 中所占的比重，早在 1996 年就超过了建筑业和汽车制造业，成为美国第一大产业。到 2001 年，其产值为 15927.1 亿美元，在 GDP 中所占的比重上升为 19.4%。20 世纪 90 年代初，互联网技术在美国率先民用化。互联网热潮不仅推动了信息技术产业的迅速发展，而且还加速了互联网技术向传统产业的扩散。金融业作为高度依赖信息获取、处理与传播的产业部门，成为与互联网技术融合的先锋。从某种意义上说，没有互联网金融的发展，就不会有 20 世纪 90 年代中后期美国银行部门的并购潮，特别是迅速发展的金融创新。当然，这种过度的金融创新即金融衍生产品的泛滥，最终引发了 2007 年的次贷危机并且演化为一场自 20 世纪 30 年代以来最严重的国际金融危机，由此印证了互联网金融是审视和研究 20 世纪 90 年代以来美国金融业发展特别是金融体系变化的一个独特的视角。

　　进入 21 世纪以来，这场信息技术革命出现了新的变化：在信息化时代以各种方式被产生、记录、存储、传播以及使用的数据开始成为信息技术革命的主角。一场被形象地称为"大数据革命"的信息技术变革悄然而至，而美国凭借完善的信息基础设施、蓬勃发展的技术创新，尤其是在普适计算和大数据领域所拥有的领先技术以及完备的产业链条，先于各国进入了大数据时代。如美国联邦证券交易委员会（SEC）早在 2010 年就着手开发大数据分析系统。2012 年 3 月，白宫发布了大数据研究和发展计划。该计划被视为美国大数据国家战略正式出台的标志。大数据国家战略的全面实施，意味着美国在大数据监管领域进行了一系列卓有成效的探索。其中，进展最快、影响范围最广的，是美国依托 G20 平台在全球范围内建立起来的全球金融市场法人识别码（Legal Entity Identifier，LEI）系统。该系统作为一项重要的全球微观金融数据基础设施，对于海量数据信息的收集、交换和分析具有难以估量的意义。美国在大数据监管领域的探索和实践，不仅在全球范围内起到了积极的示范效应，而且在客观上对国际金融危机后国际金融监管改革的进程产生了重大而深远的影响。大数据革命何以发源于美国？美国何以率先从"信息高速公路"进入"金融信息高速公路"？美国又何以先于其他发达国家将大数据革命上升为国家战略？这些问题都值得我们进行深入的思考和研究。

经历了 30 多年的改革和发展之后，中国金融业和金融体制的复杂程度可谓空前。特别是在最近几年里，影子银行体系的规模急剧扩大，金融混业经营日趋流行，互联网金融更是"野蛮生长"，而金融监管却严重滞后。如在传统的银行体系之外，仅网络借贷在 2016 年 9 月份就已经达到近 7000 亿元的在贷余额规模。这意味着互联网金融实际上已经成为另外一个"影子银行体系"。而在现行的金融监管框架之下，金融监管部门无法对其可能出现的系统性风险进行有效的监控。基于这一问题的严重性，国务院于近期启动了互联网金融风险专项整治工作。就银行业而言，一方面是银行规模的持续扩张以及综合化和国际化的发展，而另一方面则是数据信息的部门化。尽管一些银行坐拥海量信息，但由于数据割裂、缺乏挖掘和融会贯通而患上"数据贫血症"。而主要发达国家在国际金融危机后实施的金融监管改革，无一例外地将加强微观金融数据收集作为强化宏观审慎监管的重点。

王达博士曾于 2011 年 6 月作为德国洪堡基金会的访问学者，在德国基尔世界经济研究所从事了 15 个月的学术研究。回国后，他一直聚焦于美国影子银行体系、美国互联网金融以及美国大数据监管等问题的研究，先后在《国际经济评论》、《国际金融研究》等主流学术期刊上发表了多篇相关的研究成果。呈现在读者面前的这本《美国互联网金融与大数据监管研究》，是他在前期研究基础上的进一步思考和探索。作为他攻读硕士学位和博士学位的导师，我自然成为该书出版前的第一位读者，并且为他在从事学术研究时一以贯之的勤奋和睿智而感到欣慰。

项卫星
2016 年 9 月于吉林大学

目　录

上篇

美国互联网金融发展的理论与实践

第一章 导 论

一、研究背景暨问题的提出

纵观世界经济发展史，由技术革新引发的商业模式创新是推动经济、社会发展的重要力量。无论是蒸汽机和电力，还是电子计算机的出现及其所带来的重大变化，都证明了这一点。目前，全球金融业正在经历一场由互联网技术革新所引发的金融模式变迁，包括美国和中国在内的全球主要国家概莫能外。对于中国而言，这场"技术导向型"的金融模式变迁显得尤为剧烈。自 2012 年下半年以来，模式各异、种类多样的互联网金融在中国呈"井喷"式发展。特别是 2013 年，中国互联网金融发展的速度和规模远超各方预期，2013 年也因此被称为"中国互联网金融元年"。

最具标志性意义的事件当属中国互联网货币基金市场的蓬勃发展。2013 年 8 月，由中国最大的电子商务企业——阿里巴巴集团率先推出的兼具互联网货币基金和数字货币功能的创新型金融产品——"余额宝"正式上线。在一系列因素的共同作用下，这一中国首只互联网货币基金在不足一年的时间里便迅速发展成为中国最大并进入全球排名前十位的货币市场基金。其规模之大、扩张速度之快令人咋舌惊叹。以互联网货币基金为代表的创新型金融工具的出现和迅速发展，不仅对商业银行的存款（尤其是个人储蓄存款）、支付等既有业务模式形成了冲击，而且在客观上推动了中国的利率市场化进程。然而，互联网货币基金的迅速发展仅仅拉开了中国各类创新型互联网金融模式蓬勃发展的序幕。2014 年年初，中国新兴的第三方支付市场爆发了一场以"现金补贴"为典型特征的市场份额竞争。中国最大的两家在线支付企业为了争夺以出租车在线支付为代表的互联网支付入口，竟不惜先后投入数亿元人民币以现金补贴的方式争夺市场份额，竞争之激烈程度实属罕有，最终以两家公司宣布合并，并几乎垄断了中国出租车在线支付市场这一看似违背自由市场竞争原则的结果而告终。2015 年以来，以 P2P 融资和众筹融资为代表的互联网直接融资模式在中国迅猛发展。目前，中国已经取代美国成为全球 P2P 网络融资规模最大的国家。然而，与此相伴相生的则是网络融资活动的一系列监管难题以及网络诈骗和非法集资等犯罪活动的日益猖獗。

可以说，2013 年以来蓬勃发展的互联网金融模式不仅对中国传统的金融模式和金融业态产生了冲击，而且还对中国现行的金融监管框架构成了挑战。因此，近年来，在中国学术界、金融业界以及金融监管当局引发了一场关于互联网金融的大讨论。尽管如此，与迅速发展的互联网金融实践相比，互联网金融的理论研究进展缓慢，各方在有关互联网金融的内涵、本质、风险以及对传统金融业态和竞争格局的冲击等诸多问题上的分歧远多于共识，诸多关于互联网金融发展的理论与现实问题亟待深入研究与解答。

在这一背景之下，对美国这一互联网金融发展的先驱进行国别比较研究就显得十分必要。其逻辑是不言自明的：互联网金融发源于美国，因此目前中国几乎所有的互联网金融模式都能够在美国找到"样板"。美国不仅拥有全球最为发达的金融市场和最为成熟的金融体系，而且也是 20 世纪 90 年代以互联网的应用和普及为代表的信息革命（Information Revolution）的策源地。互联网金融模式在美国的发展已有 20 余年的历史，而且早在 20 世纪 90 年代末，美国就已经形成了较为完整的互联网金融产业链条。尽管美国各界曾对于以网络银行为代表的"电子金融"（Electronic Finance）的大行其道进行过系统的研究和讨论，但是相比而言，美国互联网金融的发展并未引发如中国这般广泛而激烈的争论。这一问题构成了本书研究的出发点——互联网金融在美国产生和发展的背景与逻辑何在？互联网金融的发展对美国的金融市场和金融体系产生了何种影响？众所周知，美国和中国互联网金融发展的背景、条件以及制约因素不尽相同。因此，尽管互联网金融的基本原理大同小异，但是两国互联网金融的发展却不应也无法做对号入座式的直接比较。那么美中两国互联网金融发展的差异何在？美国互联网金融发展与监管的经验在多大程度上能够为中国所用？对这些问题的探究与思考构成了本书研究的逻辑起点。显然，系统研究美国互联网金融发展的历程及其在这一领域的最新实践与探索，对于深入理解和有效解决中国互联网金融发展的相关问题具有十分重要的理论意义与现实意义。

二、美国互联网金融模式的演进

人们普遍认为，"互联网金融"（Internet Finance）作为一个专业术语和学术概念，是由国内学者谢平（2012）最先公开提出的[①]。他认为，互联网金融是一个谱系概念，涵盖从传统银行、证券、保险、交易所等金融中介和市场到瓦尔拉斯一般均衡对应的无金融中介和市场情形之间的所有金融交易和组织形式。在传统意义上，以商业银行为代表的间接融资方式和以资本市场为代表的直接融资模式构成了资金供需双方匹配融资金额、融资期限和风险收益的主要渠道。尽管这两种融资模式在优化金融资源配置和促进经济增长方面发挥了巨大作用，但是都需要高昂的交易成本（如金融机构的巨额利润、高管薪酬以及税收）。现代信息和网络技术，特别是移动支付、社交网络、搜索引擎以及云计算等技术的出现与普及，将对两种传统的融资模式产生颠覆性的影响。"互联网直接融资市场"或"互联网金融模式"可能成为既不同于商业银行间接融资，也不同于资本市场直接融资的第三种融资模式（谢平，2012，2014）。

在互联网金融这一概念提出的初期，国内学术界和业界对于互联网金融的含义与本质存在一定的争论。如陈志武（2014）认为，互联网金融只是金融销售渠道和获取渠道意义上的创新，而并非是支付结构或金融产品意义上的"新金融"。因此，互联网金融只是在渠道意义上挑战传统的银行和资本市场，在产品结构和产品设计上与传统金融产品没有区别。互联网的出现

---

① 谢平等．互联网金融模式研究［J］．新金融评论，2012（1）．该文的中英文修订版此后分别发表于《金融研究》2012 年第 12 期和《中国经济学人》（*China Economist*）2013 年第 2 期。

并未改变跨期价值交换和信用交换这一金融交易的本质。从这个意义上说，目前中国互联网金融的发展处于一种金融亢奋和过热的状态。然而，随着中国互联网金融创新实践的飞速发展，互联网金融模式引起了中国金融当局的关注。2014 年，"促进互联网金融健康发展"被写入当年的《政府工作报告》之中，进而成为国家层面上的一项重要的金融工作任务。此后，关于互联网金融这一概念本身的争论逐渐平息，而互联网金融模式的发展与监管问题逐渐成为有关各方关注的焦点。

　　一般来说，互联网金融是互联网与金融的结合，是借助互联网和移动通信技术实现资金融通、支付和信息中介功能的新兴金融模式。狭义的互联网金融仅指互联网企业开展的、基于互联网技术的金融业务；而广义的互联网金融既包括作为非金融机构的互联网企业从事的金融业务，也包括金融机构通过互联网开展的业务①。与此同时，正如中国金融当局所指出的，当前，业界和学术界对互联网金融尚无明确的、获得广泛认可的定义。大体上来说，互联网金融具有以下几个特征：一是以大数据、云计算、社交网络和搜索引擎为基础，挖掘客户信息并管理信用风险。互联网金融主要通过网络生成和传播信息，通过搜索引擎对信息进行组织、排序和检索，通过云计算处理信息，有针对性地满足用户在信息挖掘和信用风险管理上的需求。二是以点对点直接交易为基础进行金融资源配置。资金和金融产品的供需信息在互联网上发布并匹配，供需双方可以直接联系和达成交易，交易环境更加透明，交易成本显著降低，金融服务的边界进一步拓展。三是通过互联网实现以第三方支付为基础的资金转移，第三方支付机构的作用日益突出（中国人民银行金融稳定分析小组，2014）。事实上，应当从两个方面来理解和把握互联网金融的内涵。一方面，互联网金融是传统金融与互联网技术（尤其是移动互联网技术）相结合的新兴领域。互联网技术的应用与普及使得互联网金融极大地拓展了传统金融服务的边界和受众，使得金融服务变得更加普惠、透明、廉价、便捷和高效。另一方面，互联网金融不仅仅体现在互联网技术与传统金融的结合上，而更多地是互联网技

---

① 引自《中国金融稳定报告（2014）》，第 145 页。

术所承载的以"开放、互联、沟通、包容、平等、协作、分享"为代表的互联网精神对传统金融的参与和再造。因此,从狭义上看,互联网金融是指运用互联网技术实现资金融通功能的机构、行为、工具以及市场的统称;而从广义上看,一切应用互联网技术并体现互联网基本精神的金融业态都属于互联网金融的范畴(王达,2014)。

尽管互联网金融是一个典型的基于中国金融发展的实践而提炼出的术语,但是互联网金融模式本身并非发源于中国。事实上,绝大多数创新型互联网金融模式发源于美国。然而,需要指出的是,美国并不直接使用"互联网金融"(Internet Finance)这一专有名词①,而是有着与之相类似的"电子金融"(Electronic Finance,E‐Finance)、电子银行(E‐Banking)以及网络银行(Online Banking,也译为"在线银行")等多种称谓。尽管电子金融这一概念在美国也无明确、统一的定义,但是从概念上看,其外延要大于互联网金融。② 在大多数业界讨论和学术研究中,互联网金融都被视为电子信息和网络技术在金融领域应用的延伸。本书出于称谓统一和研究便利的需要,将不加区分地统一使用互联网金融这一术语。本书认为,20世纪90年代以来,美国互联网金融模式的发展与演进大体上经历了以下三个阶段:

第一个阶段是20世纪90年代初至2000年初传统互联网金融模式发展时期。所谓"传统互联网金融模式",是指互联网技术与商业银行、保险、证券等传统金融模式相结合而产生的互联网金融模式。具体而言,主要是指网络银行、网络保险、网络证券以及互联网基金等互联网金融模式。传统互

---

① 据此,有国内学者和业界人士认为,美国并没有互联网金融。本书认为,美国"无互联网金融之名,却行互联网金融之实"。互联网技术在金融领域的大规模应用最早始于美国是不争的事实。因此,基于美国并不使用"Internet Finance"这一表述方法就否认美国不存在互联网金融是不严谨的。

② Herbst(2001)认为,电子金融大体上包含两类:一是通过使用个人电脑上网的方式补充或替代传统的面对面或通过邮寄、电话、传真等方式完成的金融交易,二是互联网的普及对传统金融中介、货币、税收以及隐私政策产生的革命性变革的新交易方式。Allen等人(2002)认为,电子金融是指基于电子通信与计算技术的金融服务与金融市场,而Anguelov(2004)则将包括网络金融在内的所有与电子信息技术相关的金融服务全部纳入了电子金融的范畴。

联网金融模式是美国互联网金融发展的早期形式，是美国传统金融模式与互联网技术直接结合的产物。其兴起于 20 世纪 90 年代初期美国的互联网投资热潮，并于 2000 年美国高科技股票泡沫破灭后进入了一个相对理性和平稳的发展时期。

第二个阶段是 2005 年至 2010 年前后互联网直接融资模式出现和发展时期。与传统互联网金融模式所不同的是，互联网直接融资模式主要是指以"点对点"（P2P）融资以及众筹网络融资为代表的新一代互联网金融模式。如果说传统互联网金融模式依然是"传统金融模式的互联网化"，那么互联网直接融资模式在一定程度上可以理解为"互联网模式的金融化"，即互联网直接融资模式强调融资方式的去中心化和去中介化。2005 年，这一创新型互联网融资模式在英国和美国率先出现并迅速在全球范围内扩散和发展。

第三个阶段是 2010 年以来金融科技（FinTech）的兴起与发展时期。"金融科技"作为近年来在美国兴起并广为使用的专业术语，尚缺乏一个得到广泛认可的定义①。一般而言，金融科技泛指以大数据技术和区块链（block chain）技术为代表的最新的数字信息与网络技术与传统的金融业相结合所产生的新的金融业态与业务模式，包括大数据金融、数字货币、去中心化金融模式等。2010 年以来，美国出现了一股强劲的金融科技投资热潮并由此带动了全球金融科技公司创新创业的迅猛发展。随着大量拥有技术专利的高科技企业加入互联网金融创新的进程中，金融科技有可能成为今后一个时期美国乃至全球互联网金融创新的主要方向。

三、美国互联网金融研究：文献综述

（一）20 世纪 90 年代互联网热潮下的互联网金融早期研究

互联网金融在 20 世纪 90 年代中期的蓬勃发展推动了美国学术界和业界对互联网金融的关注和研究。这一时期出现了大量对于新兴的互联网金融模式的研究和讨论。Economides（1993）最先运用网络经济学理论分析金融交易与金

---

① 详情参见本书第三章第四部分中对金融科技内涵的论述。

融市场发展。其认为,金融业与交通、电信等行业类似,都具有网络特征。数量众多的金融产品供给方和需求方通过金融中介和金融市场被连接起来,从而形成了典型的"单向网络"(one‑way network)。这一金融交易网络具有明显的网络外部性:从正外部性来看,市场规模的扩大会引发流动性的大幅提高;从负外部性来看,随着市场规模的扩大,金融市场的价格发现功能可能会在一定程度上失效。这两种外部性的并存会导致福利扭曲(welfare distortion),因此需要采取措施予以纠正。显然,互联网在金融业的普及极大地降低了金融交易成本,拓展了金融市场规模,因此在相当程度上放大了上述两种外部性,并会对金融市场的发展产生重要影响。这构成了网络经济学框架下研究互联网金融发展的基本逻辑,其分析思路和框架对于理解互联网金融的发展及其对金融市场和金融体系的影响具有很强的启示。

Cronin(1997)较早地研究了美国网络银行。其介绍了美国网络银行产生与发展的背景、历程以及对美国银行体系的影响,并对美国首家网络银行——安全第一网络银行(SFNB)进行了深入的案例分析。在此基础上,其研究了新兴的网络银行模式的特点、风险以及监管问题。美国货币监理署(OCC)在1998年启动了一项针对美国商业银行提供交易型互联网银行业务(transactional internet banking)情况的调查,并介绍了美国互联网银行的技术特点、业务模式以及美国传统行业发展互联网业务的总体情况(England et al.,1998;Furst et al.,2000)。Mishkin 和 Strahan(1999)则从更长的历史纵深探讨了技术进步特别是信息网络技术的普及对美国金融市场发展产生的影响。其认为,20世纪70年代以来电子信息与通信技术的革新极大地降低了金融交易成本并克服了信息不对称问题,进而从三个方面对美国金融市场的发展产生了重大影响:首先,金融市场规模迅速扩大,市场流动性大大提高;其次,金融衍生产品市场得以迅速发展从而提高了企业和金融机构应对市场风险的能力;最后,金融支付系统的电子化和网络化降低了居民对活期存款的投资需求,从而加速了金融脱媒。美国银行部门之所以会在20世纪90年代加快竞争、并购与整合的步伐,其根本原因就在于信息网络技术的普及极大地提高了美国金融业尤其是银行部门的规模经济。Allen 等人（2002）的实证研究也支持了这一结论。在此情况下，Mishkin 和 Strahan（1999）指出，反垄断和维护金融体系稳定成为美国金融当局面临的重要挑战。

（二）2000 年高科技股票泡沫破灭后对互联网金融的讨论

2000 年，随着以高科技股票为主的美国纳斯达克股指进入下行通道，美国各界对高科技和信息产业的过度投资和盲目乐观情绪开始降温。与此同时，美国各界以及国际社会在目睹了 20 世纪 90 年代美国互联网金融的快速发展及其引发的商业模式和经营业态的巨大变化之后，对互联网金融的研究也进一步深入，具体表现在以下两个方面。

一方面，这一时期美国学术界对于网络银行等传统金融模式的研究继续深化。如 Banks（2001）和 Claessens 等人（2002）系地回顾了 20 世纪 90 年代美国电子金融的发展及其对传统金融体系产生的革命性变化；Furst 等人（2002）则采用逻辑回归分析方法，对美国传统商业银行的互联网战略进行了实证研究。其研究结果表明，1998 年第二季度之后，盈利能力较强的美国商业银行纷纷开始发展网络银行业务。然而，网络银行业务对于资产规模不同的商业银行所产生的影响是不同的。具体而言，网络银行业务对于资产规模在 100 万美元以下的商业银行的利润贡献度显著高于资产规模在 100 万美元以上的商业银行。换言之，美国的中小银行更应当加快互联网战略转型。其他代表性的研究还包括：Bauer 和 Hein（2006）在微观经济学的消费者效用最大化理论框架下研究了个人消费者对于互联网金融等新技术的认可与接受问题。其实证研究表明，风险和年龄是决定个人消费者是否习惯和接受互联网金融模式的关键。此外，银行在推广互联网金融服务的初期应辅之以客户已经习惯的既定模式（如电话银行），待客户逐渐接受新技术后再逐渐淘汰旧有模式。DeYoung（2007）则对 20 世纪 90 年代末最先采用互联网技术的 424 家美国社区银行以及 5175 家未采用互联网技术的社区银行在 1999—2001 年这一期间的运营情况进行了比较。其实证研究表明，一方面，互联网金融模式能够显著地提高银行的盈利能力；而另一方面则会导致商业银行的存款结构发生变化，即支票账户余额下降，而货币市场存款账户①余额则会上升。Hernández – Murillo 等人（2010）研究了商业银行推广互联网金融业务的战略选择问题，认为市场竞争的加剧，特别是主要竞争对手率先进行信息网络化升级是导致银行推广网络金融服务的主要原因。而 Arnold 和 Ewijk（2011）则以荷兰国际集团（ING）在美国等主要发达国家的网络银行业务为例，深入研究了纯粹的网络银行模式的优势与弊端，认为网络银行长于交易型银行业务（transaction – oriented banking）而弱于对信息收集、监控和处理要求较高的关系型银行业务（relationship – oriented banking）。因此，网络银行固然能够凭借成本优势迅速扩大资产规模并获得规模经济，但是随着存款规模的扩大，其资产业务将面临更加严峻的挑战，其市场风险也更加集中。此外，客户黏性与忠诚度相对较低也是网络银行的短板。

另一方面，美国金融当局以及主要的国际金融组织在这一时期集中研究和讨论了对于迅速发展的互联网金融模式的监管问题。如 2001—2002 年期间，美联储纽约分行、巴塞尔银行监管委员会、世界银行以及国际货币基金组织先后召开了数轮关于电子金融发展的研讨会，学者们从不同方面深入探讨了互联网技术与传统金融业之间的融合问题。Sato 和 Haokins（2001）、Allen 等人（2002）以及 Schaechter（2002）比较全面地综述了各方对互联网金融的研究。从这一时期的文献中可见，尽管当时美国各界对于互联网金融能否颠覆传统的金融模式存在一定的争论，然而主流的看法依然是，基于互联网技术的新兴金融模式与传统金融业之间将是融合与竞争并存的关系（DeYoung，2001）。一些研究表明，纯粹的互联网金融模式（如不设物理网点的网络银行）无法在根本上取代传统的金融机构与服务（Furst et al.，2002；DeYoung，2005）；与此同时，互联网金融的发展将会对金融市场（Madhavan，2000；Allen et al.，2001；Weston，2002）、传统金融机构与中介（Banks，2001；Pennathur，2001；

① 货币市场存款账户（Money Market Deposit Account, MMDA）为 20 世纪 80 年代初美国商业银行为竞争存款和应对货币市场基金的冲击而设立的兼具储蓄账户、支票账户和基金账户的跨界型存款账户，可视为商业银行版货币市场基金账户。

Peterson and Rajan，2002）以及货币政策与金融稳定（BCBS，2000，2001；Nieto，2001；Hawkins，2001；Claessens et al.，2002）形成一系列冲击。可以说，这一时期美国学者对互联网金融的研究是比较全面和深入的，其很多论断对于目前认识和研究互联网金融在中国的发展仍然具有很大的启发和借鉴意义。尤为值得注意的是，Economides（2001）在网络经济学的框架下，论述了互联网技术对金融市场的影响，认为互联网金融的出现将加速金融交易的去媒介化，并对现行的法律（如物权法和合同法）与监管框架提出挑战；网络安全、隐私保护、信息泛滥与信息过滤将成为互联网金融时代的新问题。更为重要的是，网络外部性的存在将大大提高金融市场的流动性，强化市场竞争，金融业的市场结构与金融机构的竞争策略将发生巨大变化[①]。其研究开创性地将网络经济学的基本原理与现代金融市场的发展相结合，为分析和理解互联网金融的发展提供了一个独特的理论视角。

（三）2005 年以来对美国互联网直接融资模式的研究

2005 年以来，P2P 与众筹融资模式在美国和英国等国率先出现并迅速发展，对于这一新兴的互联网直接融资模式的关注和讨论也日渐增多。但是，早期对于互联网直接融资模式的讨论往往以新闻报道和评论为主，学术研究并不多见。近年来，随着互联网直接融资规模的持续增长及其影响力的不断扩大，学术界和美国金融当局对于 P2P 融资和众筹融资的研究也日益深入。Freedman 和 Jin（2011）以美国繁荣市场公司（Prosper，美国最早的一家 P2P 网络融资平台）为案例分析的对象，深入研究了 P2P 借贷市场的信息不对称问题。其研究认为，信息不对称以及由此导致的逆向选择问题，是制约 P2P 网络借贷发展的主要障碍。在美国 P2P 网络融资发展的早期，投资者对于市场风险的认知

---

① 市场结构与企业竞争策略一直是网络经济学研究的核心问题（Shy，2011）。由于网络外部性的存在，网络特征明显的产业（包括互联网金融）将出现"先下手为强"（first-mover advantage）和"赢家通吃"（winner-takes-most）的现象。然而，与传统的市场结构理论不同的是，这种类似寡头垄断的市场结构通常不会抑制竞争并导致效率损失；相反，市场竞争将更加激烈，对于垄断的判断和福利分析也将更加复杂。迅速扩大网络（用户）规模将成为企业竞争策略的核心。事实上，美国和中国互联网金融的发展都在一定程度上印证了 Economides（2001）的前瞻性判断（详情参见本书第二章和第五章的分析）。

不足，但投资者通过"干中学"（learning by doing）的方式在一定程度上缓解了由信息不对称所带来的投资风险问题。这是美国 P2P 网络借贷得以迅速发展的重要原因。Renton（2012）则对借贷俱乐部（Lending Club）这一美国最大的 P2P 网络借贷平台进行了深入的研究，详细阐述了其产生和发展的背景及其业务模式与创新之处，并对其经营状况与风险进行了评估。Mach 等人（2014）同样对美国借贷俱乐部的经营数据进行了实证研究，并发现美国小企业 P2P 融资项目的数量呈逐年增加的趋势。尽管小企业融资的项目在绝对数量上仍少于其他融资项目的数量，但实证研究的结果表明，在控制项目质量等能够影响融资成功率的因素后，小企业项目融资的成功率是其他项目融资成功率的 2 倍。与此同时，其研究还发现，小企业进行 P2P 融资的成本比其他 P2P 融资（如个人 P2P 借款）高出大约 1 个百分点。此外，Mach 等人（2014）还对以借贷俱乐部为代表的 P2P 网络借贷平台与美国传统商业银行尤其是社区银行（community bank）之间开展的合作进行了分析。

Agrawal 等人（2013）较为系统地回顾了美国非股权众筹融资模式研究的代表性文献与主要结论（详见表 1 - 1），并分析了为何众筹融资方式得以在美国出现并迅速发展。其认为，互联网技术商业化后带来的通信成本大幅下降、通信便捷性的大幅提高是众筹融资大行其道的重要原因。一方面，远程即时通信成为可能，创业信息与投资信息的收集和处理变得简单高效；另一方面，互联网放大了网络效应，使得投资者对融资方进行创业投资的风险能够在更大的范围内被分散，由于单个投资者的投资额度较低，因此其承担的风险相对有限。在此基础上，Agrawal 等人（2013）指出，尽管对于非股权众筹的大多数研究结论也基本上适用于股权众筹，但非股权众筹与股权众筹仍存在显著差异。其对于美国的股权众筹融资机制及其可能面临的市场失灵（如逆向选择、道德风险、集体行动等）进行了深入的分析，并系统研究了股权众筹的激励机制与监管框架，以及股权众筹对于总的社会福利水平以及美国的创新方向可能产生的影响。此外，Meer（2013）对美国的非营利性众筹融资平台进行了深入研究。其以美国一家名为"募捐者选择"（DonorsChoose. org）的著名公益网站为研究对象，研究了单笔众筹捐赠额与项目成功融资概率之间的关系。实证研究结果表明，二者呈显著的负相关关系且弹性系数介于 - 2 ~ - 0.8，即投资者的单笔捐赠额每提高 1 个百分点，将导致项目成功融资的概率下降 0.8 ~ 2 个百分点，而募捐者之间的竞争也将会降低项目成功融资的概率。Belleflamme（2014）则从理论上探讨了不同的众筹融资模式问题。其研究认为，对于启动资金相对较小的项目而言，融资方比较愿意接受"提前订货"式众筹①，而对于启动资金较大且需要后续资本跟进的项目，融资方则更加青睐股权众筹方式。

表 1 - 1　　美国非股权众筹融资模式研究的代表性文献与主要结论

代表性文献	主要结论
Agrawal 等人（2011）	众筹融资不受地理位置的局限。基于美国的实证研究表明，艺术家与其网络众筹平台的投资者之间的平均地理距离长达 4800 公里。但是，当地投资者的投资往往先于外地投资者，而且受他人投资决策的影响较低。这一"地理效应"的主要原因在于当地投资者往往更加希望与艺术家建立或维系个人联系
Agrawal 等人（2011，2013）	众筹融资具有非常明显的集群特性，即大多数的众筹项目都集中在特定的地理区域，与传统的金融模式非常相似，这或许是由人力资本和后续融资的便利性所决定的。但是，众筹融资的成功率非常低。美国标志性的众筹网络融资平台——Kickstarter 的数据表明，足额成功融资的比率不足 10%。在众筹融资的初始阶段，融资人的朋友和亲属往往是主要投资人
Agrawal 等人（2011），Zhang 和 Liu（2012）	众筹融资和 P2P 融资都具有"羊群效应"（herding effect），即受大多数投资者青睐的项目会吸引更多投资者的关注；而在项目融资的末期，投资者往往呈现出加速投资的态势。如当实际融资额达到预计融资额的 80% 时，投资者的增速往往会翻倍

---

① "提前订货"式众筹即众筹项目融资的目的是制造或生产特定种类的产品（服务）。投资者将依据其投资额的大小以一定的优惠条件获得特定数量的产品或服务。

续表

代表性文献	主要结论
Kuppuswamy 和 Bayus（2013），Mollick（2014）	基于 Kickstarter 的实证研究表明，众筹融资成功与否主要取决于项目质量以及项目宣传的方式，那些附带视频宣传、定期更新项目信息以及项目描述中没有拼写错误的融资项目更容易成功。但是，融资方对于项目进展往往过于乐观，在高科技产品众筹融资项目中，超过75%的项目存在延期交货的问题

资料来源：Agrawal 等人（2013）。

（四）对各阶段美国互联网金融研究的总结与评析

从各个阶段美国互联网金融研究的文献来看，大体上可以得出以下几个基本结论。

首先，微观层面的研究多，宏观层面的研究少。从文献综述中不难发现，大量的实证研究采用了案例分析方法，对美国典型的互联网金融模式（如网络银行）或互联网直接融资平台（如借贷俱乐部和繁荣市场公司）进行了有针对性的研究，剖析了特定的互联网金融模式本身的特点以及风险等问题。这些微观层面的研究对于我们深入了解互联网技术与美国传统金融模式相融合进而发展、创新的过程大有帮助。但是，这些微观层面的研究普遍缺乏更加开阔的宏观视野，因此使我们难以从整体和全局的视角，洞察互联网金融的发展对美国金融市场、货币政策乃至金融体系稳定性的影响。事实上，准确估量并妥善应对互联网金融的快速发展可能对宏观经济和金融体系所产生的影响正是当前中国之亟需。

其次，截面维度的研究多，时间维度的研究少。现有的对美国互联网金融的研究大多数属于对特定时期的互联网金融模式发展问题的研究，如对20世纪90年代以网络银行为代表的传统互联网金融模式的研究。这些研究大体上都属于特定时间截面（或者相对较短的时间段）维度的静态研究，而从一个较长的历史纵深视角切入，从美国互联网金融产生与发展的制度背景和技术背景入手，系统研究美国各个阶段互联网金融模式发展与演进的研究仍不多见。尽管从时间上看，互联网金融模式在美国出现和发展的历史并不长（20 世纪 90 年代初期至今），但事实上，美国互联网金融的发展有着极其宏大、深刻的历史背景：互联网金融的产生与发展是 20 世纪 70 年代以来美国金融市场与金融体系发生的一系列结构性变化的延续和拓展，而不仅仅是一次技术升级。只有深刻理解和把握这一宏观背景和基本逻辑，才能够清晰地认识美国互联网金融发展的现状与未来。

最后，对传统互联网金融模式的研究多，对"金融科技"等互联网金融模式最新进展的研究少。如前文所述，2000 年前后美国金融当局以及国际货币基金组织、世界银行、国际清算银行等众多国际金融机构曾经对 20 世纪 90 年代美国传统互联网金融模式的发展与监管问题进行了非常深入的研究和讨论，其中很多观点和结论对于目前认识中国互联网金融的发展都是大有裨益的。然而，相比之下，受数据可得性和研究成果的发表时滞等因素的影响，对 2005 年以来新兴的以 P2P 融资和众筹融资为代表的互联网直接融资模式的研究仍然不够充分；至于对 2010 年以来迅速兴起的金融科技的深入研究则更为少见，仅有的少数研究也多为大型跨国金融机构的市场调研报告或研究机构的工作论文。为此，需要对金融科技这一互联网金融模式演进的重要方向进行系统和前瞻性的研究。

四、本书的逻辑、结构与可能的贡献

概括而言，美国互联网金融出现的背景、模式的演进、产生的影响以及最新的大数据监管实践是贯穿于本书研究的逻辑主线。从篇章的布局来看，出于逻辑连贯、紧凑以及便于读者阅读的考虑，本书将这一研究分为上、下两篇。

上篇为"美国互联网金融发展的理论与实践"，主要介绍美国互联网金融产生与发展的历史背景，回顾美国互联网金融模式在不同阶段发展与演进的历程，进而在网络经济学的理论框架下分析美国互联网金融发展所产生的重大影响，并对美国与中国的互联网金融发展进行比较研究。简言之，本书的上篇主要研究除监管之外的美国互联网金融发展的相关问题。①

---

① 当然，出于与下篇自然衔接的考虑，上篇第四章的最后也论及互联网金融模式的演进与美国的金融监管改革问题。

下篇为"美国大数据监管的实践与探索",主要以美国政府在 2012 年正式发布的大数据国家战略为背景,系统介绍和研究美国大数据监管的背景、原理、重大意义、技术路线及其最新的实践探索。最后,对美国的大数据监管与国际金融监管改革问题进行深入分析。应当说,大数据监管既是美国应对由互联网金融蓬勃发展所带来的一系列问题的重要举措,也是美国互联网金融发展的必然要求。因此,其在一定程度上代表了美国未来金融监管改革的主要方向。本书的具体章节安排如下:

第一章为导论。本章首先阐述系统研究美国互联网金融发展的背景与意义,交代本书研究的逻辑起点与分析脉络。本章简要回顾互联网金融的定义与内涵,并将 20 世纪 90 年代以来美国互联网金融模式的演进分为三个阶段。在此基础上,本章系统梳理和评述美国各界在不同时期对于互联网金融发展与监管问题的大量研究。最后,本章介绍了本书的逻辑框架、篇章结构以及可能的学术贡献。

第二章为网络经济学:互联网金融的理论分析框架。本章主要介绍网络经济学(Economics of Networks)的基本理论与主要观点,尤其是网络经济的内涵与网络外部性理论、网络经济存在多重市场均衡的特征与原理、安装基础与临界容量的概念、正反馈机制的作用、企业的竞争策略、市场特征以及政府的管理与反垄断政策等。本章旨在为研究美国互联网金融模式与传统金融模式的关系、互联网金融模式所产生的影响、政府的公共政策以及中美互联网金融的比较等问题提供一个统一的理论框架。

第三章为美国互联网金融发展与创新的历程。本章首先系统地阐述美国互联网金融产生与发展的三个重要宏观背景,即 20 世纪 70 年代以来美国金融业经历的三轮金融脱媒浪潮的冲击、影子银行体系的出现与迅速发展以及在互联网投资热潮带动下电子商务的蓬勃发展。在此基础上,本章详细回顾了 20 世纪 90 年代以网络银行、网络保险以及网络证券为代表的传统互联网金融模式兴起与演进的历程,分析了美国次贷危机前后以 P2P 融资和众筹网络融资为代表的互联网直接融资模式的出现及其快速发展,并对 2010 年以来美国的金融科技投资热潮进行了总结和评述。

第四章为美国互联网金融发展的影响及其监管。本章首先对美国互联网金融模式在其演进的三个阶段与传统金融模式的关系进行了深入细致的研究。在此基础上，本章从宏观层面系统考察了互联网金融模式的发展对于美国金融体系的影响以及对美国货币政策的冲击。最后，本章从监管体制与框架层面论述了美国对于互联网金融模式的监管问题，尤其是介绍了美国针对互联网金融的最新监管条例，并指出大数据监管是包括美国在内的主要发达国家应对金融科技挑战的重要举措。

第五章为美国与中国互联网金融发展的比较与思考。本章首先介绍了中国互联网金融的模式与特点、迅速发展的主要原因、对中国传统金融业的影响以及其风险与监管问题。在此基础上，本章在网络经济学的理论框架下，深入剖析了美国和中国互联网金融发展的差异，并就互联网金融发展是否会加速金融脱媒、互联网金融是否会推高实体经济的融资成本以及互联网金融对传统金融的影响这三个核心问题进行了美中两国的比较研究。最后，本章对中国互联网金融发展的相关问题进行了深入的思考并提出了政策建议。

第六章为美国的大数据国家战略及其全球溢出效应。本章首先回顾了大数据概念的提出，分析了其内涵，并详细论述了美国大数据国家战略出台的历史背景、技术背景与产业背景。在此基础上，本章深入研究了美国大数据国家战略的措施、影响以及全球溢出效应。本章作为下篇首章，旨在深入、细致地考察美国大数据国家战略出台的背景与实施情况，并探究其在全球范围内所产生的溢出效应，从而为深入分析美国的大数据监管及其对国际金融监管改革进程的影响奠定基础。

第七章为美国大数据监管的背景、原理与意义。美国的大数据国家战略仅仅是实施大数据监管的背景之一。更为重要的是，全球金融体系的结构性变化以及对2008年国际金融危机教训的反思都在客观上要求美国的金融监管理念和监管技术有所创新。本章从这一视角出发，对美国大数据监管的背景进行了深入的分析，并介绍了大数据监管的基本原理、主要目标以及重大意义。

第八章为美国大数据监管的技术路线与实践探索。本章主要从四个方面系统阐述了美国大数据监管实践的前沿探索，即全球法人识别码（LEI）系统的建立与推广、可视化分析技术（visual analytics）的开发与应用、构建通用房屋抵押贷款识别码（UMID）计划以及基于语义网技术的金融业务本体（FI-BO）模型。这四个方面都是美国在大数据监管领域最新的实践进展。尽管其中一部分计划尚处于理论探讨阶段，但其在很大程度上代表了未来大数据监管技术的发展方向，因此值得我们密切关注并开展前瞻性研究。

第九章为美国的大数据监管与国际金融监管改革。美国大数据监管的实践探索在客观上对国际金融监管改革进程也产生了重大而深远的影响。本章首先回顾了美国主导现行国际金融监管框架改革的历程。在此基础上，本章对美国重构国际金融监管框架改革的逻辑进行了深入分析，并将美国大数据监管的最新进展——全球金融市场 LEI 系统（简称 LEI 系统）与传统的巴塞尔协议监管框架进行了比较。本章更多地从历史演进和国际政治经济学的视角切入进行论述，以深化对美国的大数据监管将如何影响国际金融监管改革进程这一问题的认识。

第十章为对美国大数据监管实践的评述与展望。理性、客观地看待美国在大数据监管领域的前沿探索是中国洞察全球金融监管改革的趋势以及借鉴美国经验的前提和基础。本章作为全书收官之章，对美国的大数据监管进行了较为系统的总结，归纳了美国大数据监管实践的主要特征并分析了其未来的发展趋势。在此基础上，本章还揭示了大数据方法的局限性以及美国大数据监管实践对中国的启示，并指出了需要国内学术界持续关注和进一步研究的主要问题。

本书可能的贡献主要在于以下几个方面：

首先，本书为理解和研究互联网金融发展的相关问题提供了一个理论框架。网络经济学是20世纪70年代以来逐渐形成和发展的一门学科。由于其较好地刻画和描述了具有网络外部性特征的产业与市场的运行机制，因此适合作为分析互联网金融发展的理论框架。事实上，"网络经济学"这一名称的提出者、网络经济学研究的集大成者 Economides（1993，2001）已经开创性地将网络经济学的基本理论用于分析现代金融市场与金融体系。本书在此基础上前进了一步，即在网络经济学的框架下分析互联网金融与传统金融之间的关系等诸多问题。笔者认为，只有在一个统一的理论框架下研究互联网金融，才有可能真正厘清问题、抓住重点、明辨是非。

其次，本书所考证和引用的文献数量比较多、覆盖面比较全，旨在为后续的相关研究打下比较坚实的基础。从学术研究的视角来看，互联网金融和大数据监管都属于跨学科、跨领域的交叉研究，尤其是大数据监管问题，涉及诸多复杂的、非经济学研究范畴的技术细节，而美国互联网金融在发展历程中也涉及诸多问题，如信息技术革命的背景、美国高科技产业的发展、美国司法体系下的反垄断调查问题等。本书在研究美国互联网金融发展的过程中，搜集了大量来自不同学科领域的文献资料，旨在尽可能更加全面、准确地反映美国互联网金融的真实发展历程。这些工作在文献综述以及相关章节的论述中都有所体现。

最后，本书对美国大数据监管最新的实践探索进行了比较深入的考察。正如前文所言，互联网金融的蓬勃发展必然要求各国金融当局在监管理念和监管技术层面有所创新。因此，大数据监管很有可能将成为未来金融监管的主流范式。在这一方面，美国已经成为全球大数据监管的先行者。因此，非常有必要对美国的大数据监管实践进行深入的分析。本书从四个方面对美国在这一前沿领域的探索进行了跟踪研究。在目前国内该领域的相关研究和文献尚不多见的情况下，希望本书能够起到抛砖引玉的作用。

五、本章小结

近年来，互联网金融的蓬勃发展已成全球大势。2013 年以来，中国互联网金融发展的速度和规模远超各方预期，2013 年也因此被称为"中国互联网金融元年"。然而，在关于互联网金融的大讨论中，分歧远多于共识，大量关于互联网金融发展的理论与现实问题亟待系统研究与解答。在此背景下，对美国这一互联网金融发展的先驱进行国别比较研究就显得十分必要。系统研究美国互联网金融发展的历程及其在这一领域的最新实践与探索，对于深入理解和有效解决中国互联网金融发展的相关问题具有十分重要的理论意义与现实意义。人们普遍认为，"互联网金融"（Internet Finance）作为一个专业术语和学术概念，是由国内学者谢平（2012）最先公开提出的。其认为互联网金融是一个谱系概念，涵盖从传统银行、证券、保险、交易所等金融中介和市场到瓦尔拉斯一般均衡对应的无金融中介和市场的所有金融交易和组织形式。一般来说，互联网金融是互联网与金融的结合，是借助互联网和移动通信技术实现资金融通、支付和信息中介功能的新兴金融模式。狭义的互联网金融仅指互联网企业开展的、基于互联网技术的金融业务；广义的互联网金融既包括作为非金融机构的互联网企业从事的金融业务，也包括金融机构通过互联网开展的业务。互联网金融具有以下几个特征：一是以大数据、云计算、社交网络和搜索引擎为基础，挖掘客户信息并管理信用风险；二是以点对点直接交易为基础进行金融资源配置；三是第三方支付机构的作用日益突出。尽管"互联网金融"是一个典型的基于中国金融发展的实践而提炼出的术语，但绝大多数创新型互联网金融模式发源于美国。美国"无互联网金融之名，却行互联网金融之实"。20世纪90年代以来，美国互联网金融模式的发展与演进大体上经历了三个阶段，即20世纪90年代初至2000年初的传统互联网金融模式发展时期、2005年至2010年前后的互联网直接融资模式出现和发展时期以及2010年以来金融科技的兴起与发展时期。对美国互联网金融的既有研究呈现了"三多三少"的特征，即微观层面的研究多，宏观层面的研究少；截面维度的研究多，时间维度的研究少；对传统互联网金融模式的研究多，对金融科技等互联网金融模式最新进展的研究少。本书主要沿着美国互联网金融出现的背景、模式的演进、产生的影响以及最新的大数据监管实践这一逻辑主线，分上、下两篇，分别对美国互联网金融发展的理论与实践以及美国大数据监管的实践与探索进行深入研究。本书的主要特色在于理论框架完整、文献引证充分、实践考察前沿。

第二章　网络经济学：互联网金融的理论分析框架

网络经济学（Economics of Networks）作为现代产业经济学的一个重要分支，始于 20 世纪 70 年代经济学家对于发达国家电信产业的市场结构、定价以及竞争策略的研究。20 世纪 90 年代以来，随着互联网技术在传统产业部门的迅速扩散，网络外部性特征已经不仅仅局限于通信、电子计算机等以物理连接为主的网络部门，越来越多的传统产业和新兴产业部门都表现出明显的网络外部性特征，对网络经济学的相关研究由此也得以进一步深化和拓展。美国互联网金融模式的兴起始于互联网产业蓬勃发展的 20 世纪 90 年代初期。互联网金融作为互联网技术与传统金融服务模式相结合的产物，极大地加速了美国传统金融体系的信息化和网络化进程。相应地，美国金融业的网络属性也越发显著。因此，美国互联网金融模式演进过程中的诸多现象和问题都能够在网络经济学的理论框架下得到解释。网络经济学能够为我们深刻理解美国互联网金融模式的发展提供一个独特的视角和比较完整的理论分析框架。本章旨在系统回顾网络经济学的基本理论，从而为解析美国互联网金融的发展，尤其是为研究互联网金融模式与传统金融模式之间的关系、互联网金融模式所产生的影响以及政府的公共政策等问题提供一个理论分析框架。

一、网络经济的内涵与网络外部性理论

在回顾网络经济学的主要理论之前，有必要对"网络"（network）这一概念的经济学内涵及其演化进程进行简要的介绍。经济学家对网络现象的关注始于 20 世纪 70 年代对于发达国家电信市场的研究。众所周知，电信市场是一个以不同用户终端互联互通为基础的物理通信网络。以 Rohlfs（1974）为代表的早期研究发现，用户对于电信服务（如电话安装服务以及基本的通话服务）

本身的需求仅仅是其最终需求的一部分甚至是一小部分，而用户的最终需求往往在更大程度上取决于整个电信市场的总规模。换言之，单个用户对于电信服务的需求主要取决于已经购买了电信服务的总人数。电信市场的总规模越大，意味着单个用户使用电信网络所产生的语音连接（通话）总效用就越高。这一现象被定义为"网络外部性"（network externality）效应。因此，在网络经济学的早期研究中，"网络"主要是指真实的物理连接，如通信网络、交通网络等。然而，随着网络经济学研究的不断深入，人们逐渐发现，网络外部性效应不仅仅存在于电信市场等物理网络中，而且还是一种在更加广泛的市场结构中普遍存在的现象，尤其是 20 世纪 90 年代互联网技术迅速普及后，大量的分工与协作通过互联网在更加广泛的地域和空间范围内得以形成和拓展。因此，与传统的依靠物理连接所形成的网络并行的分工网络、社交网络、创新网络等虚拟网络（virtual network）迅速发展，"网络"这一概念逐渐泛化和抽象。

网络经济学这一概念的提出者 Economides（1996）认为，网络是由节点（connect node）和链路（link）构成的，且网络在提供服务时需要不同的组件（component，节点和链路都是网络的组件）同时参与。因此，网络中的组件是彼此互补（complementary）的关系。Cohendet 等人（1998）从经济学的角度，给出了网络的定义：网络的概念既包括经济行为主体相互作用的结构，也包括正外部性的经济属性。因此，网络既是经济行为主体之间相互作用的一个集合，也是经济行为主体出于不同的经济目的而采取相似行为的一个集合。Page 和 Lopatka（1999）则进一步指出，网络可以由特定产品的使用者组成，产品的使用者之间既可以存在真实的物理连接，也可以仅仅存在密切的市场关系（market relationships）。Shy（2011）认为，网络泛指使用基于同一技术范式的产品与服务的用户群体，这一群体既可以是由消费者构成的，也可以是由生产者（厂商）构成的。由此可见，网络这一概念的内涵是相当广泛的。从这个意义上看，传统的金融服务（如存贷款、转账支付服务）也构成了一个广义上的网络。在这一网络中，金融机构是金融服务的生产者或提供方，而个人客户和企业客户则是金融服务的消费者或需求方。金融服务的消费者之间能够以某种形式形成互动与连接（如转账支付①），而金融服务的提供方（金融机构）之间亦可以通过种类繁多的同业业务彼此连接为一个金融服务网络。

对于网络外部性问题的分析始终是网络经济学研究的核心。Katz 和Shapiro（1985）最早给出了网络外部性的定义，并对网络外部性的类型进行了归纳和分类。其研究认为，网络外部性是指消费者消费一单位某产品的效用随着消费该产品的消费者的数量增加而增加的现象。② 换言之，消费者消费网络产品的效用取决于已经连接到该网络的其他消费者的数量。具体而言，网络产品（服务）的需求主要取决于两部分：一部分是该产品的自有价值，即与产品用户网络大小无关的产品自身所具有的价值③；另一部分则是协同价值，即已购买的消费者因新消费者的加入而获得的额外价值，这部分价值与产品销售网络规模的大小正相关（如图 2 - 1 所示）。从消费者和厂商决策的视角来看，当一种产品的协同价值大到足以改变传统的消费需求曲线以及厂商的生产和市场决策方式时，这类产品就是网络产品。事实上，协同价值正是网络外部性的经济本质。

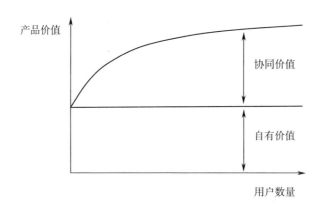

图 2 - 1　网络产品的自有价值与协同价值

①　显然，转账支付既可以被视为一种真实的物理连接，即凭借支付结算网络实现货币资金由一个账户到另一个账户的转移（其效用类似于电信通话），也是一种密切的"市场关系"（如借贷融资关系）。

②　严格地说，网络外部性分正、负两种情况。当网络规模扩张能够为单个消费者带来效用增量时，此时网络效应为正；反之，则为负（例如网络规模过大可能产生网络堵塞问题）。早期对于网络外部性的研究大都以正的网络外部性为隐含假设。出于理解和分析的便利，本书也沿用了这一假定。

③　对于某些纯网络产品（如固定电话、电子邮件终端）而言，其自有价值几乎为零。

Katz 和 Shapiro（1985）进一步将网络外部性分为两种类型，即直接网络外部性和间接网络外部性。所谓直接网络外部性，是指由消费相同产品的市场主体的数量增加所直接产生的外部性。具体而言，由于消费某产品的用户数量增加而导致的网络价值的提高就属于直接网络外部性。最典型的例子是双向物理连接的网络产品（如电话、传真机等通信设备），用户数量越多则意味着用户之间可能发生的连接数量越多，因此设备使用者能够获得的总效用也就越大。而间接网络外部性则是指随着某产品使用者数量的增加，由该产品的互补品消费量增加、价格降低等因素所引致的效用增加的现象。间接网络外部性通常存在于由互补产品构成的网络中（Church 和 Gandal，2005；Church 等人，2008），如计算机的软件和硬件。当某种特定类型的计算机用户数量增加时，就会有更多的厂家开发这种计算机所使用的软件，从而将导致这种计算机的用户可使用的软件数量增加。同样，对于信用卡网络而言，尽管新开卡用户的增加并不会直接提升原有信用卡用户的效用水平，但是信用卡用户数量的增加会导致更多的商家接受信用卡支付结算方式，并会提升信用卡公司的服务水平，这些都将会为老信用卡用户带来间接的效用改进（Shy，2011）。

Farrell 和 Saloner（1985）在此基础上对这两种网络外部性进行了更加清晰准确的界定。其在研究兼容问题时指出，直接网络外部性是指消费者拥有一种产品的价值会由于其他消费者拥有与该种产品兼容的产品而增加，因为兼容扩大了可相互交流产品的网络规模。当一种产品的互补品（如零件、售后服务、软件、网络服务等）变得更加便宜和更容易从扩大的兼容产品市场中获得时，将会出现"市场中介效应"（market - mediated effect），因为该产品的消费者会因互补品的价格下降和易得而受益。显然，市场中介效应就是间接网络外部性的突出体现。对于间接网络外部性的研究还包括 Chou 和 Shy（1990）、Gandal（1995）、Gupta 等人（1999）、Zodrow（2003）以及 Basu 等人（2003）。此外，大量的实证研究表明，网络外部性不仅是客观存在的，而且在某些特定行业（如通信行业、互联网行业）表现得极为明显。如 Brynjolfsson 和 Kemerer（1996）研究了软件的用户规模与软件价格之间的关系，并发现在网络外部性的作用下，软件价格将随着用户规模的增长而上升，二者之间的弹性系数约为 0.75。Grajek（2010）对波兰移动通信市场在 1996—2001 年这一期间的发展进行深入研究后发现，网络效应是十分显著的，而且网络效应的存在使得消费者的需求价格弹性大幅下降（相对于价格水平而言，消费者对于网络规模更加敏感）。Gowrisankaran 和 Stavins（2004）对美联储下属的自动清算系统①的网络外部性进行了量化研究。其研究认为，该系统的网络外部性主要源于技术进步、同业效应（peer group effect）、规模经济以及市场权利。其实证研究表明，网络外部性的存在使得该系统实际上处于低效（underused）运行状态。因此，美联储应当进一步加强该系统的推广和普及，从而夯实其安装基础。

如果以金融服务网络为例，不难发现，对于不同类型的金融服务而言，其网络外部性的表现方式也是不同的。对于转账支付（尤其是第三方支付）、货币市场基金、保险等金融服务而言，直接网络外部性特征十分突出。以转账支付为例，开立银行账户的客户（包括个人和企业客户）的数量越多，则单个账户的转账支付效用就越高，即转账支付越便利；反之，如果整个支付结算网络内仅有一个账户，那么其存在将是毫无意义的。对保险服务而言，购买保险人数的不断增加将使得保险公司的资金实力不断增强，从而提高保险公司对于此前购买保险产品的消费者的风险保障能力。因此，理性的消费者在投保时往往更倾向于选择一家被大多数人认可和选择的保险公司，而非一家刚刚成立但保费较低的保险公司。此外，间接网络外部性在金融部门也十分普遍，如随着商业银行储户数量的不断增长和资产规模的扩张，商业银行的资本实力将更强，商业银行的经营管理者将更加注重资本运作与风险防范，不断提升服务质量，从而使其储户的效用水平不断提升。因此，与中小规模的商业银行相比，大型商业银行对于储户而言往往更具有吸引力。

---

① 自动清算系统（Automated Clearing House，ACH）是覆盖全美的电子清算系统，主要用于银行间票据交换和清算，旨在解决纸质支票清算的低效和安全问题。

二、安装基础、临界容量与正反馈机制

在网络经济条件下，安装基础是一个与网络规模相联系的概念，其反映的是某一网络产品的用户数量或是一个网络的加入者规模。与此同时，安装基础又不仅仅是一个数量概念，如果已加入网络的用户转移成本[1]很大，那么该网络的现有安装基础就很大。在网络经济条件下，由于消费者的效用函数将随着购买相同或相似产品的消费者数量的增加而发生改变，因此消费需求偏好具有显著的网络外部性特征；同样，如果企业的利润函数也将随着采用相同或相似技术的企业数量的增加而变化，那么该行业的供给也具有突出的网络外部性特征。在网络外部性的作用下，网络经济条件下市场运行的基本特征将发生重大改变，其中最为突出的特征在于需求曲线将不再是一条斜率为负的曲线，而变化为倒"U"形曲线，从而导致网络经济系统将不只存在一个市场均衡点。

对网络外部性问题的经典研究始于对电信市场需求结构的分析，因为以电信市场为代表的通信产业的网络外部性特征最为突出——消费者愿意购买电话以及通话服务的需求将随着电话消费总量的增加而增长；反之，消费者加入一个网络规模十分有限的通话网络的需求将很低。传真机、电子邮件等通信产业都具有类似的特征。消费者对于网络产品需求的网络外部性特征可以模型化为以下形式：对于具有 n 个消费者（连接点）的电信网络而言，直接连接的总数为 $\ln = n(n-1)/2$。假定消费者总数由 99 增长到 100，则直接连接的增量为 $L(100) - L(99) = 99$，即第 100 位入网的消费者的效用增量为 99 个新连接。

在上述观察的基础上，Rohlfs（1974）首次以模型化的方式定义了电信网络市场的需求，即将消费者对于电信网络服务的需求指数化为 x，且 $0 \leqslant x \leqslant 1$。$x$ 越接近于 0，意味着消费者加入电信网络的需求越强；反之，x 越接近于 1，则意味着消费者加入电信网络的需求越弱。如果用 q^e 表示预期的电

---

[1]　转移成本的概念参见本章第三节的论述。

信网络的总人数,p 表示入网价格,则 x 型消费者加入电信网络的效用函数可以定义为

$$U_x = \begin{cases} (1 - \beta x)\alpha q^e - P & \text{加入网络} \\ 0 & \text{不加入网络} \end{cases} \tag{1}$$

其中,$\alpha > 0$ 用来度量网络外部性的大小:α 越大,说明在消费者看来,与数量为 q^e 的消费者进行互联所产生的效用越大;反之,若 $\alpha = 0$,则意味着不存在网络外部性。$\beta > 0$ 则用来刻画消费效用的异质性。

假定潜在的 x 型消费者的数量为 N,那么式(1)意味着对于给定的入网价格 p,类型为 $0 \leqslant x(p) \leqslant 1$ 的消费者对于该网络产品的需求偏好是不确定的,市场规模即入网消费者总数为 $q^e(p) = Nx(p)$。此时,消费者需求曲线将不再是一条斜率为负的曲线而呈倒"U"形:$p = [1 - \beta x(p)]\alpha Nx(p)$,如图2-2所示。

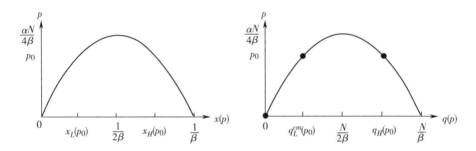

注:左图假定入网价格为 x(消费者类型)的函数,右图假定入网价格为 $q = Nx$(入网消费者总数)的函数。

图2-2 网络外部性条件下的倒"U"形需求曲线

根据图2-2,电信厂商所能够收取的最高费用为 $p = \alpha N/(4\beta)$。网络规模的扩大(参数 α 变大)或入网用户数量增加(参数 N 变大),都将导致倒"U"形需求曲线向外扩张,并由此提高全部消费者的支付意愿。此时,对于任意价格 $0 < P_0 < \alpha N/(4\beta)$ 而言,都会存在两个市场出清的均衡需求水平:

$$X_L(p_0) = (\alpha N - \sqrt{*})/(2\alpha N\beta), X_H(p_0) = (\alpha N + \sqrt{*})/(2\alpha N\beta)$$

其中,$\sqrt{*} = \sqrt{\alpha N(\alpha N - 4\beta p)}$;而对应的消费者数量则分别是 $q_L^{cm}(p_0) =$

$Nx_L(p_0)$，$q_H(p_0) = Nx_H(p_0)$。

从以上分析中能够得出网络产品市场具有的两个突出特性。

第一，多重市场均衡的存在。对于任意价格水平 p_0 而言，如果所有消费者都准确预期了一个较低水平的网络规模 q_L^{cm}，那么该网络规模就是使市场出清的总需求水平，此时只有入网需求足够强烈的消费者即 $0 \leqslant x < x_L(p_0)$ 类型的消费者才会加入该网络；而如果全部消费者都预期一个较高的网络规模，那么网络效应的存在将使得那些入网需求不足的消费者即 $x_L(p_0) < x \leqslant x_H(p_0)$ 类型的消费者也会加入该网络，因为他们能够获得足够的网络外部性激励。这个维持市场出清的最低水平的市场规模 $q_L^{cm}(p_0)$ 被称为"临界容量"（critical mass）。临界容量可以被视为网络产品的供给方"维持市场出清的最小网络规模"。换言之，只有网络规模达到临界容量，该网络产品市场才能够形成一个大于零的均衡供给和需求水平（否则，市场均衡点将停留在原点，没有消费者愿意购买规模为零的网络产品）。当然，$q_L^{cm}(p_0)$ 也仅仅是一个可能的市场出清网络规模，一旦网络规模继续扩大，网络效应的存在将使得市场可能在一个更高的网络规模即 $q_H(p_0)$ 处达到均衡。

第二，网络产品的消费者存在协作困境。消费者只有准确预期其他消费者加入网络的情况，才能够作出是否加入网络的决定。然而，这在现实中是非常困难的。因此，我们看到，$q(p) = 0$ 也是很多网络产品的市场均衡水平。此时，市场规模和总需求水平为零。这意味着一旦消费者不确定其他人是否会加入该网络而选择观望和等待，那么这种预期的自我实现将使得该网络产品的最终需求水平维持在需求曲线的原点。

临界容量是网络经济学研究中一个非常重要的概念，其揭示了网络经济中的一个基本定律，即网络产品的用户规模只有达到并超过临界容量，才可能形成一个均衡的市场价格；否则，其只能退出市场。在 Rohlfs（1974）首次提出临界容量这一概念之后，许多学者对这一问题进行了深入研究和探索。如 Oren 和 Smith（1981）将 Rohlfs（1974）提出的倒"U"形需求曲线应用在通信产业上，研究了临界容量在不同产品定价结构下的起始点与形态，并在消费者效用最大化以及垄断厂商利润最大化的前提假设下，分析了不同的定价结构（pricing structures）对于临界容量的影响。Farrell 和 Saloner（1986，1992）则提出了市场失灵可能造成次优技术占领市场的假设，并在此基础上研究了消费者的消费决策（含技术市场占有率预期）和社会福利的变动。其研究认为，在新技术扩散的过程中，临界容量的达成也是确定选择权的过程。换言之，消费者对于网络产品特定技术标准的选择，取决于其对既有技术规模和新技术预期规模的比较。因此，能否达到临界容量成为新旧标准之争的关键。Economides 和 Himmelberg（1995）在延续上述分析的基础上，提出了一个新的模型架构并以美国传真机市场在 20 世纪 70~80 年代的发展为例，对模型参数进行了动态的校准。其研究不仅同样推导出了网络产品具有倒"U"形需求曲线，而且发现市场结构并不影响网络外部性以及临界容量的存在。其研究认为，临界容量在定量测算中是"给定价格和市场结构条件下，能够在均衡中存在的最小用户数量规模"，企业的安装基础只有达到并超过临界容量才能够在市场竞争中胜出。Schoder（2000）则使用概率论方法取代了传统的线性模型方法对网络外部性与临界容量问题进行了研究，从而将这一问题的研究进一步动态化。至此，学术界对网络产品的临界容量的研究已经形成了基本轮廓。

从上述研究中可以看出，规模至上是网络产业的首要定律。任何一项网络产品，如果其安装基础（用户数量）无法在最短的时间内突破临界容量，那么在网络外部性效应的作用下，它将被消费者放弃从而退出市场；而只有突破临界容量的网络产品才能够享受需求方规模经济[①]所带来的好处，从而形成均衡的市场价格。著名的梅特卡夫定律（Metcalfe's Law）在线性假设下突出强调了网络规模的重要性——网络的价值大体上以用户数量的平方这一速度增长[②]，即假定一个网络中有 n 个节点，那么网络对每个节点的价值与网络中其

---

① 需求方规模经济常常作为网络外部性的另一个称谓。与之对应的则是经济学研究中为人熟知的供给方规模经济，即随着生产规模的扩大，单位产出的成本趋于下降的现象。

② 该定律由美国著名的计算机网络技术先驱——罗伯特·梅特卡夫（Robert Metcalfe）提出，故被命名为梅特卡夫定律。

他节点的数量成正比，这样网络对所有节点的价值与 $n \times (n-1) = n^2 - n$ 成正比。换言之，如果网络规模 n 扩大 10 倍，则网络的价值大约增长 100 倍，由此可见网络规模的重要性。

在网络外部性的作用下，如果消费者的网络规模低于临界容量，那么网络规模的不足会使消费者的支付意愿不断变低；反之，网络规模突破了临界容量，随着网络的不断扩张，消费者对加入网络的支付意愿也逐步提高，从而形成了网络经济中的正反馈（positive feedback）理论。正反馈也被称为"赢家通吃"效应（winner – take – all effect），是 20 世纪 80 年代以来随着网络经济和知识密集型产业高速发展而被引入经济学研究中的一种解释现实经济现象的方法论。网络经济中的正反馈理论是一个对动态经济过程的描述，其主要内容是在边际收益递增的假设下，网络经济系统在网络外部性的作用下能够产生一种局部反馈的自增强机制（Arthur，1989，1990，1994）。

在正反馈的作用机制下，市场结构的形成过程可以简略地用图 2 – 3 来表示。受强烈的网络外部性影响的技术或行业标准一般会有一个较长的引入期。随着用户数量的增加，越来越多的用户发现，使用该产品是值得的。因此，一旦达到临界容量，在市场竞争初期具有微弱领先优势的技术——如仅占有 60% 的市场份额将迅速扩张至接近 100% 的市场份额，从而形成垄断；而在市场竞争初期不具有微弱领先优势的技术——如占有 40% 市场份额的技术所占有的市场份额将急速下降，甚至最终不得不退出市场。无论是市场竞争中的胜者还是败者，其正反馈过程都呈现一种"S"形的动态模式并大致经历三个阶段：启动阶段较为平坦，此时只有个别企业采用该技术；技术的普及使得用户数量达到一定的规模（临界容量），在正反馈的作用下市场份额进入起飞阶段并急剧上升；当大部分企业已经采用该技术时，则进入了饱和阶段，扩散路径再次趋向平坦。事实证明，传真机、CD 机、彩色电视机等新技术产品的发展同样经历了这三个阶段，尤其是与数字产品、电子商务等网络产业相关的产品和服务，更是凸显了"S"形的增长模式（张丽芳，2008）。

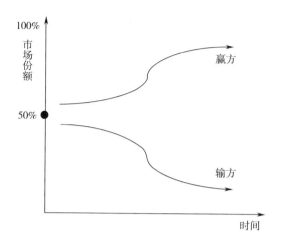

图 2 - 3　网络外部性作用下的正反馈机制

三、网络经济中的竞争策略与市场特征

兼容与市场竞争是网络经济学对微观主体的市场行为进行考察的一个重要问题。兼容是指不同品牌的网络产品能够在相同或类似的技术标准下进行联通和互操作。一般而言，有三种研究不同网络产品之间竞争的建模方法（Shy, 2011）。如图 2 - 4 所示，对于网络外部性建模方法而言，如果网络产品 A 的用户的效用能够随着网络产品 B 用户数量的增加而提高，反之网络产品 B 的用户的效用也随着网络产品 A 用户数量的增加而提高，则 A、B 两种网络产品是相互兼容的（否则，相互不兼容或者仅仅单向兼容）。在互补品建模法下，兼容则被定义为消费者除了可以消费同一品牌的互补品所组成的商品（如 $X_A Y_A$ 和 $X_B Y_B$）之外，还可以购买到由 A、B 两种互补品共同组成的网络产品（如 $X_A Y_B$ 或者 $X_B Y_A$）。在软件差异建模法下，兼容是指硬件 A 不仅可以运行与自身硬件兼容的软件 S_A，而且还能够运行基于硬件 B 开发的软件系统 S_B。[①] 由于互补品建模法和软件差异建模法都主要是针对特定的

　　[①] 当然，在软件差异建模法下，兼容不仅可以是双向的，而且还可以是单向的，即硬件系统 A 可以兼容软件系统 S_B，而硬件系统 B 可以不兼容软件系统 S_A。

网络产品（主要是信息网络产品）的建模方法，难以被用来类比以互联网金融为代表的新兴网络产业，因此本书将重点回顾第一种建模方法，即网络外部性建模方法及其主要结论。

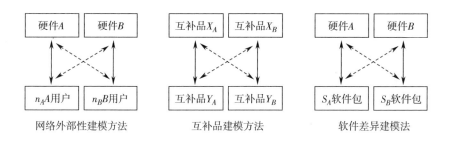

注：虚线箭头代表网络产品相互兼容的方向。

资料来源：SHY O. A Short Survey of Network Economics ［J］. Review of Industrial Organization，2011（38）：119－149.

图 2－4 三种研究网络产品竞争的建模方法

我们可以将硬件 A 类比为广义上的 A 网络产业，而将硬件 B 类比为广义上的 B 网络产业。由于网络外部性的存在，事实上，均衡的市场价格水平是非常难以达成的。一方面，消费者的需求偏好表现出非常强的网络外部性，即受同网络产品以及相兼容的其他网络产品的消费者总人数的影响；而另一方面，专门生产不兼容网络产品的厂家可以通过压低竞争对手的销售价格并不断扩大自身网络用户的规模而获利。

具体而言，假定市场上有 A、B 两种网络产品，售价分别为 p_A 和 p_B；n_A 和 n_B 是内生决定的 A、B 两种网络产品的新增网络规模，即新入网的消费者人数；假定两种网络产品的原有网络规模即老客户数量分别为 N_A 和 N_B，N_i 表示两种网络产品的安装基础，$i = A, B$。假定初期原有网络规模与新增网络规模相等，即 $N_A + N_B = n_A + n_B = N$。类似地，将消费者对于网络产品 B 的需求指数化为 x，且 $0 \leqslant x \leqslant 1$。当消费者对于 B 的偏好增加时，理论上网络产品 B 的市场总规模的上限是 $2N$（此时全部新增用户均选择加入 B 网络）。x 型投资者的效用函数可以定义为

$$U_x \overset{def}{=} \begin{cases} \alpha(N_A + n_A) - p_A - \delta x & \text{加入网络 } A, A \text{ 与 } B \text{ 不兼容} \\ \alpha(N_B + n_B) - p_B - \delta(1-x) & \text{加入网络 } B, A \text{ 与 } B \text{ 不兼容} \\ \alpha 2N - p_A - \delta x & \text{加入网络 } A, A \text{ 单向兼容 } B \\ \alpha 2N - p_B - \delta(1-x) & \text{加入网络 } B, B \text{ 单向兼容 } A \end{cases} \quad (2)$$

其中，α 用来度量网络外部性的大小，$\alpha = 0$ 说明完全不存在网络外部性；假定 $\alpha > 0$，即存在正的网络外部性；$\delta > 0$ 则用来刻画不同网络产品的异质性。式（2）意味着可以将对于 A、B 两种网络产品并无明显需求偏好的消费者类型指数化为 $\hat{x}^I = \dfrac{\delta + \alpha(N_A - N_B - N) + p_B - p_A}{2(\delta - \alpha N)}$ 以及 $\hat{x}^c = \dfrac{1}{2} + \dfrac{p_B - p_A}{2\delta}$。其中，上角标 "$I$" 和 "$C$" 分别表示 "不兼容"（incompatible）和 "兼容"（compatible）。如果不考虑生产成本因素（假定生产成本为零），则为了吸引新用户加入自身网络，提供两种网络产品的企业将采取价格竞争策略以实现自身利润的最大化。其利润函数分别为 $\pi_A = p_A n_A = p_A x N$，$\pi_B = p_B n_B = p_B(1-x)N$。

为了能够得出均衡解，假定网络外部性服从约束条件 $\alpha < \delta/(2N)$，此时可以求出当 A、B 两种网络产品互不兼容时两家厂商博弈竞争所形成的纳什均衡价格与利润：

$$p_A^I = \delta - \frac{2\alpha(N_A + 2N_B)}{3} \qquad p_B^I = \delta - \frac{2\alpha(2N_A + N_B)}{3} \quad (3)$$

$$\pi_A^I = \frac{N[3\delta - 2\alpha(N_A + 2N_B)]^2}{18(\delta - \alpha N)} \qquad \pi_B^I = \frac{N[3\delta - 2\alpha(2N_A + N_B)]^2}{18(\delta - \alpha N)} \quad (4)$$

如果两种网络产品是相互兼容的，则其纳什均衡价格与利润分别是

$$p_A^c = p_B^c = \delta \qquad \pi_A^c = \pi_B^c = \frac{\delta N}{2} \quad (5)$$

因此，当两种网络产品互不兼容时，安装基础大的企业将制定一个更高的市场价格，同时也将获取更高的利润份额，即当 $N_A > N_B$ 时，由式（3）和式（4）可推导出 $p_A^I > p_B^I$ 以及 $\pi_A^I > \pi_B^I$，而且这种差距将随着网络外部性的增强（α 的变大）而变得越发显著（"赢家通吃"的正反馈机制）。然而，如果两种网络产品的安装基础相近（$N_A \approx N_B$），此时网络外部性的增强（α 的变

大）将导致两种网络产品的纳什均衡价格和利润同时下降。

上述分析表明，在网络外部性很强的产业部门，不同网络产品之间的竞争将是十分激烈的，而且企业间的竞争将主要在两个层面展开。

一方面，用户规模竞争。如前文所述，在网络外部性效应的作用下，只有率先达到临界容量的企业及其采取的技术范式才能够赢得竞争，而未能达到临界容量的企业将面临被市场淘汰的风险。因此，对于任何一个提供网络产品或服务的企业而言，在最短的时间内扩大安装基础，从而突破临界容量将是企业竞争策略的核心和首要目标。在网络经济学研究中，如何尽快达到并突破临界容量这一问题被称为"启动问题"（start-up problem）。为了达到这一目标，企业往往在市场竞争的初期采取一个极低的"导入价格"（introductory price）甚至提供免费服务，以吸引投资者的注意力并刺激其需求，从而扩大自身产品的安装基础（Rohlfs，1974）。因此，以低价和免费为主要特征的价格战在网络产品市场竞争中是企业经常采取的竞争策略之一（Katz 和 Shapiro，1994），这一定价策略也被称为"渗透性定价"（penetration pricing）。一旦安装基础突破了临界容量，企业很容易在正反馈机制的作用下形成一定程度的垄断。此时，企业可以通过提升价格水平弥补前期市场推广的成本并获取利润（Katz 和 Shapiro，1994；Bensaid 和 Lesne，1996；Cabral 等人，1999）。

另一方面，行业（技术）标准竞争。在网络经济中，除了安装基础及其扩张速度之外，标准是另一个决定产品能否在市场竞争中取得成功的关键因素，因为一旦某项网络产品成为行业标准（或者该厂商对行业标准的制定有一定的话语权），那么即使其技术范式本身存在一定的瑕疵或者缺陷，由于其很容易引发正反馈效应，所以依然能够被广泛使用并且赚取高额利润；反之，如果某项产品的技术水平与质量很卓越，但是如果始终无法成为行业标准或者与行业标准相兼容，那么往往也很难突破临界容量从而在激烈的市场竞争中胜出。事实上，由于大多数网络产业的创新速度非常快，因此企业之间的竞争常常体现为不同技术框架与标准的竞争。只有成为行业标准，才能够获取更大的用户规模进而占有更大的市场份额。在力争成为行业标准的过程中，是否与主流标准相兼容是每一家提供网络产品（服务）的厂商需要作出的重要战略选择。厂商所采取的兼容策略将会对其自身的市场势力（market power）以及整个网络产业的竞争格局产生重要影响。在网络经济学研究中，这一问题被统称为兼容与标准化（compatibility and standardization）问题。大量研究集中探讨了厂商应当如何确立兼容策略。一般而言，选择与行业标准相兼容的技术范式将在短期内降低企业面临的竞争程度，使消费者更加容易接受企业的产品，企业的安装基础能够较快地实现突破（Matutes 和 Regibeau，1988，1989），然而其弊端是企业放弃了成为独一无二的行业标准进而获取高额利润的机会；反之，对于立志颠覆现有行业标准并致力于创新的企业而言，更适合采取不兼容策略（Katz 和 Shapiro，1994）。相关研究还可参见 Baake 和 Boom（2001）、Jonard 和 Schenk（2004）、Jerez（2005）以及 Doganoglu 和 Wright（2006）等。

在正反馈机制的作用下，网络经济往往会出现以下两个特征。

第一，路径依赖（path dependence）。路径依赖这一概念起源于物理学和数学研究中的"混沌理论"（chaos theory）。直至 20 世纪 80 年代，路径依赖这一概念才被引入经济学研究中（David，1994）。一般而言，路径依赖是指在一个以自由选择和个人福利（企业利润）水平最大化的市场经济中，经济发展过程中的一个次要的或暂时的优势或者一件看似不相干的事件都可能对最终的市场资源配置（如一些技术、产品或者标准）产生重要而不可逆转的影响（Arthur，1989，1994）。根据 Liebowitz 和 Margolis（1995）对于路径依赖的经典分析，经济主体的选择行为对于初始条件的依赖可能会产生不同的结果：一方面，这种依赖可能是无害的，如历史的偶然事件使经济被锁定在某一条特定路径，而这条路径已经是最优路径了；另一方面，这种依赖可能会出现次优技术占优的情况，从而造成效率损失。此外，历史在作出选择时，拥有的信息可能是完全的，也可能是不完全的。根据这些条件，路径依赖可以分为三种类型，即一级路径依赖、二级路径依赖和三级路径依赖。

　　具体而言，如果历史偶然事件确实产生了不可逆转的影响，使经济现实被锁定在特定的路径上，但是这种不可逆转的路径选择并没有产生任何效率损失，而使经济达到最优均衡，那么这种路径依赖就称为一级路径依赖。与之相类似的是，Roe（1996）认为路径依赖可以细分为弱路径依赖（所确定的路径存在效率改进的可能）、中度路径依赖（所确定的路径并非最优但不值得进行改进）和强路径依赖（历史所确定的路径选择是低效的，但无法被改变）三种。第二种可能性是，当信息不完全时，当时认为最优的选择，事后看可能并不是最优选择；但是，在当时作出选择时，并不知道这条路径不是最优的，后来当拥有更多的信息时才意识到这一点，这种情况被称为二级路径依赖。这种路径依赖虽然不是最优的，但由于当时信息有限，我们无法改变次优的选择，因此这种依赖是无法避免的。与二级路径依赖相对的则是三级路径依赖，即历史的选择同样产生了效率损失，而且这种损失有可能通过一些制度安排来避免和纠正。Williamson（1993）认为，可以通过重新制定公共政策等方式对三级路径依赖所造成的效率损失进行"修复"（remediability）。

　　第二，锁定（lock - in）与可能低效率。一般而言，锁定是指由于各种原因，导致从一个系统（可能是一种技术、产品或者标准）转换到另一个系统的转移成本（switching cost）大到转移不经济，使经济系统在达到某个状态之后就很难改变或者退出，从而导致经济系统逐渐适应并不断强化这种状态，直至形成一种选择优势，把系统锁定在这个均衡状态。要使系统从这个状态退出，转移到新的均衡状态，就要看系统的转移成本能否小于转移收益。Arthur（1989）最早运用模型化的方法描述了锁定可能发生的路径：假设市场上存在两个厂商，各自生产 A 和 B 两种具有网络外部性的产品；消费者分为 R 和 S 两种类型，假设他们具有不同的消费偏好[①]，R 类消费者偏好 A 类产品，而 S 类消费者偏好 B 产品，并假设初期两种不同偏好消费者的人数相等。在这些假设条件下，两类消费者的效用如表 2 - 1 所示。

————————

　　① 　这里的偏好仅指消费者对产品自有价值的偏好，不考虑网络外部性带来的协同价值。

表 2 - 1   **R 类、S 类两类消费者的效用情况**

	产品 A	产品 B
R 类消费者	$a_R + rn_A$	$b_R + rn_B$
S 类消费者	$a_S + sn_A$	$b_S + sn_B$

R 类消费者购买产品 A 获得的效用为 $a_R + rn_A$，购买产品 B 获得的效用为 $b_R + rn_B$。其中，a_R、b_R 分别代表产品 A 和 B 的自有价值给 R 类消费者带来的效用，n_A 和 n_B 分别代表已经购买并使用 A、B 产品的人数，总体网络规模为 n。因此，$n_A + n_B = n$。A 产品和 B 产品的网络规模（已有用户人数）的差异 $dn = n_A - n_B$。rn_A 和 rn_B 可以分别看做消费两种产品产生的协同价值。根据假设条件，在不考虑网络规模的情况下，R 类消费者更为偏好产品 A，即 $a_R > b_R$。同理，S 类消费者购买 A 产品获得的效用为 $a_S + sn_A$，购买 B 产品获得的效用为 $b_S + sn_B$。其中，a_S、b_S 分别代表产品 A 和 B 的自有价值给 S 类消费者带来的效用。同时，如前文假设，S 类消费者偏好 B 产品，即 $a_S < b_S$。

r 和 s 的取值将决定规模报酬递增、递减还是不变。具体来说，r 和 s 都大于零意味着规模报酬递增：随着网络规模的扩大和使用人数的增加，产品产生的协同价值也递增。r 和 s 小于零意味着规模报酬递减，即随着网络模的扩大和使用人数的增加，产品给消费者带来的效用不断下降。当 r 和 s 都等于零时，则规模报酬不变，此时消费者的产品选择与网络规模毫无关系，消费者完全可以凭借自己对产品的偏好进行抉择。在规模报酬不变的情况下，消费者的消费决策只受到自身偏好的影响而不受网络规模的左右。因此，可以预见，选择产品 A 和选择产品 B 的人数必定相等。换句话说，R 类消费者都会选择产品 A，S 类消费者都会选择产品 B。因此，在这种情况下，有违消费者偏好的锁定现象不会发生。

在规模报酬递增的情况下，尽管 R 类消费者自身偏好 A 产品，但是如果 A 产品带来的总体效用小于 B 产品，R 类消费者也会选择他们并不偏好的 B 产品。同理，尽管 S 类消费者自身更偏好 B 产品，但是如果 A 产品带来的总体效用大于 B 产品，S 类消费者也会选择他们并不偏好的 A 产品。具体而言，可以由以下条件推导出锁定出现的条件：

$$a_R + rn_A < b_R + rn_B \tag{6}$$

当式（6）成立时，R 类消费者从消费 A 产品中得到的效用小于从消费 B 产品中得到的效用。因此，R 类消费者也不得不选择 B 产品。将式（6）适当变形可得：

$$d_n = n_A - n_B < (b_R - a_R)/r \tag{7}$$

根据假设条件 $a_R > b_R$，式（7）可以解释为，无论什么原因，当产品 B 的网络规模远大于产品 A 时，新进的 R 类消费者就会转而选择 B 产品。当越来越多的人选择 B 产品时，也会有更多 R 类消费者被锁定在 B 产品上。换言之，R 类和 S 类的消费者都会选择 B 产品。同理，当式（8）成立时，S 类消费者从消费 A 产品中得到的效用大于从消费 B 产品中得到的效用。因此，S 类消费者也不得不选择 A 产品。

$$a_S + sn_A > b_S + sn_B \tag{8}$$

将式（8）变形，可以得到：

$$d_n = n_A - n_B > (b_S - a_S)/s \tag{9}$$

由于此前假设 S 类消费者偏好 B 产品，即 $b_S > a_S$，因此式（9）可以解释为，无论何种原因，当产品 A 的已有用户人数大大超过产品 B 时，后来的 S 类消费者只好选择 A 产品，尽管这并不是他们所偏好的。

这一推导过程也可以进行图形分析。如图 2－5 所示，横轴代表整体的网络规模 n，纵轴代表产品 A 和 B 网络规模的差异 d_n。在横轴上的任意一点，产品 A 和 B 的网络规模相当，因此无论整体网络规模如何扩张，都不会影响两类消费者根据自身的偏好进行选择。换言之，R 类消费者始终选择产品 A，S 类消费者始终选择产品 B。然而，由于某些历史偶然因素，使现实到达并冲破了上下两个"锁定吸收壁"中的任意一个，即上文中的 Δ_R 和 Δ_S，那么两类消费者就会被锁定在同一产品中。具体来说，当现实中 A 产品的网络规模足够大，在市场上占据了主导地位时，市场超越了上方的"锁定吸收壁"，则两类消费者都被紧紧锁定在 A 产品上；相反，当 B 产品的网络规模足够大，大大领先于 A 产品的市场份额时，市场超越了下方的"锁定吸收壁"，则两类消费者都将被紧紧锁定在 B 产品上。关于锁定的经典案例包括 QWERTY 计算机键盘（David，1985）、VHS 以及 Beta 格式的录像带（Arthur，1990）、AM 调频立体声广播标准（Besen 和 Johnson，1986）等。

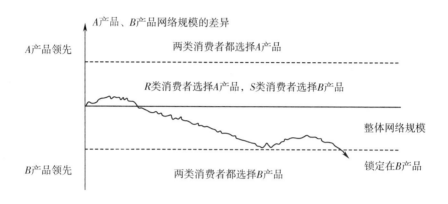

资料来源：ARTHUR W B. Competing Technologies，Increasing Returns，and Lock – In by Historical Events［J］. The Economic Journal，1989，99（394）：120.

图 2 – 5 消费者选择与产品锁定

转移成本是和锁定相联系的一个概念。转移成本实际上是衡量锁定程度的一个指标。当产品和技术的标准化还不健全（或者说系统之间不兼容）时，如果消费者和厂商自愿从一个网络转移到另一个网络，那么其将不得不面临诸多障碍，而正是转移成本造成了这种障碍，从而阻止了市场主体进入另一个网络（Liebowitz 和 Margolis，1995；Witt，1997）。转移成本是在多种因素共同作用下形成的，其中结构性进入壁垒和战略性进入壁垒是导致转移成本的两个重要因素。结构性进入壁垒是指不受厂商支配的、外生的，由产品技术特点、自然资源环境、社会法律制度、政府行为以及消费者偏好所形成的壁垒，是厂商在正常的追求利润最大化的过程中，由于网络产品的技术特性和消费者需求特点以及外部的政策法律所产生的对在位厂商有利而对竞争者不利的客观因素（Klemperer，1987；Greenstein，1997），主要包括规模经济、绝对成本优势、学习效应、产品差异化、资本要求以及对稀缺资源的先入垄断占有等六个方面。战略性进入壁垒则是指在位厂商为了保持在市场上的主导地位，利用在位者的优势所进行的一系列有意识的战略性行为，以构筑阻止潜在进入者进入市场的强大壁垒（Farrell 和 Shapiro，1988；Zauberman，2003）。通常在位厂商会采取诸如价格策略、标准策略、操纵消费者预期以及捆绑销售等各种战略性行为。

由于某些不可预测的因素而造成的事实上的锁定，最终会被锁定在哪一种产品或标准上很难在事前进行准确预测，因此这种最终结果的不确定性导致了无法确保自由竞争的最终结果是最优的（Gallini 和 Karp，1989），如无法确保消费者最终被锁定的产品在技术上是最优的、在质量上是最好的，同时也最能满足消费者的个人偏好，因此可能造成市场无效率。

四、网络经济中的政府管理与公共政策

从网络经济学的主要研究结论中我们不难发现，网络外部性的广泛存在使得网络产业很容易陷入市场失灵，如进入某种技术范式的锁定状态而难以进行创新、形成某种形式的垄断从而导致效率和社会福利水平下降等。因此，政府如何制定和实施有关网络经济的公共政策，以纠正由网络外部性带来的市场失灵，维护公平竞争的市场环境，是一个具有重大意义的问题。然而，学术界在网络经济学的理论研究如何为政府的公共政策提供理论支持这一问题上存在争议，甚至有很多经济学家质疑网络经济学的基础理论能否支持政府通过实施公共政策干预经济运行的合理性。正如 Katz 和 Shapiro（1994）所指出的，私人部门会自发纠正由网络外部性所产生的非效率行为，而庞大的利益集团会通过游说政府的方式影响政府公共政策的客观性和有效性。因此，在纠正市场失灵方面，很难说政府的能力强于市场机制。

尽管如此，政府在网络经济发展过程中仍然需要一定的公共政策工具，以实施宏观调控，确保市场公平、稳健运行。其中，最为重要与核心的问题当属反垄断政策的制定与实施。网络经济学的研究表明，在网络外部性的作用下，网络经济的静态市场结构往往表现出极端的不对称，网络产业的市场集中度往往比较高，因此大企业更容易获得垄断地位。在这种情况下，政府的反垄断政策对于维护市场竞争环境的公平性就显得至关重要。因为正反馈机制和锁定的

存在将放大企业竞争策略的影响，从而使大企业更倾向于使用战略性竞争策略（如捆绑销售、拒绝竞争者进入关键设施、附加不合理交易条件以及掠夺性定价等）谋求和巩固垄断地位进而谋利。

与此同时，我们也应当注意到，与传统经济理论所不同的是，网络经济条件下的垄断不但有其存在的必然性，而且有其存在的合理性。这种必然性和合理性体现在垄断和竞争的相互关系中。具体而言，网络经济下的垄断和竞争之间的关系具有以下三个方面的特征。

第一，网络经济下的垄断与传统的"垄断消除竞争论"相悖。传统企业之间的竞争主要是在价格和产量这两个方面的竞争；而在网络经济时代，技术创新速度的加快和更替的频繁，使新技术可能在没有获利之前就面临着被淘汰的命运，因此抢占市场先机和技术制高点的压力增大，竞争也更为激烈。垄断及专利只不过是压制了价格和产量意义上的竞争，但是却加剧了技术创新与业务模式层面上的竞争。因此可以说，网络经济下的垄断不仅没有消除竞争，反而使竞争在更长的时间跨度、更广的空间范围以及更高的维度上展开。

第二，网络经济下的垄断在一定程度上是缓解"马歇尔冲突"①的竞争性垄断。网络经济中的垄断具有与传统经济中的垄断和垄断竞争不同的意义：竞争越充分，垄断程度就越高；垄断程度越高，竞争就越激烈。这种市场结构既克服了垄断市场结构的缺陷，发挥了竞争市场的活力，又克服了在完全竞争市场上可能出现的过度竞争，从而实现了有效竞争。因此，竞争性垄断市场结构能够在一定程度上兼容规模经济和竞争活力，是一种可以缓解"马歇尔冲突"

---

① 经典的微观经济学理论认为不同的市场结构具有不同的经济效率，完全竞争市场的经济效率最高，垄断竞争市场较高，寡头市场较低，垄断市场最低。这些传统的市场结构在利用和配置资源时面临着两难选择，即必须在规模经济和竞争活力两者之间进行取舍。垄断虽能获得规模经济，但同时扼杀了自由竞争，失去了竞争所能带来的效率。因此，在垄断与竞争所形成的此消彼长的市场结构对立中，两者只能取其一，而不能兼得。若要取得规模经济，就只能在独家垄断的情况下获得规模经济的最大化，但同时也损失了竞争可能带来的效率；若要取得竞争所带来的效率，就必须打破独家垄断状态，激发竞争，但也损失了规模经济。这就成为两难选择——马歇尔冲突产生的根源。参见李怀. 自然垄断理论的演进形态与特征［J］. 经济与管理研究，2006（8）.

进而使经济资源得到有效配置和利用的市场结构。网络经济下厂商的垄断不仅没有降低经济效率，反而可能比完全竞争市场更有效率地利用资源。

第三，网络经济下的垄断突破了"垄断抑制技术进步"的瓶颈。网络经济下的垄断与传统经济下的垄断之间的一个很大的区别在于垄断企业不能长期垄断市场。在新的动态竞争环境中，大企业的高市场份额往往是不稳定的。技术标准的改变和技术范式的转换，必然导致企业的市场地位发生变化，从而使在位厂商常常面临巨大的竞争压力，并使其市场垄断行为大为收敛。即使已经在一定程度上取得了垄断地位的大企业，也必须加快技术创新的步伐，以确保不被新的技术范式和企业取代。①

由此可见，网络经济下垄断的识别与干预是一件非常棘手的问题。美国自20世纪70年代以来在网络产业进行的一系列冗长烦琐的反垄断司法调查，足以证明这一问题的复杂性。事实上，除了反垄断问题，政府还应当在网络产业的行业标准制定过程中发挥积极作用。如前文所述，行业标准的制定与推广对于网络产业而言至关重要。尽管从理论上看，政府在市场竞争的基础上选择和制定网络产业的标准是最佳途径，但是行业标准的形成往往涉及成本收益、技术优劣比较、市场结构、国际竞争以及知识产权保护等诸多因素，情况十分复杂。因此，如果政府介入的时机和方式不当，抑或其在制定标准的过程中出现误判，则很有可能极大地降低市场效率。在极端情况下，政府过于仓促地制定或推行不当的行业标准，将不仅导致政策无法有效推行，而且还将影响整个行业的长期发展。奥兹·谢伊（2002）认为，政府在制定网络行业标准时应当把握以下原则：第一，网络行业的标准制定应当立足本国国情，充分考虑本国产业政策的主要目标，过高或者过低的行业标准都不利于本国网络产业的长期健康发展。此外，行业标准应当能够对本国网络产业的发展起到前瞻性的引领作用。第二，网络行业标准的制定应当充分尊重企业的自主选择。政府需要准确把握好参与网络行业标准制定的时机，并在标准制定过程中给予企业自主选择的余地，从而确保标准政策在制定和推出过程中能够得到市场的检验，避免

---

① 详情参见张丽芳．网络经济学［M］．北京：中国人民大学出版社，2013：116－119．

不成熟的行业标准对网络产业的发展产生冲击。第三，行业标准的确立、更新以及修改的程序应当公开透明。由于行业标准的制定和推出对于生产者而言，是一个市场利益再分配的过程，因此，行业标准的确立、更新以及修改的程序公开透明是确保公平竞争的关键。第四，行业标准的制定应当与反垄断政策相契合。行业标准政策具有一定的产业政策性质，因此主要关注生产者的利益分配问题；而反垄断政策则更多地以维护消费者的利益为前提与核心。为此，政府应当将二者有机结合起来，维护和平衡生产者和消费者的利益。

五、本章小结

网络经济学是 20 世纪 70 年代以来逐渐兴起的一个经济学分支，其主要研究网络产业的基本特征及其相关问题。网络外部性是网络经济学研究的一个核心概念。所谓网络外部性，是指用户的效用不仅取决于消费品本身，而且还取决于购买同一消费品的其他消费者的数量，即网络规模的大小对于消费者的效用水平具有显著影响。网络外部性可以分为直接网络外部性和间接网络外部性两种，而协同价值则是网络外部性的经济本质。大量实证研究表明，网络外部性广泛存在于具有网络属性的传统产业和新兴产业部门，金融服务部门尤其是新兴的互联网金融行业同样如此。网络经济最为突出的特征在于需求曲线呈倒"U"形，从而导致网络经济系统将不只存在一个市场均衡点。临界容量是网络经济学研究中一个非常重要的概念，其揭示了网络经济中的一个基本定律，即规模至上——任何一项网络产品，如果其安装基础无法在最短的时间内突破临界容量，那么在网络外部性效应的作用下，其将被消费者放弃从而退出市场；而只有突破临界容量的网络产品才能够享受需求方规模经济所带来的好处，从而形成均衡的市场价格。著名的梅特卡夫定律，即"网络的价值大体上以用户数量的平方这一速度增长"，是对网络规模重要性的深刻写照。正反馈是网络经济学中另一个重要的理论，也被称为"赢家通吃"效应，即在边际收益递增的假设下，网络经济系统在网络外部性的作用下能够产生一种局部反馈的自增强机制。无论是市场竞争的赢方还是输方，其正反馈过程都呈现一种"S"形的动态模式。因此，在网络外部性很强的产业部门，不同网络产品之间的竞争将是十分激烈的，这种竞争主要体现在用户规模和行业（技术）标准的竞争上。其中，行业标准的竞争尤为重要，因为行业标准往往是诱发正反馈机制的关键因素。在正反馈机制的作用下，网络经济往往会出现路径依赖以及锁定与可能低效率，这都是由网络外部性所引发的市场失灵。因此，尽管存在一定争议，但政府需要制定合理的公共政策以纠正市场失灵，维护市场的公平、有效运行，其中反垄断政策与网络行业标准制定是政府公共政策的核心。

网络经济学的理论框架和主要观点对于我们认识美国互联网金融的发展及其与传统金融之间的关系有何帮助？首先，无论是传统的金融服务（如商业银行系统）还是新兴的互联网金融模式，都具有十分典型的网络外部性特征①，即金融业是一个具有网络外部性特征的产业部门，金融机构是这一产业部门的生产者（厂商），其生产（提供）基本的金融服务（如存贷款、支付结算、保险、理财投资等），而消费者则从金融机构购买其所需要的金融服务。一般而言，消费者的效用水平不仅取决于金融机构的服务本身，而且还取决于其他金融消费者的数量。如果将传统金融机构生产（提供）金融服务的技术范式称为"线下模式"，而将新兴的互联网金融机构生产（提供）金融服务的技术范式称为"在线模式"，这是否意味着传统金融与互联网金融之间的竞争就是网络经济条件下的两种技术标准之争？沿着这一逻辑，传统金融机构所沿用的"线下模式"是经过市场自由选择而确定的提供金融服务的最优模式，抑或仅仅是路径依赖所形成的次优甚至是低效模式？如果是后者，那么这是否又意味着现代金融体系已经被锁定在"线下模式"中而难以进行根本性的创新呢？换言之，即使互联网金融是一种更加高效地生产（提供）金融服务的技术范式，而传统金融机构是否也会利用在位优势而对其进行抵制，从而维持其对金融市场的垄断地位？政府的公共政策应当在互联网金融发展进程中发挥何种作用？事实上，这些问题的提出构成了本书的逻辑起点，在后续章节中，笔者将陆续对这些问题进行分析和解答。

---

① 当然，不同的业务模式其网络外部性特征的表现形式是有差异的。

第三章　美国互联网金融发展与创新的历程

20 世纪 90 年代初在美国出现的互联网热潮不仅推动了信息技术（IT）产业的迅猛发展，而且还加速了互联网技术向传统产业的扩散。金融业作为高度依赖信息获取、处理与传播的产业部门，成为与互联网技术融合的先锋。如果仅从时间上来看，美国的互联网金融模式始于 90 年代初期的互联网热潮。但是，如果从一个更长的历史纵深来看，美国互联网金融的发展有着极其宏大、深刻的历史背景，即互联网金融的产生与发展是 70 年代以来美国金融市场与金融体系发生的一系列结构性变化的延续和拓展。只有深刻理解和把握这一宏观背景和基本逻辑，才能够清晰地认识美国互联网金融发展的现状与未来。本章将系统地阐述美国互联网金融产生与发展的背景，并在此基础上回顾 90 年代以网络银行、网络保险以及网络证券为代表的传统互联网金融模式的兴起与演进，分析美国次贷危机前后以 P2P 融资和众筹网络融资为代表的互联网直接融资模式的出现及其迅速发展，并对 2010 年以来美国的金融科技投资热潮进行总结和评述。

一、美国互联网金融产生与发展的背景

（一）70 年代以来的金融自由化与金融脱媒

纵观 70 年代以来美国金融市场与金融体系发生的一系列变化，其中最为显著、最具连续性且对美国金融机构和金融市场影响最为深远的变化当属金融脱媒（disintermediation）。20 世纪 70～90 年代，美国金融业至少经历了三轮金融脱媒浪潮的冲击，而当前美国的金融业竞争格局、金融业态以及金融市场正是在这三轮冲击中得以重塑和发展。70 年代中期，美国国内的金融自由化浪潮日益高涨。一方面，在利率管制和高通胀的背景下，货币市场共同基金和债

券市场开始迅速发展。直接融资市场的发展大大加速了金融脱媒，进而导致以商业银行为代表的传统金融机构和以货币市场共同基金为代表的新兴金融机构之间的竞争更加激烈，金融创新日益活跃，美国金融市场的深度和广度得到了前所未有的扩展。另一方面，利率自由化进程得以启动并在80年代进入加速阶段。80年代后期，利率自由化的基本完成使美国金融业的竞争更加激烈，金融机构的投资组合越来越依赖量化投资工具，商业银行的风险管理手段也更加复杂，特别是对于信息获取、分析和处理的技术要求越来越高，从而为90年代初期金融业与新兴的互联网技术的结合和迅速发展埋下了伏笔。美国70年代以来的金融脱媒大体上可以分为以下三个阶段。

第一，70年代《格拉斯—斯蒂格尔法案》背景下的制度性脱媒。

众所周知，30年代"大萧条"时期，美国出于隔离金融风险的考虑，在传统的商业银行业务和高风险的投资银行业务之间设立了防火墙，即以《格拉斯—斯蒂格尔法案》为立法依据的严格的分业经营模式。与此同时，为防止商业银行之间进行恶性竞争，该法案设定了商业银行存款利率上限即"Q条例"，并禁止商业银行对活期存款支付利息。在此后相当长的一段时间里，这一分业经营和分业监管的金融体制对于维持美国金融体系的稳定和经济增长起到了至关重要的作用。

然而，在一系列因素的影响下，美国经济从60年代开始步入通胀周期，并于70年代初进入滞胀阶段。在通胀率高企的情况下，美联储不断提高联邦基金利率，从而导致美国金融市场的实际利率水平不断上升。然而，在利率管制的条件下，商业银行无权上调存款利率，从而导致其存款特别是活期存款大量流失。与此同时，以货币市场共同基金（MMMF）为代表的类存款投资工具的迅速发展，进一步加剧了商业银行负债脱媒的压力（如图3－1所示）。在这一背景之下，存款性金融机构中的商业银行不得不从资产和负债两个方面开展金融创新，以应对由金融脱媒带来的挑战。从资产方面来看，商业银行开始尝试贷款资产的证券化，从而加快资金流转速度，降低对存款负债的过度依赖。从负债方面来看，商业银行积极进行债务工具创新，如存款性金融机构中的互助储蓄银行通过开设"可转让支付命令账户"（NOW account），商业银行通过开设"货币市场存款账户"（MMDA），提高资金来源的竞争力。这种制度性脱媒作为对利率管制的规避，加速了美国传统金融机构由分业经营向以金融创新为导向的混业经营的转变。

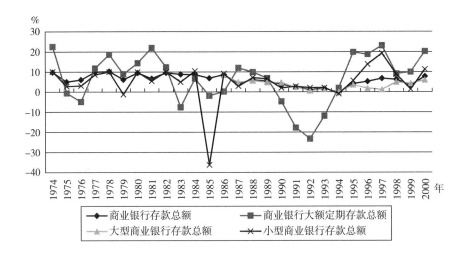

数据来源：美联储官方网站（www. federalreserve. gov）。

图 3 - 1　1974—2000 年美国商业银行存款年同比增速

第二，80 年代的利率市场化进程与市场性脱媒。

面对制度性脱媒和金融市场创新的压力，美国国会和金融监管当局从 70 年代中期开始放松金融管制。[①] 1980 年，美国国会通过了《存款机构放松管制与货币控制法》（DIDMCA），明确规定从 1980 年 3 月 31 日起，分六年逐步取消"Q 条例"对所有存款性金融机构持有的定期存款和储蓄存款的利率上限，并允许所有存款性金融机构从 1981 年 1 月 1 日起开办"可转让支付命令账户"。1982 年，又通过了《加恩—圣杰曼存款机构法》（GSGDIA），允许存款性金融机构自 1982 年 12 月 14 日起开办"货币市场存款账户"、自 1983 年 1 月 5 日起开办"超级可转让支付命令账户"（Super NOW）这两类生息储蓄账

---

① 美国国会于 1974 年通过一项允许马萨诸塞州和新泽西州的所有存款性金融机构开办"可转让支付命令账户"的议案，通常被认为是正式放松管制的开始。——作者注

户。这两个金融立法作为美国金融管制逐步解除的重要标志，不仅是对《格拉斯—斯蒂格尔法案》的重大突破，而且是对美国在30年代建立的金融体制所进行的一次具有划时代意义的制度创新。当然，由此开始的利率自由化进程对商业银行的经营产生了重大影响。如在1980—1986年期间，美国商业银行的负债成本不断提高，而贷款利率水平、存贷利差以及净息差均有所下降（肖欣荣、伍永刚，2011）。

在此背景下，美国的商业银行不得不进一步加快金融创新特别是资产证券化的步伐。与此同时，以股票市场、债券市场和货币市场共同基金为代表的直接融资市场的持续迅速发展，使得商业银行的总资产占全美金融资产总额的比重进一步下降。应当说，这一时期美国的金融脱媒主要是利率自由化进程的加快和金融市场多样化发展所导致的，即市场性脱媒。在此冲击下，美国传统的金融机构出现了一定的分化。金融创新活跃、市场适应能力较强的大型商业银行通过不断开展资产证券化等金融创新活动，进一步提高了生存能力；而一些经营管理体制相对僵化、创新能力相对不足的传统金融机构（如储蓄贷款协会）则面临着较为严重的生存危机①。总而言之，80年代的市场性脱媒压力促使以商业银行为代表的传统金融机构加速转型，从而提高了其市场竞争力和适应性。

第三，90年代由互联网金融诱发的技术性脱媒。

在经历了70年代的制度性脱媒以及80年代的市场性脱媒的冲击之后，以商业银行为代表的传统金融机构已经基本上适应了金融脱媒的压力，商业银行的资产脱媒（主要表现为资产证券化）和负债脱媒（主要表现为存款增速放缓）也较为对称、平稳和有序。进入90年代以后，新一轮信息技术革命即互联网的兴起，带动了传统金融模式的革新。网络银行、网络理财等互联网金融模式的迅速发展也诱发了新一轮金融脱媒，即技术性脱媒。美联储的统计数据

---

① 在1980—1988年期间，美国有1100多家储蓄贷款协会倒闭。到1989年年初，美国有600余家储蓄贷款协会（约占美国储蓄贷款协会总数的1/5）濒临破产倒闭。数据转引自刘胜会. 美国储贷协会危机对我国利率市场化的政策启示 [J]. 国际金融研究, 2013（4）.

显示，在1990—1994年期间，美国商业银行存款总额、大型商业银行存款总额和小型商业银行存款总额的年均增幅分别由4%、5%和2%下降至-0.4%、-0.1%和-1%。然而，应当注意到，无论是从持续的时间来看还是从金融脱媒的强度来看，由互联网金融诱发的技术性脱媒对传统金融机构所产生的冲击都小于前两轮（如图3-1所示，从90年代中期开始，美国商业银行各类存款的增速开始加快）。

（二）美国影子银行体系的产生、演进及影响

纵观美国金融发展史，在30年代"大萧条"之前，银行挤兑以及由此引发的金融危机周而复始、循环往复。1933年6月联邦存款保险公司（FDIC）的成立终结了美国银行挤兑危机频发的历史，并使美国进入了自1863年跨入国民银行时代（National Banking Era）以来最长的一段金融稳定时期。然而，2007年爆发的次级抵押贷款危机以及随后由其引发的金融危机，不仅打破了美国已维持了75年之久的金融稳定，而且还诱发了自"大萧条"以来最严重的一次国际金融危机。更出乎意料的是，此次危机并非源自传统的商业银行体系，而是肇始于一个与其有着紧密联系但却迥然不同的"影子银行体系"（shadow banking system）。事实上，影子银行体系的迅速发展已经深刻地改变了美国乃至全球金融市场的结构，并对金融体系的稳定产生了复杂的影响。然而，各国金融监管当局（特别是美国）未能敏锐地洞察这一问题并及时采取有效措施。前英国金融服务管理局（FSA）主席洛德·特纳（Lord Turner）认为，"没有从系统的角度考量影子银行在此次金融危机演进中所扮演的角色，是全球监管者的'根本性失败'之一"。[1] 在2010年10月召开的二十国集团（G20）首尔峰会上，各国领导人一致同意责成该集团下属的金融稳定委员会（FSB）研究如何在新巴塞尔协议（Basel Ⅲ）的框架下加强对影子银行体系的监管。影子银行体系及其对金融系统稳定性的影响由此成为当前各国金融监管当局高度关注的问题。

---

① JENKINS, P, MASTERS B. Shadow Banks Face Regulators' Scrutiny［N］. Financial Times, November 16, 2010.

　　"影子银行体系"一词由美国太平洋投资管理公司执行董事保罗·麦考利（Paul McCulley）于 2007 年 9 月在美联储的年度会议上首次提出，但是麦考利并未明确界定该名词的含义，而只是用其泛指"有银行之实但却无银行之名的种类繁杂的各类银行以外的机构"（McCulley, 2007；李扬，2011）。此后，太平洋投资管理公司创始人比尔·格罗斯（Bill Gross）在一篇文章①中再次提及，这一概念便广为流传。尽管这一概念得到了广泛的认同和使用，但由于研究视角以及划分标准的不同等原因，所以一直未有一个明确而广为接受的定义。② 2010 年 5 月，美国金融危机调查委员会（FCIC）在一份报告中将其定义为传统商业银行体系之外的"类银行"（bank－like）的金融活动，即从储蓄人或投资者手中获取资金并最终向借款方融资，其中大多数金融活动不受监管或仅被轻度监管（FCIC, 2010）。金融稳定委员会在综合考量各方面的因素后，于 2011 年 4 月从三个层面给出了一个较为全面的定义：影子银行体系在广义上是指由在常规银行体系之外的实体及其活动所组成的一个信贷中介系统（system of credit intermediation）；影子银行体系在狭义上是指上述系统中那些具有系统性风险隐患③和监管套利隐患的实体及其活动；此外，影子银行体系还包括那些仅为期限转换、流动性转换以及杠杆交易提供便利的实体（如金融担保机构、债券与抵押贷款保险商以及信用评级机构）（FSB, 2011）。

　　美国联邦储备银行纽约分行的调查报告显示，美国影子银行体系的债务总额在 2008 年 3 月为 20 万亿美元，约为同期商业银行债务总额的两倍，而前者早在 20 世纪 90 年代中期便已超过后者（Pozsar 等人，2010）。尽管美国影子银行体系的产生可以追溯到 30 年代联邦住宅贷款银行（FHLB）系统的建立，但其主要是在第二次世界大战结束之后才得以迅速发展的（Pozsar 等人，2010；

---

　　①　GROSS, B. Beware Our Shadow Banking System［J］. Fortune, Nov. 2007.

　　②　影子银行体系也被称为"平行银行体系"（parallel banking system）（Geithner, 2008；Pozsar et al., 2010）或"准银行实体"（near－bank entities）（IMF, 2008）。

　　③　特别是由期限转换（maturity transformation）、流动性转换（liquidity transformation）、杠杆交易以及异常信贷风险转移（flawed credit transfer）所引发的系统性风险。期限转换是指以短期负债支撑中长期资产的资产负债管理方式，流动性转换是指以流动性负债为欠缺流动性的资产融资的行为。二者有时也分别被称为"期限错配"和"流动性错配"。

De Rezende，2011）。换言之，影子银行体系的发展是半个多世纪以来美国金融体系所发生的根本性变化的结果（Gorton 和 Metrick，2010）。

第一，由货币政策目标与金融监管框架之间的不一致性（inconsistency）所引发的金融创新是影子银行体系迅速发展的前提条件。1951 年 3 月，《财政部和联邦储备体系协议》的签署终结了美联储钉住美国国债利率的义务。美联储的货币政策目标由战时的为政府财政赤字融资转变为保持物价稳定，而短期利率（如隔夜拆借利率）的调整成为其对抗通胀的主要工具。60 年代中期以后，美联储为应对不断增加的通胀压力而持续抽紧银根，致使市场利率大幅攀升。然而，在《格拉斯—斯蒂格尔法案》和"Q 条例"的监管框架下，市场利率是商业银行存款人的"机会成本"，即市场利率越高，存款人将资金转为其他用途的动机越强。特别是当市场利率超过"Q 条例"规定的上限时，商业银行体系必然经历大规模的资金流出即所谓的"脱媒"（disintermediation）。为此，生存空间不断受到挤压的商业银行不得不加快金融创新，并开展以资产证券化为主的表外业务。与此同时，商业银行的经营模式逐渐由传统的贷款的"发放—持有"（originate – to – hold）转变为"发放—分散"（originate – to – distribute），从而使非银行机构（影子银行）通过交易证券化的贷款间接地充当信贷中介成为可能。换言之，以信贷资产证券化为主的金融创新是导致影子银行体系迅速发展的前提条件。但正如 De Rezende（2011）所指出的，许多研究美国金融体系演进的文献着重强调金融监管框架的变化、商业银行的监管套利动机、税收体制、道德风险以及逆向选择等因素，而忽略了货币政策目标与金融监管框架之间的协调问题。事实上，美联储在制定和执行货币政策时忽略了其可能对金融系统的结构所产生的影响，进而促进了"平行银行体系"的出现和发展。

第二，数目众多且资产规模不断扩大的机构投资者推动了影子银行体系的迅速发展。70 年代以来，美国金融市场和金融体系发生的一个重要变化是机构投资者的迅速崛起[1]，其中既包括货币市场共同基金、保险公司以及私人养

---

① 关于机构投资者产生的背景与原因已有大量的文献资料，参见 Gorton 和 Metrick（2010）、De Rezende（2011）以及 Pozsar（2011）的综述。

老基金等非银行金融机构，也包括微软、IBM 以及通用电器等大型跨国企业。仅以货币市场共同基金为例，70 年代末其资产总额仅为 40 亿美元；而在 2008 年国际金融危机爆发前，其资产总额已达到 3.8 万亿美元（Gorton 和 Metrick，2010a）。这些机构投资者持有数额庞大的现金，并对投资期限短、流动性好以及安全性高的金融资产有强烈的偏好。[①] 因此，商业银行的活期存款、短期国债以及以国债担保的金融资产等"短期的政府担保投资工具"（short - term government guaranteed instrument）是其主要的投资目标。然而，联邦存款保险公司对银行存款承保上限的规定使得活期存款无法满足机构投资者的投资需求，而受国债市场规模以及外国投资者对美国国债强劲需求的限制，短期国债以及以国债为担保的金融资产也难以满足机构投资者对安全性资产的需求。据 Pozsar（2011）的保守估计，仅在 2003—2008 年期间，美国机构投资者对"短期的政府担保投资工具"的需求缺口就高达 1.5 万亿美元。由于机构投资者的超额需求无法在货币市场和商业银行体系内得到满足，因此其只能投资于影子银行体系，即购买流动性高且名义上安全性也较高的金融产品（如高信用等级的资产支持证券以及用安全资产做抵押的回购协议）。[②] 换言之，资产规模迅速增长的机构投资者充当了影子银行体系的"存款人"，其通过购买回购协议等金融产品的方式将现金资产"存入"影子银行体系，并最终为贷款人融资。

按照 Pozsar 等人（2010）的划分方法，美国的影子银行体系分为政府支持的影子银行体系、"内部"影子银行体系和"外部"影子银行体系三个子体系（sub - system）。

所谓政府支持的影子银行体系，主要是指房利美（Fannie Mae）和房地

---

① 为此，Noeth 和 Sengupta（2011）将此类机构投资者称为"大型现金充裕的投资者"（large cash - rich investor），而 Pozsar（2011）则更形象地将其称为"机构现金资产池"（institutional cash pools）。

② 美国次级抵押贷款危机爆发前，影子银行债务工具在美国"大型现金充裕的投资者"持有的总资产中的占比为 28.8%，远高于银行存款（19.6%）和政府债务工具（9.1%）的占比。数据引自 Pozsar（2011）。

美（Freddie Mac）等政府支持企业（GSE）及其金融活动。其作为美国联邦住宅贷款银行系统的重要组成部分，主要负责在房屋抵押贷款的二级市场中收购贷款，并通过发行机构债券或抵押贷款担保债券筹资。尽管其并不直接发放住房抵押贷款，但其通过发行债券为所购入的贷款融资的经营模式，成为资金来源方（债券投资者）与资金需求方（贷款人）之间的信贷中介（如同商业银行是储户与贷款人之间的信贷中介）。此外，从资产负债管理的角度来看，其运营中存在的期限转换、流动性转换以及信用转换与商业银行也极为相似。

所谓"内部"影子银行体系，主要是指从商业银行体系派生出来的、附属于商业银行的各类金融控股公司（FHC）及其开展的商业银行的表外业务活动。如前文所述，自 70 年代以来，金融脱媒的压力迫使商业银行加快资产证券化和金融创新的步伐。但在《格拉斯—斯蒂格尔法案》关于分业经营的限制下，商业银行始终无法涉足高利润的资产管理和投资银行业务领域。1999年《金融服务现代化法案》的颁布为其扫除了法律障碍。此后，美国各主要商业银行纷纷通过并购经纪—交易商（broker – dealers）的方式成立金融控股公司[①]，并通过其开展各类表外业务，金融控股公司由此成为将贷款从商业银行的资产负债表转移至影子银行体系的重要媒介。

所谓"外部"影子银行体系，主要是指多样的经纪—交易商（DBDs）、独立的非银行专业机构以及私营信用风险承载方（private credit risk repositories）及其信贷中介活动。[②] 多样的经纪—交易商也被称作投资银行控股公司，其通过并购有贷款资格的金融公司以及资产管理公司获得信贷平台（lending platforms），并以此为基础从事资产证券化及金融衍生产品交易。其业务模式与金融控股公司基本相同，但由于其资金来源更为灵活，因此其财务杠杆比率远远高于后者。独立的非银行专业机构主要包括非金融企业下属的受控财务公

---

① 金融控股公司也被称为"金融超市"（financial supermarket），是商业银行混业经营的重要标志。

② 由于这类机构的运作与商业银行并无直接关联，即在商业银行体系之外，故冠之以"外部"。

司（captive finance company）、有限目的金融公司（LPFCs）以及独立的结构性投资载体（independent SIVs）等机构，其主要专注于汽车与仪器设备贷款以及中间市场贷款（middle - market loan）等贷款的发放与证券化。私营信用风险承载方则主要包括抵押贷款保险商（mortgage insurer）、债券保险商（monoline insurer）、大型保险公司的一些特定子公司、信贷对冲基金（credit hedge fund）以及信贷衍生产品公司（CDPC），其主要为"外部"影子银行体系内的其他机构提供担保和保险等信用服务①。

影子银行体系的信贷中介程序比传统的商业银行体系复杂得多，其需要经过一系列的资产证券化和金融衍生才能实现"贷款端"（loan origination end）与"存款端"（deposit end）的对接，而传统的商业银行只需吸收存款、发放并持有贷款即可。一般来说，美国影子银行体系的信贷中介程序大体上包含以下几个步骤（见图 3 - 2）：首先是仓储行（warehouse bank or seller）从商业银行收购种类和期限不同的信贷合约（有时发放贷款的商业银行本身就是仓储行），然后将其打包成资产池出售给由管理方（administrator，通常是大型商业银行或投资银行的子公司）成立的特殊目的载体（SPVs）。② 后者一般不再转售信贷资产池，而是发行以其作为抵押的资产支持证券（ABS）并定期向投资者支付利息（信贷资产的一级金融衍生）。资产支持证券一般由投资银行包销，并发售给结构性投资载体（SIVs）以及债券套利商（SACs）等机构。后者在购入期限不同的各类资产支持证券后将其重组打包，并转售给各类经纪—交易商（二级金融衍生）。最后，经纪—交易商以此为基础向市场发行有担保的债权凭证（CDO），并主要由货币市场共同基金等机构投资者购买并持有。当然，这只是美国影子银行体系运作

---

① 需要指出的是，前两类影子银行体系在一定程度上都是由政府担保的（government backup or guaranteed），而"外部"影子银行体系则不具备该特点。为此，后者需要私营信用风险承载方作为信用转换的媒介，以提高金融产品的信用等级进而便利交易。

② 特殊目的载体的破产隔离（bankruptcy - remote）属性及其独特的运作模式使其在影子银行体系中扮演着十分重要的角色。详情参见 Gorton 和 Souleles（2005），Noeth 和 Sengupta（2011）。

的一个基本程序。从理论上说，只要交易成本足够低，那么影子银行就可以不断地重复金融资产的衍生过程并从中获利。事实上，美国影子银行体系的不同子体系以及同一子体系下的不同机构之间，信贷中介程序和复杂程度都不尽相同（Pozsar 等人，2010）。但一般来说，原生信贷资产的信用等级越低、周期越长，那么其信贷中介程序就越复杂。

步骤一
交易主体：仓储行 **交易目的**：批量购入信贷合约并将其重组、打包成资产池出售 **融资方式**：发行资产支持商业票据（ABCP） **交易特点**：（1）存在期限错配；（2）提高了信贷资产的流动性与信用等级

步骤二
交易主体：特殊目的载体 **交易目的**：购入并持有信贷资产池，以此为基础发行证券（一级金融衍生） **融资方式**：发行资产支持证券 **交易特点**：（1）期限相配；（2）部分交易提高了信贷资产的流动性与信用等级

步骤三
交易主体：结构性投资载体等机构 **交易目的**：购入资产支持证券并且重组、打包后出售 **融资方式**：出售回购协议（repo）或发行资产支持商业票据 **交易特点**：（1）存在期限错配；（2）提高了上一级资产的流动性与信用等级

步骤四
交易主体：特殊目的载体等各类经纪—交易商 **交易目的**：购入经重组后的资产支持证券，以此为基础发行证券（二级金融衍生） **融资方式**：发行有担保的债权凭证 **交易特点**：（1）期限相配；（2）未提高上一级资产的流动性与信用等级

注："步骤一"之前是商业银行发放贷款（"贷款端"），"步骤四"之后则是投资者购买并持有证券（"存款端"）。

资料来源：根据 Pozsar 等人（2010）提供的资料整理。

图 3 - 2　美国影子银行体系的信贷中介程序

从美国影子银行体系的发展与运作中可见，该体系具有以下几个鲜明的特点：

首先，其信贷中介过程比传统的商业银行体系更复杂，也更趋专业化。商业银行吸收存款与"发放—持有"贷款的传统经营模式使其在信贷中介过程中集期限转换、流动性转换以及信用转换于一身（under one roof），而在影子银行体系中，这三种转换则分别由不同的影子银行完成，如仓储行只负责信贷资产的流动性转换与信用转换而不进行期限转换，而私营信用风险承载方仅负责信用转换，不参与流动性转换与期限转换。为此，影子银行体系可以被看作一个"在众多专业的非银行金融机构中重新分配商业银行体系三大功能的系统"（Pozsar 等人，2010）。这种由众多影子银行组成的"链式"信用中介系统的发展不仅是各类金融机构监管套利的结果，也是自 20 世纪 80 年代以来美国金融体系的演进对风险管理、规模经济以及专业化分工的必然要求（Pozsar 等人，2010）。

其次，影子银行体系严重依赖非银行间批发融资市场（non - interbank wholesale funding market）。影子银行"吸收存款"的主要方式是发行批发融资工具（如有担保的债权凭证以及回购协议），而"存款人"则主要是货币市场共同基金等机构投资者。机构投资者特殊的资产结构以及金融监管的要求①使其只能投资于流动性和安全性高的金融资产。在安全性资产供不应求的情况下，影子银行体系内的"类活期存款产品"（demand deposit - like product）成为其重要的投资目标，特别是具有超额担保、隔夜交易和可转期（roll - over）特点的回购协议往往成为机构投资者的首选。从主要回购交易商上报美国联邦储备委员会的统计数据来看，2008 年 3 月，仅基于固定收益证券的回购交易总额就高达 4.5 万亿美元，约占美国影子银行体系债务融资总额的 22.5%；原美国债券市场协会②在 2005 年开展的一次调查显示，回购交易的总额已超过 5.21 万亿美元（Gorton 和 Metrick，2010b）；而 Singh 和 Aitken（2010）的研究则认为，如果考虑到回购市场普遍存在的再抵押（rehypothecation）交易，美国回购市场的交易额在 2007 年底已高达 10 万亿美元。

最后，美国金融市场在全球金融市场中的特殊地位决定了其影子银行体系也是全球化的。一方面，以德国的州银行（Landesbanks）为代表的许多欧洲国家的商业银行购买并持有美国 AAA 级以上的资产支持证券和有担保的债权

---

①　如根据美国《1940 年投资公司法》2（a）-7 条款的规定，货币市场共同基金只能投资于信用等级在 A1 级以上的金融资产。

②　2006 年该协会与美国证券业协会合并后更名为证券业与金融市场协会。

凭证，从而成为美国影子银行体系的"存款人"之一；另一方面，一些欧洲商业银行还通过出售信用卖空期权（credit put option）合约的方式成为美国"外部"影子银行体系中的私营信用风险承载方[①]，从而参与美国影子银行体系的信用转换。此外，欧洲国家的一些大型商业银行还将其在欧洲发放的以英镑或欧元计价的抵押贷款证券化后，通过货币互换交易转化为以美元计价的证券资产，然后再出售给美国的机构投资者。换言之，美国的货币市场共同基金等机构投资者充当了全球影子银行体系的"存款人"。

应当说，影子银行体系的发展对美国以及全球金融体系都产生了至关重要的影响。

首先，影子银行体系的发展加速了美国商业银行经营模式的转变。如前文所述，20 世纪 70 年代以来美国商业银行经营模式的变化促进了影子银行体系的迅速发展。然而，影子银行体系的发展也加速了商业银行经营模式的转变。从本质上看，影子银行体系是商业银行信贷资产的一个庞大的二级市场。该市场的交易成本越低、定价机制越完善、流动性越高，商业银行越有激励将其发放的信贷资产出售，从而在获得价差收益的同时回收流动性。在此情况下，美国商业银行发放贷款的目的逐渐由传统的获取存贷利差收益转变为获取低买高卖的价差收益，即商业银行逐渐转变为"生产"贷款的金融企业，其目的是通过出售而并非持有其产品获利（Pozsar 等人，2010）。商业银行作为连接金融市场与实体经济的枢纽，其经营模式的这一转变无疑将对美国的实体经济产生重要影响。

其次，影子银行体系的发展对美国金融体系的演进和金融市场的结构都产生了十分重要的影响。由于商业银行的贷款可以通过影子银行体系的信贷中介最终由资本市场和货币市场的投资者融资，因此传统的间接融资方式与直接融资方式之间的界限变得日益模糊，商业银行体系与金融市场之间的联系日益紧

---

① 标准普尔公司的一项调查显示，截至 2007 年 3 月 31 日，在全球 15 家最大的信用期权交易商中，10 家为欧洲商业银行，5 家为美国商业银行。而前者出售了总计约 4500 亿美元的信用卖空期权合约，高于后者出售的 3500 亿美元信用卖空期权合约。数据转引自 Pozsar（2011）。

密。换言之，影子银行体系的发展加速了美国金融体系向"市场型金融体系"（market - based financial system）的演进（Adrian 和 Shin，2010；Pozsar 等人，2010）。在这一新型金融体系下，银行业与资本市场发展之间的关系变得如此紧密，以至于金融因素的变化将对美国的实体经济产生深远的影响（Adrian 和 Shin，2010）。从金融市场的角度来看，由影子银行进行的资产证券化与金融衍生交易一方面极大地提高了金融市场的流动性，另一方面也使金融衍生产品的交易量和名义价值迅速增长。然而，历史经验表明，过度金融创新导致的虚拟价值飙升非但无法如实反映实体经济的运行情况，而且还会加剧美国经济的金融化（Epstein，2005）。

最后，影子银行体系的发展对美国乃至全球金融体系的稳定产生了复杂的影响。影子银行体系是一个由性质不同的各类金融机构所组成的复杂的"链式"信用中介系统。尽管这一系统能够逐层分散交易风险，但其缺陷在于一旦"链式"系统中的某一环节出现问题，则可能导致整个系统的崩溃。换言之，金融机构的个体交易风险可能诱发系统性风险（如 2008 年国际金融危机就是由雷曼兄弟公司的破产所引发的）。一旦金融系统出现危机，私营信用风险承载方往往因无力承担巨额赔付压力而陷入困境，从而无法成为"最后贷款人"。[①] 此外，如前文所述，影子银行体系的"存款人"主要是现金充裕的机构投资者。这些具备专业投资经验并掌握大量市场信息的机构投资者对风险因素十分敏感，一旦市场行情有变，其往往率先抽离资金并极易引发"羊群效应"，从而诱发并加剧影子银行体系的挤兑危机（Gorton 和 Metrick，2010b；Pozsar，2011）。事实证明，机构投资者出于对交易风险的担心而大幅提高回购交易中抵押资产与交易资产价值的差额（haircut）成为压垮雷曼兄弟公司的"最后一根稻草"。由于美国的影子银行体系已经在相当程度上国际化，因此，该体系的危机很容易通过"交易对手风险"（counterparty risk）的扩散而演变

①　这也是影子银行体系与商业银行体系的区别之一，即影子银行体系缺乏类似联邦存款保险机制的安全网，而私营信用风险承载方显然难以应对系统性危机。美国最大的保险公司 AIG 集团在国际金融危机爆发后被国有化便是例证。

为国际金融危机。

综上所述，影子银行体系的出现和迅速发展使得人们逐渐开始从有机系统的角度重新审视自 20 世纪 70 年代以来在美国迅速发展的资产证券化浪潮以及随之出现的由各类金融机构、金融市场以及金融衍生产品交易组成的信贷中介体系。事实上，这一体系的发展不仅加速了"市场型金融体系"的出现，而且还对美国乃至全球金融市场与金融体系的稳定产生了复杂的影响。事实证明，美联储等金融监管机构未能对影子银行体系实施审慎有效的金融监管，从而在相当程度上导致了危机的爆发与蔓延。这充分证明了影子银行体系的系统重要性。尽管《多德—弗兰克华尔街改革与消费者保护法案》为美国乃至全球金融监管改革指明了方向，但是各国旨在有效规范影子银行体系发展的金融监管体制改革无疑才刚刚开始，该领域依然有大量的问题需要深入研究与探索。换言之，目前对影子银行体系及其监管的研究与讨论正当其时且方兴未艾。

（三）互联网投资热潮与电子商务的蓬勃发展

众所周知，民用互联网技术于 20 世纪 90 年代初在美国率先取得了突破并被迅速引入商用，由此引发了互联网投资的热潮并助推美国"新经济"的强劲增长。在互联网概念的带动下，大量风险投资和产业资本涌入信息技术产业，从而导致 90 年代美国信息技术产业一直以超过美国经济整体增速 1 倍的速度增长，并逐渐发展成为美国经济的主导产业之一。① 根据美国商务部的统计，美国在信息处理设备以及软件方面的投资额从 1990 年的 1772 亿美元增长

---

① 美国商务部将与信息技术相关的产业分成三类：信息技术生产产业、信息技术使用产业以及非信息技术密集型产业。信息技术生产产业（Information Technology Producing Industries）主要包括电脑硬件和软件产业、通信设备产业以及通信服务产业等。信息技术使用产业（IT - Using Industries）主要指信息技术设备投资占设备总投资的比重较大，通常在 30% 或以上的产业，例如电信业、广播电视业、非储蓄金融机构、证券和商品经济等 16 个服务性产业以及化工及相关产业、石油和煤炭业、电子设备产业等 4 个制造业。非信息技术密集型产业（Non - IT Intensive Industries）是指 IT 设备投资占设备总投资的比重低于 30% 的产业（包括生产和服务部门）。详情参见 JOHANSSON B, KARLSSON C, STOUGH R R, SOETE L, POLENSKE, KR, ANDERSSON M. The Emerging Digital Economy Ⅱ [R]. U.S. Dept. of Commerce, 1999.

至 2004 年的 4843 亿美元,年均增幅超过 12%,远远高于同期美国私人部门固定资产投资 8.7% 的年均增幅。从所占比重来看,1990—2004 年美国在信息处理设备与软件方面的投资额占私人部门非住宅固定资产投资总额以及全部私人部门投资总额的比重,由 29% 和 21% 分别上升至 40% 和 26% (见表 3－1)。因此,无论是从投资总量上还是从所占比重方面来看,信息产业的投资都是推动美国私人部门固定资产投资总额迅速增长的主要力量。这一时期美国信息技术和设备投资的迅速增长为"新经济"奠定了坚实的基础。

表 3－1　　　1980—2004 年美国私人部门固定资产投资情况

单位: 10 亿美元,%

年份	私人部门固定资产投资总额 A	私人部门非住宅固定资产投资总额 B	信息处理设备及软件投资额 C	电脑及外围设备投资额	C/A	C/B
1980	485.6	362.4	68.8	12.5	14.2	19.0
1985	714.4	526.2	130.3	33.7	18.2	24.8
1990	864.4	622.4	177.2	38.6	20.5	28.5
1991	803.3	589.2	182.9	37.7	22.8	31.0
1992	848.5	612.1	199.9	44	23.6	32.7
1993	923.5	666.6	217.6	47.9	23.6	32.6
1994	1033.3	731.4	235.2	52.4	22.8	32.2
1995	1112.9	810	263	66.1	23.6	32.5
1996	1209.5	875.4	290.1	72.8	24	33.1
1997	1317.8	968.7	330.3	81.4	25.1	34.1
1998	1438.4	1052.3	363.4	87.2	25.3	34.5
1999	1558.8	1133.9	411	96	26.4	36.2
2000	1679	1232.1	467.6	101.4	27.8	38.0
2001	1646.1	1176.8	437	85.4	26.5	37.1
2002	1568	1063.9	400.5	81.4	25.5	37.6
2003	1667	1094.7	431.2	95.3	25.9	39.4
2004	1879.3	1217.6	484.3	110.8	25.8	39.8

资料来源: United States Government Printing Office. 2005Economic Report of the President [R]. Washington, 2005: 232.

以互联网为代表的信息技术产业的高速增长对美国的政治、经济和社会生活的各个方面都产生了重大而深远的影响。仅从经济角度来看,一方面,由表3-2可知,信息技术产业的产值占美国经济总量的比重不断增加①,信息基础设施不断完善,产品质量不断提高,而信息产品的价格却在不断下降,因此信息技术产业对于维持以"低通胀率、高增长率、高就业率"为主要特征的"新经济"作出了巨大贡献(见图3-3)。美国商务部《2000年数字经济》报告的数据显示,在1996—1999年期间,美国各部门的劳动生产率每年增长2.57%,其中信息技术产业的贡献率高达56.4%。如果没有信息技术产业的高增长率,这一时期美国的生产率只能提高1.12%。然而,同一时期信息技术产品和服务价格的下降却带动美国的通胀率从2.3%下降至1.8%。在1994—1998年期间,美国信息技术产业部门的就业人员从400万人增加到520万人(加上其他行业的信息技术员工,共计740万人),增幅为30%,而所有行业的就业增长率仅为11%。其中,信息技术产业部门高度熟练员工的就业增长率是所有行业平均就业增长率的3倍多。②

表3-2　　　　1990—2003年美国部分高新技术产业的产值

单位:亿美元,%

年份	美国GDP	信息技术产业产值	计算机及其他电子产品制造业产值	计算机软件开发业产值	三个行业产值占美国GDP的比重
1990	58031	3921.5	2516.9	371.2	11.7
1991	59959	4074.2	2537.9	402.7	11.7
1992	63377	4294.8	2701.6	439.4	11.7

---

① 据美国商务部统计,在1998年非农业部门的产值中,8.2%来自信息技术生产部门,48.2%来自信息技术使用部门,43.6%来自非信息技术密集型部门。换言之,如果不算上述第三类部门,信息技术产业的产值(信息技术生产部门和信息技术使用部门的产值之和)已占美国GDP的一半以上。此时,信息技术产业已经成为美国国民经济的支柱性产业。数据引自 JOHANSSON B, KARLSSON C, STOUGH R R, SOETE L, POLENSKE, KR, ANDERSSON M. The Emerging Digital Economy Ⅱ [R]. U. S. Dept. of Commerce, 1999.

② 数据引自 U. S. Department of Commerce. Digital Economy 2000 [R/OL]. (2000 - 06 - 02) [2016 - 09 - 12]. www. esa. doc. gov/sites/default/files/digital_ 0. pdf.

续表

年份	美国 GDP	信息技术 产业产值	计算机及其他电子产品 制造业产值	计算机软件开发业 产值	三个行业产值占 美国 GDP 的比重
1993	66574	4629.5	2829.3	500.6	12.0
1994	70722	5025.7	3177.2	580.5	12.4
1995	73977	5511.9	3690.7	660.6	13.3
1996	78169	6105.5	3945.0	794.6	13.9
1997	83043	6694.6	4323.2	1015.1	14.5
1998	87470	7588.2	4278.0	1271.6	15.0
1999	92684	8624.7	4543.3	1513.2	15.8
2000	98170	9591.9	5007.7	1726.3	16.6
2001	101280	10005.8	4187.8	1733.5	15.7
2002	104870	10060.0	3852.2	1616.1	14.8
2003	110040	10377.3	4087.1	1675.1	14.7

数据来源：美国商务部经济分析局网站（http：//www.bea.doc.gov）。

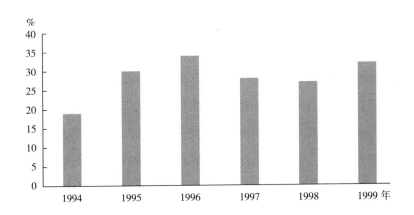

资料来源：U. S. Department of Commerce, Digital Economy 2000, June, 2000.

图 3 – 3　20 世纪 90 年代后期信息技术产业对美国经济增长的贡献

信息技术产业不仅直接拉动了美国经济的增长，而且还通过技术扩散效应带动了美国传统产业部门（包括金融部门）的技术升级。然而，更为重要的是，信息基础设施的完善和网络技术的普及直接带动了新的商业模式——电子商务的出现。电子商务这一互联网时代的全新商业模式在美国率先蓬勃发展。一般来说，电子商务是以信息网络技术为手段、以商品交换为中心的商务活动，也可理解为在互联网、企业内部网和增值网上以电子交易方式进行交易和相关服务的活动，是传统商业活动各环节的电子化、网络化以及信息化。电子商务通常是指在全球各地广泛的商业贸易活动中，在互联网开放的网络环境下，基于浏览器（服务器）应用方式，买卖双方不谋面地进行各种商贸活动，以实现消费者的网上购物、商户之间的网上交易和在线电子支付以及各种商务活动、交易活动、金融活动和相关的综合服务活动的一种新型的商业运营模式。

经济合作与发展组织（OECD）从广义和狭义两个方面对电子商务进行了界定：广义的电子商务包括电子基金转移和信用卡业务、支持电子商务的基础设施以及企业对企业（Business to Business，B2B）的电子商务，而狭义的电子商务则是指企业与顾客之间（Business to Consumer，B2C）通过电子支付的商务活动（甄炳禧，2000）。事实上，电子商务的内涵是随着信息技术水平的进步而不断演进的。20 世纪 60 年代，电子商务以电子数据互换（EDI）的形式率先出现在美国。铁路、零售和汽车制造等部门主要采取这一方式提高与其供货商交换数据的质量，从而提高企业内部管理的效率。70 年代，电子基金转移（EFT）技术出现并开始大规模商用。因此，在金融领域，汇款和支付转移的信息得以通过电脑进行传输和处理。与此同时，电子数据互换开始使用标准化的电子文件，从而全面取代了传统的纸质商业文件。发货单、装运单、购买订单、购买转换订单、报价单及接受建议等商业文件得以实现电子化在线传输。然而，这一时期的电子商务仍然仅限于企业对企业的业务往来，而基本上不涉及企业对顾客的商务活动。

90 年代以来，互联网的迅速普及使得无论是企业对企业还是企业对顾客的交易都迅速发展，电子商务也迎来了爆发式的增长：美国电子商务交易总额从 1995 年的约 50 亿美元猛增至 1999 年的 5270 亿美元，年均增幅高达

220%。企业借助互联网工具推广和促销产品，向在线浏览的顾客提供销售信息，拍卖存货，服务顾客，并收集客户的偏爱及行为规范的资料。在收集客户资料的基础上，企业可以设计个性化的产品，从而对个人客户进行有针对性的营销，并采取更加灵活的定价策略。个人消费者也可以通过在线浏览、在线购物以及在线支付的方式便捷地完成传统的购物体验。1999 年，美国网上购物的家庭为 1700 万户，网上消费额达到 202 亿美元。与此同时，企业也可以建立内部网以便于内部的交流与商务活动，通过设立"防火墙"可以阻止未授权的使用者进入。使用互联网作为骨干网络，企业的内部网能够实现跨地区的信息共享与实时交流。企业的供应商、批发商和其他授权使用者能在互联网上链接企业内部网，从而可以便捷地查阅企业提供的资料，如存货、商品促销指南和采购政策等。内部网与外部网络的结合，能够极大地提高传统商业活动的效率。

电子商务的迅猛发展成为促进美国互联网金融模式出现的重要原因之一。首先，电子商务的大行其道对于培养美国个人以及家庭客户的互联网交易习惯至关重要。随着越来越多的美国家庭逐渐熟悉和接受在线购物方式，美国的网络消费群体变得越发壮大，进而为互联网金融的发展创造了良好的基础和条件。其次，在电子商务尤其是企业对顾客交易模式中，在线支付本身也是完成在线交易的重要环节。因此，基于互联网的第三方支付平台作为互联网金融的一种重要形式，得以随着电子商务的发展而日益普及。与此同时，庞大的在线支付需求也刺激了网络银行、网络保险等互联网金融服务的出现。最后，美国电子商务的蓬勃发展对于互联网金融模式的出现起到了直接的示范效应，即商品的价格与交易信息可以通过互联网进行传递，货币资金的企业对顾客交易模式从理论上也可以借助互联网这一媒介得以实现。事实上，美国首家网络银行即安全第一网络银行（SFNB）的创始人正是在电子商务的启发下，才产生了创立纯粹的网络银行的想法。①

---

① 参见 CRONIN M J. Banking and Finance on the Internet［M］. John Wiley & Sons，1998：77.

二、传统互联网金融模式的兴起与演进

（一）网络银行模式的兴衰

美国金融监管当局以及国际金融监管机构都曾经对网络银行进行过定义。如美国货币监理署（OCC，1999）曾指出，网络银行是一种通过电子计算机或相关的智能设备使银行的客户登录账户，获取金融服务与相关产品等信息的系统。美国联邦储备委员会（FRB，2000）对网络银行的定义为网络银行是将互联网作为其产品、服务和信息的业务渠道，并向其客户提供个人或公司业务服务的银行。巴塞尔银行监管委员会（BCBS，1998）认为，网络银行是指那些通过电子渠道提供零售与小额产品和服务的银行。这些产品和服务包括存贷款、账户管理、金融顾问、电子账单支付以及其他一些诸如电子货币等电子支付的产品与服务。欧洲银行标准委员会（ECBS，1999）则将网络银行定义为能够使个人或者相关企业使用电子计算机、机顶盒、无线网络电视以及其他数字设备登录互联网，获取银行相关金融产品和服务的银行。[1]

陈一稀（2014）在系统回顾和考察网络银行这一概念的基础上，根据网络银行和传统银行的分离程度，将网络银行分为两类[2]：第一类是在传统商业银行的基础上建立起来的网络银行，即由传统银行建立的网上银行或网上支行等，如瑞典的 SEB 银行、美国的富国银行（Wells Fargo）等；或者是由传统银行并购网络银行而形成的网络银行，如加拿大皇家银行收购美国安全第一网络银行，此类网络银行的业务依然作为传统银行整体的一部分而存在，但更多地是对传统银行物理网点的补充。第二类则是完全同传统的商业银行分离、不与任何一家传统银行从属于同一法人实体的真正意义上的纯网络银行。这种纯网络银行一般只有一个办公地址，既无分支机构，也没有物理营业网点，而仅仅以互联网作为交易媒介，几乎全部业务都通过网络进行，如 20 世纪 90 年代的

---

[1] 详情参见陈一稀. 美国纯网络银行的兴衰对中国的借鉴 [J]. 新金融，2014 (1).

[2] 这两类网络银行作为美国互联网金融模式的典型代表，都是本文所关注和研究的重点。本节主要回顾和论述第二类网络银行在美国的发展，第一类网络银行的发展参见本书第四章第一部分。

美国安全第一网络银行和康普银行（Compubank）等。

20 世纪 90 年代初，民用互联网技术率先在美国出现并迅速普及，由此带动了高科技和信息产业的迅速发展。90 年代中期，万维网（World Wide Web）的出现以及以 Netscape 和 Mosaic 为代表的网络浏览器的开发，极大地刺激了互联网产业的发展。在产业投资基金和各种风险投资基金的支持下，互联网技术迅速向传统行业特别是商业和金融领域扩散。这一时期，基于互联网的新型商业模式（电子商务）和金融模式（互联网金融）开始涌现。

1995 年 10 月，美国同时也是全球首家真正意义上的网络银行——安全第一网络银行正式成立。该行由美国三家传统商业银行即美国区域银行（Area Bank）、美联银行（Wachovia Bank）以及亨廷顿银行（Huntington Bancshares）联合安全软件公司（SecureWare）以及一家名为第五空间（Five Space）的计算机公司联合投资设立。从 1994 年 6 月发起成立到 1995 年 10 月正式成立，该银行在一年多的时间里便得到了美国联邦银行管理机构的批准，并顺利获得美国存款机构监管办公室（OTS）颁发的经营许可证书。安全第一网络银行可以在网络上提供多种银行服务，其业务涵盖了电子账单支付、利息支票业务、基本储蓄业务、ATM 存取款、大额可转让存单（CDS）交易、信用卡业务以及其他投资回报性业务等。其于 1996 年开始提供的电子支票和账单、汇率查询服务以及于 1998 年推出的环球网服务（WEB INVISION），使得客户无须在安装特殊软件的情况下即可便捷地开展大部分个人金融业务。在安全第一网络银行成立后短短几个月的时间里，其网站的用户浏览量便超过了千万人次。1996 年，该银行并购了美国 Newark 银行和费城 First Fidelity 银行，资产规模迅速增长。在不到三年的时间里，该银行便从一家名不见经传的小银行发展成为资产规模高达上千亿美元、拥有近 2000 万用户的美国第六大商业银行，其规模扩张速度之快、用户覆盖范围之广，在美国银行业发展历史上均属罕见。

更为重要的是，美国安全第一网络银行历史性地开辟了一种全新的商业银行业务模式。这种业务模式具有两个核心特征：第一，虚拟银行（virtual bank）模式，即不设物理网点，完全凭借互联网开展存款、贷款、转账支付等全部金融业务；第二，核心业务外包，将客户数据处理、支付结算系统运营、网站维护以及客户服务等传统商业银行的核心业务全部外包给第三方专业机构，而银行本身则专注于业务模式的创新和市场推广。这种全新的银行业务模式与传统的商业银行经营模式迥然不同。因此，其在观念上对美国传统商业银行的冲击是非常大的。

美国安全第一网络银行在短时间内大获成功的主要原因，除了当时席卷美国的互联网投资热潮这一宏观背景因素之外，也与其自身的技术特点和营销模式密切相关。

从技术与安全角度来看，制约网络银行发展的根本性因素就是客户信息与在线交易的安全性。如果没有流畅、安全的网络信息系统作为保障，新兴的网络银行将难以获得潜在客户的信任与认同。因此，安全第一网络银行非常重视信息系统的安全。一方面，该银行向存款人承诺对于未经授权的资金转移、银行错误或安全性破坏，其将向客户提供全额赔偿。另一方面，该银行凭借其与美国安全第一科技公司①的特殊持股关系，开发出了当时非常先进的三级网络安全防护系统（Humphreys，1998）。

具体而言，首级防护为内嵌在银行客户所使用的网络浏览器程序之中的"安全嵌套层"（Secure Sockets Layer，SSL）加密标准，该加密标准能够对通过公共网络传输的信息进行加密，从而确保当用户通过互联网与银行进行数据传输时，防止他人浏览或修改用户信息。因此，SSL加密标准类似于一辆防弹汽车，客户信息只有搭载这辆经过特殊防护的汽车才能够进入银行的内部网络。

二级安全防护系统为安全第一网络银行自身的防火墙和过滤器（Firewalls and Filtering Routers）。这一安全防护系统是安全第一科技公司为该银行量身开发的，其功能主要是将该银行的内部信息网络与外部网络隔离开。其工作原理

---

① 该公司的前身是美国安全第一网络银行的发起方——安全软件公司（SecureWare）以及Five Space公司。1996年11月，这两家公司合并为安全第一科技公司（Security First Technologies，S1）。

是全部来自外部网络的信息首先都必须经过一个特殊的电子邮件代理服务器（e–mail proxy），该代理服务器会对信息来源及其最终目的地进行验证与核实，只有通过验证的外部信息才能够获准进入银行内部网络，而且该代理服务器会重新分配外部信息的目的地网络地址，从而确保银行内部网络结构的私密性。因此，防火墙和过滤器的功能类似于一位全副武装的安保人员，确保银行内部网络不遭受来自外部网络的攻击。

三级防护为一个特殊的"可信任操作系统"（trusted operating system）。该系统本身也是一个代理服务器，用来执行特定的银行程序向其发布的命令（如账户资金的划入与转出）。为了确保银行账户的安全，该系统对全部的账户进行单独隔离管理，这相当于为每一个银行账户加一把虚拟的锁头。这一技术设定的目的在于，一旦来自外部网络的入侵通过了前两级安全防护，那么这一外部入侵最多只能够获得某一个账户的信息而非全部账户信息，而且该系统能够确保一旦账户被非法入侵，入侵者只能够将该账户内的资金转移至一个可追查的特定账户。这无疑加大了通过网络入侵非法占有该银行账户资金的难度。因此，这一操作系统类似于一个单独加密管理的金库，构成了维护客户账户安全的最后一道屏障。

尽管按照现阶段的技术标准衡量，这一安全防护系统的技术含量似乎并不高，然而在互联网技术尚处于初级发展阶段的20世纪90年代中期，这一安全防护系统使安全第一网络银行迅速拥有了堪比传统商业银行的安全性与可靠性。然而，安全第一网络银行毕竟只是一家刚刚成立的小银行，尚不具备品牌效应和广泛的市场影响力。因此，如何在最短的时间内进行市场推广和精准营销，是该银行在创立初期面临的首要问题。该银行在市场营销方面主要采取了以下两个方面的策略：

第一，与网络服务提供商建立战略联盟。安全第一网络银行在成立初期还面临一个比较尴尬的技术问题——其首级安全防护SSL加密标准与当时主流的网络浏览器并不兼容。在1995年10月该银行成立时，除了由网景公司刚刚开发的"网景领航员"（Netscape Navigator）浏览器支持SSL加密标准外，其余主流的浏览器均不支持该加密标准。这使得潜在的客户无法通过互联网体验安全第一网络银行的金融服务。该银行的管理层敏锐地发现，由于当时美国整个互联网行业处于快速发展时期，大量的互联网服务提供商（Internet Service Providers, ISPs）如雨后春笋般地出现，这些互联网服务提供商为美国网民提供兼容 SSL 等加密标准的安全浏览器以接入万维网。因此，安全第一网络银行决定与新兴的互联网服务提供商结为战略联盟，借助其网络入口开拓市场。在共同合作进行市场推广的过程中，安全第一网络银行还对在该银行开设账户与此同时也是与其有战略合作的互联网服务提供商的客户提供特殊的授信服务。事实证明，这一战略联盟策略不仅解决了用户网络入口的技术问题，而且在市场推广方面取得了非常好的效果。

　　第二，利用成本优势采取低价策略，吸引潜在客户。由于安全第一网络银行的日常业务运营不依赖于传统的物理网点，也无须为雇用大量员工而负担高额工资成本，因此其相比传统商业银行而言占据较为明显的成本优势。这一成本优势能够支持其在经营中提供比传统商业银行更具吸引力的利率水平以及费用更加低廉甚至免费的金融产品及服务。为加快市场拓展步伐，安全第一网络银行采取了典型的低价策略甚至免费策略以吸引潜在客户。如该银行的普通支票账户每月仅收取 3.95 美元，而且客户开具前 200 张支票是免费的；该银行为客户免费且无限制地提供手写支票簿；客户每月还可享受 10 次免费的 ATM 自动提款服务以及 VISA 信用卡交易；而且，对于日最低存款额在 1000 美元以上或总存款额（可转让定期存单除外）在 10000 美元以上的客户，免收每月 3.95 美元的支票账户服务费。该行每月收取 4.5 美元的电子账单查询和邮寄服务费，而当时美国商业银行提供该服务的平均收费水平为每月 7.95 美元。该银行成立初期确定的普通支票账户（checking account）年利率为 2.5%，活期储蓄账户（savings account）年利率为 2.6%，而货币市场账户（money market account）的年利率则为 3.5% ~ 5.9%，均远高于同期传统商业银行的利率水平。[①] 这一低价策略是安全第一网络银行能够在短时间内实现迅速扩张的重要原因之一。

---

　　① 数据引自 HUMPHREYS, K. Banking on the Web Security First Network Bank and the Development of Virtual Financial Institutions［M］// John Wiley & Sons, 1998.

安全第一网络银行在经历了初期的迅速扩张后，于 1998 年 10 月被加拿大皇家银行金融集团（Royal Bank Financial Group）收购（技术团队除外），进而成为拥有近 2000 亿美元资产的加拿大皇家银行金融集团旗下的全资子公司。尽管安全第一网络银行从 1995 年 10 月正式成立到 1998 年 10 月被收购仅以独立法人身份存在了三年，但其所开创的全新的网络银行模式却对美国网络银行的发展以及传统金融机构的互联网转型产生了重大而深远的影响，尤其是核心业务外包以及低价营销策略几乎成为美国网络银行发展的通行模式，如在安全第一网络银行之后迅速成为美国资产规模最大的网络银行的 Telebanc 银行，就通过采取与安全第一网络银行相类似的低价策略（参见表 3 - 3），在短时间内迅速扩大了客户群体。

表 3 - 3　　Telebanc 银行各类存款的利率与美国商业银行平均水平的比较

单位：%

存款类型	Telebanc	美国商业银行的平均水平
支票账户	3. 15	1. 26
一般活期存款	5. 00	2. 25
1 年定期存款	5. 22	4. 35
2 年定期存款	5. 37	4. 44
5 年定期存款	5. 48	4. 62

资料来源：Bank Rate Monitor 网站（www. bankrate. com），1999 年 2 月。

当然，安全第一网络银行作为美国首家真正意义上的网络银行，其在拓展业务的过程中也暴露出网络银行特有的一些问题，如客户黏性和忠诚度不高、难以为客户提供更加差异化和人性化的服务以及战略定位不够明晰等。这些教训在一定程度上为美国后续出现的网络银行所吸取，如与安全第一网络银行的全面发展模式相比，以康普银行、荷兰国际集团美国直销银行（ING Direct USA）以及美国互联网银行（Bank of Internet USA）等为代表的一些网络银行探索出了一条与安全第一网络银行不同的发展模式。相比传统银行，纯网络银行具有一定的局限性从而使其无法提供传统银行所能提供的部分服务。例如，因为缺乏分支机构，网络银行无法为小企业提供现金管理服务，也不能为客户提供安全保管箱服务；网络银行也不适合销售结构过于复杂的金融产品。因此，网络银行若想在竞争中胜出，就必须提供特色化的服务。如荷兰国际集团美国直销银行和美国互联网银行等网络银行都对其潜在的目标客户群体进行了更加细致的筛选和划分。前者经过详细的调研，将其直销银行的目标客户群体特征界定为：（1）中等收入阶层，非常重视储蓄存款的利息收入增长；（2）对传统金融服务需要耗费大量时间很不满意；（3）有网络消费的习惯，经常在网上购买日常用品，进行休闲消费；（4）父母级的群体，年龄为 30~50 岁。

通过精准的客户定位，该银行以有限的资源提供了独特的服务，比较好地满足了此类客户群体的金融需求，使得客户数量快速增长。该银行将其产品定位于"简单"，不仅使得产品结构简单而易于理解，同时还从成本控制的角度使公司经营保持相对优势。简单、有限的金融服务，使得其客户能够在短时间内通过网络和电话作出具有针对性的选择并完成交易，从而降低客户的时间成本[①]，同时也减少银行自身的网络维护成本（陈一稀，2014）。类似的例子还包括，美国互联网银行深入挖掘传统银行业的细分市场，专门针对精通科技的年轻一代，推出了界面酷炫且收益率更高的"Bank X"储蓄账户服务，并通过大力推广移动银行业务（Mobile banking）、电子邮件银行业务（Email banking）、短信银行业务（Message banking）以及时尚钱包（Popmoney）等更加多样化的业务模式，提高对年轻一代用户的吸引力，从而获得了巨大成功。

此外，为了尽可能多地了解客户的真实需求，从而为客户提供更加个性化和多样化的金融服务，美国的网络银行也尝试在经营模式上进行创新与改进。如荷兰国际集团美国直销银行曾经在洛杉矶、纽约等人口密度较高的大城市设立了有限的直营咖啡馆，并将咖啡馆的店员培训为金融顾问，使其能够以简单易懂的交流方式为客户提供相关的金融服务建议，使客户和潜在客户可以在喝咖啡、上网时，与店员讨论开设账户或者购买金融产品的相关问题，从而使咖啡馆成为其主要的线下服务网点。为了提高客户的安全感，荷兰国际集团美国直销银行还为

---

① 据该行网站的统计，其客户在该行网站上的逗留时间约为 16 分钟，而传统商业银行的用户则需要在银行网点花费大约 60 分钟办理类似业务。

存款客户提供联邦存款保险公司的存款保障，在其网站上向客户详尽介绍各种可能出现的网络诈骗以及非法盗取信息的情况，并告知客户在某种情况下应该采取的应对措施，从而在最大程度上保障客户资金和信息安全等。①

从整体上看，20世纪90年代中期至2000年年初是美国网络银行发展的黄金时期。这一时期，在互联网热潮的带动下，美国网络银行的客户群体迅速扩大。如图3-4所示，在1995—2002年期间，美国网络银行用户的数量由20万人增长至1810万人，年均增幅高达90%。然而，在2000年美国高科技股票泡沫破灭的冲击下，美国网络银行的发展进入了低潮。大量网络银行在2000年前后业绩严重下滑，如一度成为美国规模最大的网络银行的E-Trade Bank的股价在2000年暴跌了70%，2001年的盈利能力也大幅下降。曾经作为美国网络银行发展典范之一的康普银行在2001年亏损近3000万美元，因此不得不大幅裁员并出售一部分客户和网络银行业务；而该行在2000年底尚拥有6万个账户以及39.8亿美元的资产。美国股份银行（USA Bancshares）作为美国最早开设的网络银行之一，在2000年亏损近1000万美元，亏损额为1999年的3倍。②

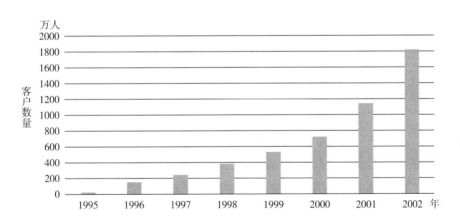

数据来源：张艳莹. 美国网络银行经营模式分析及其启示［J］. 现代财经, 2002 (6).

图3-4　1995—2002年美国网上银行客户增长情况

① 陈一稀. 美国纯网络银行的兴衰对中国的借鉴［J］. 新金融, 2014 (1).
② 高晓娟. 美国网络银行发展的困境［J］. 新金融, 2001 (8).

（二）网络保险模式的发展

网络保险一般是指通过互联网开展保险产品的销售和服务的业务模式，包括发布保险产品的服务信息以及网上投保、承保等保险业务。20 世纪 90 年代以来互联网技术在美国的迅速发展改造了传统的保险营销模式，催生出一批兼备保险业特性和互联网基因的保险电子商务企业，包括全球最大的保险电商 INSWEB、交互性最好的网上保险站点"迅捷保险"（Quicken Insurance）以及互联网保险直销网站"电子保险"（Electric Insurance）等。2000 年以后，美国各家保险公司也加快了信息网络化步伐，并纷纷开展网络直销。目前，美国基本上所有的保险公司均实现了电子商务化，保险电子商务的市场规模占美国保险公司整体保费收入的 1/3 左右。

一般来说，保险电子商务企业主要采取两种运营模式：代理模式和网上直销模式。

在代理模式下，保险电子商务企业大多通过互联网接触潜在客户，进行市场推广，同时与知名保险公司开展保险业务合作，从而实现网上保险交易，并获得规模经济效益。该模式多由第三方建立平台，集中大量详细、可比性高的保险产品，为消费者提供保险产品的价格、特性等信息，供消费者比较和选择合适的保险产品。

网上直销模式则多以传统保险公司设立官方网站的形式出现，主要作为传统的保险产品线下销售渠道的一种补充和辅助措施，旨在通过网络宣传和营销扩大保险产品的影响，提高销售额。由于该模式仅仅是传统营销方式在网络上的翻版，而且属于典型的被动营销策略（只有消费者浏览保险公司的网站并点击相关页面才可能产生商业价值），因此，其营销效果一般。

1995 年 2 月成立的 INSWEB 是美国第一家网络保险电子商务公司，开创了利用互联网销售传统保险产品的先河。INSWEB 采取了一种双向盈利的模式，即为消费者提供多家合作保险公司的产品报价以帮助消费者进行对比和筛选，进而向消费者收取一定的服务费用；与此同时，也为保险代理人提供消费者的个人信息和投保意向，并向代理人收取费用。INSWEB 不但与 50

多家美国主要的保险公司签有业务协议，而且还依托网络平台，与全球数百个著名网站进行链接合作。一旦客户通过合作网站访问 INSWEB 的网页并最终购买保险合约，源站点将获得一定的中介费。这一激励机制使得 INSWEB 公司能够从访问量巨大的各门户网站源源不断地获得保险客户，从而极大地拓展了潜在的客户资源。此外，其网站的设计简洁而功能完善，个人客户能够便捷地比较各家会员保险公司的保险产品价格，并接受 INSWEB 公司的咨询建议。作为网络保险的标志，该公司开创了利用网络平台连接保险公司和潜在客户的先例，将保险的专业知识、销售平台以及客户服务进行有效整合。这一保险公司与客户双赢[①]的创新型保险经营模式迅速带动了网络保险模式的发展。

INSWEB 从 20 世纪 90 年代后期开始进入快速发展时期。1999 年第一季度其业务收入仅为 330 万美元，而第四季度其业务收入便几乎翻了 1 倍，达到 640 万美元，增幅为 94%。2000 年第一季度，其业务收入迅速增加到 860 万美元，同比增幅高达 161%，成交保单数量超过 77.2 万件。2005 年，INSWEB 建立了内部代理（agent insider）系统，旨在为保险代理人提供更多的保险展业机会。消费者在 INSWEB 网站上提交个人信息和投保意向后，INSWEB 网站会将其作为营销线索传递给在网站上注册过的保险代理人，使代理人获得更多、更准确的意向客户信息。内部代理系统的建成有效连接了线上和线下的保险服务，促进了第三方网络保险平台客户资源使用的有效循环。2005 年年底，使用内部代理系统进行汽车保险报价的客户超过 100 万人；INSWEB 经过持续多年两位数的快速增长，2006 年的营业额达到 2850 万美元；2009 年，使用 INSWEB 网站进行保险相关问题搜索的消费者超过了 1000 万人。然而，IN-SWEB 在经过了高速发展后，于 2010 年遭遇了业务收入下滑、经营费用高企、

---

①　对于保险客户而言，能够在一个开放和公平的市场上快速、全面、实时获取保险商品报价，在获取各种保险信息和投资分析工具从而作出最优决策的同时，又能够维护自身的隐私权。对于保险公司而言，其能够获得基于网络模式产生的可观的规模经济效应，在极大降低营销成本的同时获得理想的客户群。此外，保险公司还能够从客户对产品的比较中迅速获得反馈从而及时优化产品，提高经营绩效。

净利润下降等发展困境，其营业额急剧下滑，2010 年前三个季度营业收入仅为 2900 多万美元，这一期间总的经营费用却高达 2800 多万美元，净收入不足115 万美元，其每股净收入下降为 0.24 美元，经调整之后低至 0.21 美元。由于收益率过低，INSWEB 股票价格一落千丈，经营陷入深度危机。尽管 2011年前三个季度 INSWEB 的经营收入略有上升，达到约 3900 万美元，但由于技术费用的持续投入，其总的经营费用超过 3840 万美元，不包含其他收入的净收入仅为 60 万美元左右，与数千万美元的总资产相比，几乎可以忽略不计。INSWEB 为了维持运营，最终不得不接受美国著名理财网站 Bankrate 的收购，而整个收购前后仅用了不到两年的时间。① 然而，互联网保险作为一种重要的保险产品销售渠道，已经成为美国金融体系的重要组成部分。截至 2015 年，美国每年有超过 2000 万人通过互联网购买保险产品（见图 3－5）。

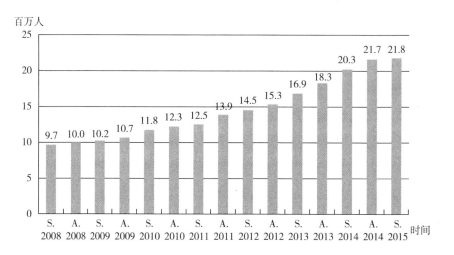

注：S. 为春季（Springs），A. 为秋季（Autumn）。

数据来源：Nielsen Scarborough，September 2015.（笔者转引自 Statista 网站）

图 3－5 2008—2015 年美国在线购买保险产品的人数增长情况

---

① 相关数据资料引自唐金成，李亚茹．美国第三方网络保险平台 INS WEB 的兴衰启示[J]．上海保险，2015（3）．

（三）网络证券模式的演进

网络证券（亦称互联网证券、电子券商）模式一般是指证券公司以建立网络平台的方式提供有偿证券投资资讯（国内外经济信息、政府政策、证券行情）、网上证券投资顾问以及股票网上发行、买卖与推广等多种投资理财服务的商业模式。从广义上看，网络证券是指通过互联网技术搭建平台，为投资者提供一套贯穿研究、交易、风险控制、账户管理等投资环节的服务方案，帮助投资者提高交易频率和效率，扩大交易品种，降低进入多品种交易以及策略投资的门槛，从而实现低成本、跨时点、跨区域的投资（姚文平，2014）。传统证券业务与网络证券业务的比较见表3－4。

表3－4　　　　　　传统证券业务与网络证券业务的比较

	传统证券业务	网络证券业务
经纪业务	柜台委托、自助委托	网上证券交易
发行业务	认购证、储蓄存单、网上竞价、全额预缴比例配售、网上定价	网上竞价、网上定价
新股推介	现场推介会	网上路演
支付方式	现场支付	网上支付、银证转账
信息服务	电话会议、股评报告会、传统咨询媒体	网上咨询

1975年以前，美国在证券交易方面一直采取固定佣金制度，即所有的经纪公司执行全美统一的标准费率且佣金费率不随交易量的大小而改变。在固定佣金制度下，机构投资者和个人投资者所需支付的佣金比率是相同的，而且经纪公司不得以任何形式为客户提供补贴或者回扣。固定佣金制度的初衷是限制经纪商开展价格竞争，从而维持美国证券市场的稳定。然而，20世纪60年代以来，随着美国证券投资者结构的变化，尤其是机构投资者数量和种类的不断增加，固定佣金制度已经成为制约美国金融市场发展与创新的制度障碍。在此背景下，美国国会于1975年5月通过了《有价证券修正法》，废除了证券交易的固定佣金制，转而实行协商佣金制，即证券经纪商可以在与用户协商的基础上自行设定证券交易的佣金比率。此后，在激烈的市场竞争压力之下，美国证

券市场的平均佣金比率不断下降，投资者的证券交易成本也迅速下降。① 然而，70 年代美国证券市场佣金制度改革所产生的更为重要的影响在于：一方面，证券经纪服务的种类更加多样化和个性化，证券经纪公司可以将许多的服务项目从固定费率价目表中分拆出来，从而规划更多新的服务项目组合以提高对投资者的整体服务水平；另一方面，美国证券经纪商自身的结构出现分化，一些更加专注于中小投资者的折扣经纪商（discount broker）开始大量出现并迅速发展，这些折扣经纪商凭借更加低廉的佣金费率吸引了大量中小投资者的关注，使得后者也能够享受证券经纪商提供的专业服务。

进入 90 年代后，随着美国互联网投资热潮的兴起，越来越多的互联网科技企业开始涉足金融业，传统的证券经纪行业也经历了互联网的冲击。1992年，美国第一家互联网折扣经纪商——E - Trade 成立。由于网络经纪商能够提供比传统证券经纪商更为低廉的佣金费率，所以网络经纪商的发展十分迅速并推动了美国证券经纪行业的信息化和网络化。此后，美国主要的证券公司纷纷推出了基于自身优势的网络平台。美国网络证券经过 20 余年的发展，基本上形成了三种主要经营模式参见表 3 - 5。

表 3 - 5　　　　　　　　美国网络证券的三种主要模式

	E - Trade 模式	嘉信理财模式	美林模式
概述	奉行低价策略，点击率高，无实体营业网点；交易品种和金融信息及时、丰富	典型的折扣经纪商，可通过营业部、电话、传真、网络等为客户提供证券经纪服务	全球性综合投资银行，传统证券经纪公司成功转型的典范
核心优势	技术开发能力强、资讯及时、成本和佣金低	性价比高、实体营业网点多、研究能力强	强大的研究能力和 TGA 信息平台支持系统

① 例如，美国证券投资者以每股交易佣金衡量的交易成本由 1975 年的平均 26 美分下降到 1980 年的 11.9 美分，到 1997 年已降至平均每股 5 美分。数据引自何雁明，朱震. 改革证券交易佣金制度对中国证券业结构调整的影响 [J]. 经济科学，2002 (1).

续表

	E – Trade 模式	嘉信理财模式	美林模式
佣金标准	平均佣金约 15 美元	平均佣金约 30 美元	每笔佣金 100～400 美元
目标客户	对佣金率比较敏感的客户	涵盖高端、中端、低端各类客户	为高端客户提供面对面、全方位的咨询服务
典型代表	E – Trade、Option Xpress	Charles Schwab、Fidelity Investments	Merrill Lynch、Morgan Stanley

资料来源：根据各公司网站以及网络公开资料整理。

第一，以 E – Trade 等为代表的纯网络经纪模式。1992 年 E – Trade 成立之初，主要通过美国在线（AOL）和 CompuServe 等互联网企业向传统的折扣经纪商提供技术支持和后台服务。经过四年的实践与积累，E – Trade 于 1996 年 2 月设立了以自身品牌命名的证券交易网站，开始向投资者提供在线证券交易服务。该公司实行纯粹的网络经济模式，不设立实体服务网点而仅提供线上投资服务，凭借成本优势实行互联网企业惯用的低价营销策略，以吸引对价格敏感但对服务质量尤其是个性化的投资服务要求不高的投资者。然而，随着 90 年代美国证券行业佣金水平的整体下降，E – Trade 的低价策略逐渐失效。在此背景下，E – Trade 不断通过与其他证券公司合作以及收购兼并①等方式寻找新的增长点并进一步强化竞争优势，以提升客户服务体验。2008 年国际金融危机爆发后，E – Trade 的网络证券业务受到较大冲击，不得不接受对冲基金 Citadel 高达 17.5 亿美元的注资并出售其在加拿大的业务。近年来，E – Trade 逐渐走出困境，并继续引领美国网络经纪行业的发展 2015 年为美国富裕家庭提供证券投资服务的机构及其市场份额调查见图 3 – 6。

---

① 2005 年，E – Trade 合并了 Harrisdirect LLC（简称 Harrisdirect）、J. P. Morgan invest LLC（简称 BrownCo）、Kobren Insight Management（简称 Kobren）和 Howard Capital Management（简称 Howard Capital）4 家公司。其中，Harrisdirect 拥有近 42.5 万个客户，日均交易量为 1.6 万笔；而 BrownCo 拥有 18.6 万个客户，日均交易量为 2.8 万笔。2005 年，E – Trade 的日均交易量达到 97740 笔，其中并购带来的交易量占总交易量的一半左右。除此之外，E – Trade 也多次整合其他的纯互联网券商。数据引自姚文平. 互联网金融[M]. 北京：中信出版社，2014：129.

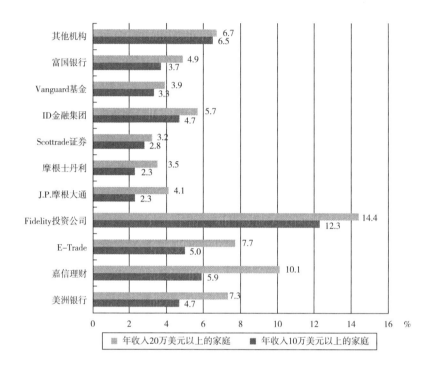

数据来源：2015 Ipsos Affluent Survey USA.（本书转引自 Statista 网站）

图 3 - 6　2015 年为美国富裕家庭提供证券投资服务的机构及其市场份额调查

第二，以嘉信理财（Charles Schwab）等为代表的"网络为主、实体为辅"模式。嘉信理财创立于 1971 年，在其成立初期只是美国一家规模偏小的传统证券经纪商。1975 年美国证券市场佣金制度改革后，嘉信理财及时调整了市场定位，开始转型为典型的折扣经纪商，旨在为客户提供低佣金交易服务。嘉信理财始终非常注重对于新技术的运用以及业务模式的创新。1989 年，嘉信理财成为全美首个推出电话经济业务的传统经纪商。此举被普遍视为美国证券业向自动化交易迈进的重要事件。进入 90 年代后，嘉信理财非常关注新兴的互联网技术的发展，并很快成为美国最早开始利用互联网技术进行证券经纪业务模式创新的折扣经纪商之一。其很快便推出了以 e. Schwab、Schwab In stitutional WebSite、StreetSmartPro 以及 Cyber-Trader 等为代表的网络交易系统，并对其线上经营模式与线下传统经纪服务模式进行了比较好的资源整合。其既注重线下实体店面的运营，同时也提供基于电话以及互联网的投资服务，并推出"金融超市"式的个人理财服务供客户根据自身投资需求自主选择。① 这一互联网转型取得了巨大成功，其网上证券交易账户和管理的资产总额都得以大幅增长。目前，嘉信理财已经发展成为集证券经纪、投资咨询、产品销售以及其他综合金融服务为一体的全能型经纪商。

第三，以美林（Merrill Lynch）等传统券商为代表的"网络为辅、实体为主"模式。成立于 1914 年的美林证券，作为享誉全球的证券零售商和投资银行，是美国老牌券商的典型代表。由于美林证券拥有良好的市场信誉和庞大的客户规模，因此其对 90 年代互联网热潮下迅速兴起的网络经纪业务反应冷淡。但是，随着大量网络经纪商的出现以及传统经纪商的互联网转型，美林证券的客户开始大量流失。在此背景下，这家老牌证券公司不得不重新调整战略定位，并开展基于网络经纪业务的创新。1999 年 6 月，美林证券推出了跨世纪的竞争战略——综合性选择策略，即向客户提供从完全自我管理到全权委托的一系列产品，而其提供的服务账户包括自助交易、网上交易以及传统交易等多种模式，这些账户根据服务内容的不同采取不同的佣金费率。1999 年年底，美林证券又推出了自己的交易网站 MLDirect 以及名为"无限优势"（unlimited advantage）的网上经纪业务。美林证券在互联网转型过程中，并未一味效仿新兴的网络经纪公司，而是从自身特有的研发优势与提供高端服务的能力出发，继续坚持为客户提供全方位的、个性化的金融服务这一宗旨。因此，其主要服务对象为高收入群体以及机构投资者。② 事实证明，美林证券的市场定位是精

---

① 为了增强客户黏性，嘉信理财成立了两家名为 MarketPlace 和 OneSource 的网上基金超市，旨在将众多基金产品集合在一起，供消费者投资选择。1992 年，两家基金超市中仅有 25 家基金公司的 200 只基金产品；2001 年，MarketPlace 中有 331 家基金公司的 2000 只基金产品，One-Source 中有 240 家基金公司的 1079 只基金产品。MarketPlace 的客户进行基金交易需要缴纳一定的手续费和管理费，而 OneSource 则不收取任何费用。这两项服务为嘉信理财吸引了大量的投资者。数据引自姚文平. 互联网金融［M］. 北京：中信出版社，2014：125.

② 例如，美林证券从 2000 年开始便不再接受 10 万美元以下的客户开户。此后，美林证券一度将其开户标准提升至 50 万美元。美林证券根据提供服务内容的不同向客户收取不同的费用，平均每笔交易收取的费用高达 100～400 美元。强大的研究实力、丰富的市场投资经验以及高素质的员工队伍，使得美林证券能够为高净值客户提供全方位的资金管理服务（其所谓的"无限优势"服务），并按客户资产的比例收取年费，收费起点为 1500 美元。

准有效的。一直到 2008 年国际金融危机爆发前，美林证券都是美国高端证券经纪服务商的典型代表。然而，遗憾的是，2008 年国际金融危机爆发后，美国的投资银行业遭遇了"灭顶之灾"，排名前四位的投资银行均破产倒闭或者被迫转型。2008 年 9 月 14 日，美林证券被美国银行（Bank of America）收购，并更名为美银美林，成为美国银行的附属公司。

当然，除了上述的网络银行、网络保险以及网络证券这三种最具有代表性的传统互联网金融模式之外，一些诸如网络理财（也称在线理财）等互联网金融模式在美国也得到了蓬勃发展。网络理财一般指潜在的、有投资理财需求的客户通过网络平台自主选择理财方式的业务模式。网络理财与传统的基于实体营业网点交易的投资理财方式相比，具有较为明显的优点。嘉信理财以及著名的 PayPal 网络支付公司开发的互联网货币基金是美国网络理财模式的典型代表。1998 年，大型电子商务公司 EBAY 成立了互联网支付子公司 PayPal，并于 1999 年完成了电子支付与货币市场基金的对接，从而开创了互联网货币基金的先河。在线投资者只需注册成为 PayPal 用户，账户中的现金余额即自动投资于货币基金。现金般的用户体验、远高于银行短期存款的利息收益使得该理财产品受到市场热捧。然而，2008 年国际金融危机爆发后，货币市场流动性大幅紧缩，大量投资者纷纷赎回基金份额。挤兑冲击致使 PayPal 货币市场基金收益直线下跌。数据显示，其 2011 年的收益率仅为 0.05%，较 2008 年贬损 98%。PayPal 最终不得不关闭了货币市场基金，网络货币基金在美国的发展也进入了低谷期。而嘉信理财是美国最大的网上理财交易公司，主要向中低端客户提供证券经纪、银行、资产管理等金融服务。事实上，嘉信理财早在 20 世纪 70 年代末就已经成为世界上最大的佣金折扣经纪商。90 年代中期，互联网热潮初兴之时，嘉信理财便开始利用网络平台同时开展传统的经纪业务和基金等理财业务，进而迅速成为美国最大的在线证券交易商。目前，其活跃账户总数超过 700 万户，管理资产总额超过 1 万亿美元。早在 20 世纪 90 年代末，美国传统互联网金融模式的发展便已经较为成熟并且形成了相对完整的产业链条，参见表 3 - 6。

表 3 - 6　　　　　20 世纪 90 年代末美国传统互联网金融模式与产业链条

产业层级与链条	主要功能	代表性机构和产品	
技术顾问（electronic enablers）	为金融机构和专业金融服务提供方（如门户网站）提供软件和技术支持	Security First、Check Free、Sanchez 等软件工程公司	出现了纵向整合和跨界经营的网络金融集团和企业集团
金融产品	提供传统与非传统的互联网金融产品	抵押贷款、网络借贷、网络经纪、互联网保险、电子钱包、网络转账支付以及网络信用卡服务等	
金融机构	传统金融机构、新兴网络金融机构、电信运营商等提供网络金融服务的机构	网络银行：Telebanc、X Bank 网络券商：E - Trade、Ameritrade 网络保险：INSWEB 网络支付：Spectrum、Cyber Cash	
综合服务网站（aggregators）	为金融消费者提供金融产品检索、价格比对等多样化金融服务的平台	LendingTree. com、Dollarex. com、AdvanceMortgage. com、Insweb. com	
门户网站	连接服务端口和金融机构的媒介，提供个性化的金融信息服务	传统金融机构：Citi Group 互联网巨头：Microsoft 其他门户网站：Yahoo、AOL	
服务端口	提供金融服务的网络接口	联网的个人电脑、网络电视、具备上网功能的手机以及其他上网设备	

（左侧纵向文字：由下至上的产业层级）

资料来源：根据 Claessens 等人（2002）提供的资料整理。

三、互联网直接融资的出现与快速发展

（一）美国互联网直接融资发展概述

从总体上看，美国互联网金融的发展在 2000 年高科技股票泡沫破灭后进入了一个相对理性和平稳的时期。传统的网络银行、网络保险与网络证券等互联网金融模式继续发展。与此同时，互联网与金融业的融合得以不断深化，尤其是以大银行为代表的美国传统金融机构进一步加快了信息化和网络化的步伐[1]；而传统的主要依托柜台和线下营销的保险公司也纷纷开展网络营销服务，传统金融机构的网络化成为这一时期美国互联网金融发展的主流。然而，在 2007 年次贷危机前后，美国互联网金融的发展出现了较为明显的变化——以"人人贷"（person - to - person lending，P2P 融资[2]）和众筹（Crowdfunding）为代表的互联网直接融资模式开始出现并得以迅速发展。前者主要是指个人或者机构通过第三方网络平台进行的债务融资，而后者一般是指通过网络平台发布项目信息并募集股权资金的一种融资方式。这两种融资模式均表现出了与传统金融模式迥然不同的特点：前者主要是个人对个人进行借贷融资的网络平台，而后者则是个人或者难以从传统金融体系获得融资的中小企业开展股权融资的网络平台。因此，P2P 融资和众筹作为新兴的网络直接融资模式，几乎在真正意义上实现了去金融中介化，因此是美国互联网金融模式创新的典型代表。

2016 年 4 月，英国剑桥大学贾奇商学院（Judge Business School）与美国芝加哥大学布斯商学院（Booth School of Business）公布了一项联合调研成果（Wardrop，R. 等人，2016）。两家机构耗时 8 个月时间对 257 家位于美国、加拿大、智利、巴西、墨西哥和阿根廷等国家的"非传统融资平台"（alternative finance platforms，即 P2P 融资平台与众筹融资平台）[3] 进行了深入调研，其中 178 家位于美国和加拿大。从交易额方面来看，该项调查所覆盖的样本平台的交易额约占整个泛美洲地区非传统融资平台交易总额的 80%。因此，其调研

---

① 1999 年年底，以"对市场先知先觉"而著称的美国摩根银行集团（J. P. Morgan）启动了一项名为"E - Finance"的战略。这项耗资高达 10 亿美元的投资计划迈出了传统金融机构探索网络金融的第一步。其率先建立了一个网络金融风险投资的小型孵化器——"60 实验室"（Lab60），并就大量互联网金融的创新思路和产品进行探索，从而为其后来大举进入互联网金融领域奠定了坚实的基础。

② 需要指出的是，美国业界通常也将 P2P 融资称为"市场融资"（marketplace lending）。这一名词是由美国著名的 P2P 网络融资平台借贷俱乐部（Lending Club）的首席执行官罗纳德·拉普朗奇（Renaud Lalplanche）首创的。

③ 为便于理解和前后表达的连贯，本书在引用相关数据时将统一使用"互联网直接融资"这一表述。

结果为我们从整体上了解该地区的 P2P 融资和众筹融资发展情况提供了比较好的参考。项目组对互联网直接融资模式进行了详细的区分和界定参见表 3 - 7。2013—2015 年各类互联网直接融资额参见图 3 - 7。

表 3 - 7　　　　互联网直接融资模式的主要类型及其含义

互联网直接融资模式	含义
P2P 个人融资（Marketplace/P2P Consumer Lending）	个人投资者或机构投资者通过网络平台向个人消费者提供贷款融资
资产负债端个人融资（Balance Sheet Consumer Lending）	网络平台本身使用自有资金直接向个人消费者提供贷款融资
P2P 企业融资（Marketplace/P2P Business Lending）	个人投资者或机构投资者通过网络平台向企业提供贷款融资
资产负债端企业融资（Balance Sheet Business Lending）	网络平台本身使用自有资金直接向企业提供贷款融资
P2P 房地产融资（Marketplace/P2P Real Estate Lending）	个人投资者或机构投资者通过网络平台向个人消费者或企业提供以房地产作为抵押的贷款融资
房地产众筹（Real Estate Crowdfunding）	个人投资者或机构投资者通过网络平台为房地产项目提供股权融资或者次级债务融资
票据贷款平台（Invoice Trading）	个人投资者或机构投资者通过网络平台以折价购买票据的方式向企业提供融资
股权众筹（Equity - based Crowdfunding）	个人投资者或机构投资者通过网络认购股票的方式向企业提供股权融资
回馈性众筹（Reward - based Crowdfunding）	投资方通过网络平台向个人、具体的项目或者企业提供融资，以获取非货币性的收益或某种特定的产品
捐赠型众筹（Donation - based Crowdfunding）	捐赠方出于慈善或公益目的通过网络平台向个人、具体的项目或者企业提供融资，且不以获取货币或者非货币性收益为目的

资料来源：Wardrop, R. et al. Breaking New Ground：The Americas Alternative Finance Benchmarking Report. http：//research. chicagobooth. edu/polsky/research，April 2016.

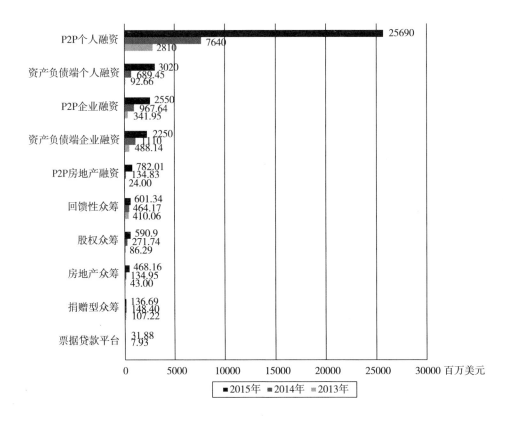

数据来源：Wardrop 等人（2016）。

图 3 - 7 2013—2015 年美国各类互联网直接融资额

第一，从企业部门来看，美国互联网直接融资额最大的几个行业分别是建筑业（Construction）、金融业（Finance）、商务与专业服务业（Business & Professional Services）、科技产业（Technology）以及零售与批发业（Retail & Wholesale）。2015 年，美国有超过 13.5 万家中小企业通过 P2P 方式获得了债务融资，这一数字是 2013 年的近 3 倍。相比之下，2015 年通过众筹方式获得互联网股权融资的企业数量相对较少，为 1676 家，但增长率十分惊人，2013 年仅有 124 家企业获得了众筹融资，2013—2015 年年均增幅高达 270%（Wardrop 等人，2016）。2015 年，美国企业部门获得的互联网直接融资总额为 56.1 亿美元，其中将近一半为 P2P 企业融资（为 25.5 亿美元），通过票据贷款平台获得的融资为 3188 万美元（约为 2014 年的 3 倍）。2013—2015 年，美国企业部门获得的互联网直接融资额由 8.5 亿美元增长至 56.1 亿美元，同期美国企业部门所获得的传统融资总额则由 3557 亿美元增长至 4450 亿美元，前者占后者的比重由 2013 年的 0.24% 提高至 2015 年的 1.26%（见图 3 – 8）。

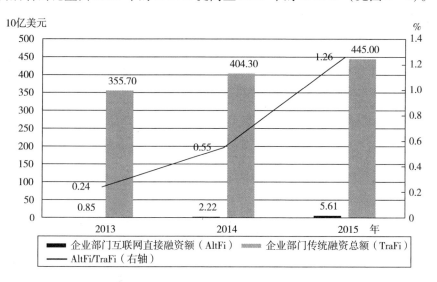

数据来源：Wardrop 等人（2016）。

图 3 – 8　2013—2015 年美国企业部门互联网直接融资额占其

企业部门传统融资总额的比重

第二，从个人消费者方面来看，美国个人消费者获得的互联网直接融资总额也呈迅速增长的态势。尤为值得关注的是，以 P2P 个人融资为代表的针对个人消费者的互联网直接融资构成了美国整个互联网直接融资的主体，这体现出了鲜明的美国特色（2015 年，英国 69% 的互联网直接融资额是针对企业部门的融资[①]；而在亚太地区，这一比率同样高达 61%[②]）。2015 年，美国个人消

①　ZHANG B et al. Pushing Boundaries：The UK Alternative Finance Benchmarking Report，2016［R/OL］（2016 – 04 – 01）［2016 – 08 – 15］. www. jbs. cam. ac. uk/faculty – research/centres/alternative – finance/publications/pushing – boundaries/#. Vv0Srmgrl2w.

②　ZHANG B et al. Harnessing Potential：The Asia Pacific Alternative Finance Benchmarking Report，2016［R/OL］（2016 – 04 – 01）［2016 – 08 – 15］. www. jbs. cam. ac. uk/faculty – research/centres/alternative – finance/publications/harnessing – potentia#. Vvt0FmPwxE4.

费者互联网直接融资额为 288.3 亿美元，其中 256.9 亿美元为 P2P 个人融资，30.7 亿美元为资产负债端个人融资。美联储消费信贷统计数据显示，2015 年美国传统金融机构共计发放了 2309 亿美元的个人消费贷款。这意味着 2015 年美国个人消费者互联网直接融资额已经占传统消费信贷融资总额的 12.49%，而在 2013 年和 2014 年这一比例仅分别为 1.65% 和 3.81%（见图 3 - 9）。因此，无论是从绝对数量上看还是从增长率上来看，美国个人消费者互联网直接融资额的增长速度均远远高于传统个人消费信贷总额的增速。

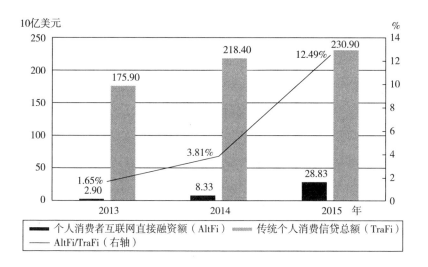

数据来源：Wardrop 等人（2016）。

图 3 - 9   2013—2015 年美国个人消费者互联网直接融资额占其
传统个人消费信贷总额的比重

（二）P2P 融资平台的运作模式与风险

2005 年 3 月 22 日于美国特拉华州（Delaware）注册成立的繁荣市场公司（Prosper Marketplace，Inc.，PMI）是美国最早的一家 P2P 网络融资平台，2015 年共计发放了 37 亿美元的 P2P 贷款，2006—2015 年这一期间已累计发放贷款 61 亿美元。[1] 繁荣市场公司主要向美国的个人消费者提供总金额为 2000 ~

———————

[1] 数据引自繁荣市场公司 2015 年年报，详情参见该公司网站（www.prosper.com/Downloads/Legal/prosper10k12312015.pdf）。

35000 美元的无抵押固定利率贷款，贷款期限视贷款人的信用等级以及贷款金额而定，通常为 3 年或 5 年，贷款人可分期偿还本息。全部贷款由在美国犹他州注册成立的名为"WebBank"的商业银行（由联邦存款保险公司承保）发放，WebBank 将其发放的贷款出售给 Prosper Funding LLC（PFL）①，由后者持有或者转售给其他机构投资者。投资者可以以两种方式参与繁荣市场公司的 P2P 网络借贷：一种是购买 PFL 发行的基于其持有的 P2P 贷款的商业票据；另一种是直接从 PFL 购入 P2P 贷款合约，机构投资者往往采取这种投资方式。繁荣市场公司旨在为个人消费贷款提供一个网络交易平台。有个人消费贷款需求的贷款申请人在通过该公司的资格审查之后，向网络平台提交贷款申请。繁荣市场公司将汇集起来的贷款申请列表（loan listing）在网络平台发布，从而供潜在的投资者进行选择。该公司会对贷款进行风险评估并分级，风险等级越高，贷款利率也越高，从而供不同类型的投资者选择。当特定的贷款申请列表得到了足够多的投资者支持后，与繁荣市场公司开展合作的 WebBank 便会向贷款申请人发放贷款，并将贷款转售给 PFL。该公司对贷款申请人的门槛要求并不高。具体来看，第一，年满 18 周岁且个人信用评分在 640 分以上的美国公民；第二，贷款申请日期之前的 6 个月内信用查询记录（credit inquiry）在 7 条以内；第三，有年收入（0 美元以上即可）；第四，债务—收入比率在 50% 以下；第五，个人信用记录里至少包含 3 次公开交易记录；第六，贷款申请日期之前的 6 个月内未书面申请破产保护。对于投资者而言，个人投资者和机构投资者均可通过上述两种方式投资该公司的 P2P 贷款。其中，个人投资者须满足美国 1933 年《证券法》的"D 条款"（Regulation D）的规定，即通过财务状况评估而获得合格投资者（accredited investor）身份后方可投资于繁荣市场公司发行的商业票据。繁荣市场公司主要通过对撮合成交的贷款提取交易佣金和服务费的方式盈利。由于该公司成立时间较早，因此品牌效应比较明显。近年来，随着其客户规模的不断扩大，网络效应比较突出，从而使得其贷款总量和盈利能力都不断提高。

2007 年正式上线运营的美国借贷俱乐部是一家与繁荣市场公司齐名的标

---

① 2012 年 2 月 17 日于美国特拉华州注册成立的一家繁荣市场公司的全资子公司。

志性 P2P 网络借贷平台。截至 2016 年第二季度，借贷俱乐部共计发放了 207 亿美元的贷款。[①] 目前，美国借贷俱乐部是全球规模最大的 P2P 网络借贷平台。与繁荣市场公司相比，借贷俱乐部同样与 WebBank 进行合作，但其所提供的贷款种类更加丰富（具体的贷款用途及数量详见表 3-8）：第一，个人固定利率消费信贷。贷款金额为 1000~35000 美元，贷款期限以及贷款条件与繁荣市场公司类似。第二，教育与医疗贷款。这类贷款仅面向特定的私人贷款人而不在网络平台上推广。这类贷款又分为分期付款和免息期贷款两种。前者贷款金额为 2000~50000 美元，贷款期限为 24~84 个月，固定利率；后者贷款金额为 499~32000 美元，在免息期（promotional period）内不收取贷款利息（前提是贷款人在免息期内须全额偿还贷款本金），免息期通常为 12 个月、18 个月或 24 个月，贷款人也可选择在免息期内偿还一定数额的本金，然后分期支付余下部分。第三，小额企业贷款与授信。借贷俱乐部分别于 2014 年 3 月和 2015 年 10 月推出了两项针对美国小企业的 P2P 贷款，旨在向小企业主提供金额为 5000~300000 美元的固定或浮动利率贷款融资，供其扩大再生产、购置仪器设备或进行债务重组。贷款期限为 3 个月至 5 年不等。从投资者方面来看，美国的个人投资者和机构投资者均可投资于借贷俱乐部的 P2P 贷款项目，从而获取高于市场平均收益水平的投资回报率。具体的投资方式与繁荣市场公司类似，既可以认购借贷俱乐部发行的基于 P2P 贷款的商业票据，也可以直接购买和持有 P2P 贷款合约，美国借贷俱乐部的业务模式详见图 3-10[②]。为了优化用户体验，借贷俱乐部开发了一套基于大数据技术的在线评估系统，以确保 P2P 贷款的数据收集、信用评估、贷款发放、投资服务、监管合规以及欺诈防范等工作能够全部高效地自动化进行，从而提高客户体验并降低运营成本[③]。需要指出的是，除了上述两家最大的 P2P 网络借贷平台之外，美国还有

---

① 数据引自该公司网站（https：//www.lendingclub.com/info/statistics.action）。

② 繁荣市场公司的业务模式也可参考该图。

③ 相关资料引自借贷俱乐部 2015 年年报，详情参见该公司网站（http：// ir.lendingclub.com/Cache/1001209585.PDF？Y=&O=PDF&D=&fid=1001209585&T=&iid =4213397）。

其他类型的 P2P 网络借贷平台，如以非营利性和公益性著称的 Kiva 网络借贷平台，由于其商业属性并不突出，因此本书不再详细介绍。

表 3－8　　　　　　美国借贷俱乐部的贷款用途及数量　　　　单位：笔，%

贷款用途	贷款数量	占比
债务重组	75320	44. 69
偿还信用卡	25209	14. 96
其他用途	68000	40. 35
房屋装修	10713	6. 36
大额购物	3479	2. 06
企业融资	2782	1. 65
医疗贷款	2042	1，21
汽车贷款	1578	0. 94
移居搬迁	1331	0. 79
旅游贷款	1324	0. 79
购房贷款	688	0. 41
其他贷款	43960	26. 08

注：统计数据截至 2016 年 6 月 30 日。

数据来源：美国借贷俱乐部网站（www. lendingclub. com/info/statistics. action）。

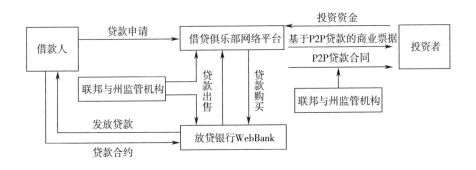

资料来源：美国借贷俱乐部 2015 年年报。

图 3－10　美国借贷俱乐部的业务模式

2011 年 7 月，美国政府责任办公室（Government Accountability Office）在《多德—弗兰克华尔街改革与消费者保护法案》的授权下，对美国的 P2P 网络融资平台进行了深入、系统的调研，并向美国国会提交了题为《人人贷——行业发展与新的监管挑战》(*Person - to - Person Lending, New Regulatory Challenges Could Emerge as the Industry Grows*) 的报告。在该报告中，美国政府责任办公室全面阐述了美国 P2P 网络融资平台的发展情况，并对盈利性 P2P 网络融资平台的风险进行了深入剖析（见表 3 - 9）。

表 3 - 9　　　　　　　　　美国主要的营利性 P2P 平台的风险

风险	定义	例子
信用风险	由于借款人违约而导致潜在的财务损失	1. 投资人在 P2P 平台上购买的收益权凭证没有任何第三方的抵押、担保或者保险； 2. 如果对应的借款人贷款违约，由于追偿费用和其他成本，投资人很难收回本金和利息，初始投资面临全部损失的风险； 3. 如果投资人决定将其投资全部集中在单一收益权凭证上，其投资回报将会完全依赖于单个贷款的表现。
操作风险	由于内部程序、人员、系统的不完善或者失误或者外部事件造成的潜在财务损失	1. P2P 平台通常不会核实借款人提供的信息，而这些信息可能不准确或者没有正确反映借款人的信用可信度； 2. 由于 P2P 平台掌握的贷款历史数据有限，其信用评级系统可能无法预测贷款违约的实际情况，因为实际的贷款违约情况和违约率可能跟预期并不相符； 3. 一旦借款人违约，投资人只能依靠 P2P 平台与其委托的第三方收款机构来回收款项，而无法亲自追偿； 4. 由于持有收益权凭证的投资人在对应的贷款上没有直接的票据利息，所以投资人拥有的权利是不确定的，一旦 P2P 平台破产，收益权凭证的支付可能被限制、暂停或者终止。
流动性风险	由于无法及时变现资产可能造成的财务损失	1. 收益权凭证仅限于平台上的投资人之间流转而无法转售给外部投资者； 2. 每个 P2P 平台都为其成员提供了交易收益权凭证的平台，但是并不保证每个放款人都可以找到收益权凭证的买家。

续表

风险	定义	例子
市场风险	大规模价格变动造成的资产或者债务价值变化，从而可能导致财务损失	1. 降息可能会引发借款人提前还款，从而影响投资人的贷款收益 2. 加息则将导致投资人所持的收益权凭证价值缩水。
法律风险	由于对税法的错误理解可能造成财务损失	P2P借贷是一种新型的借款和投资方式，如果监管机构或者法院对收益权凭证税收有不同的解释的话，投资人可能会面临不同的税务负担。

资料来源：第一财经新金融研究中心. 中国 P2P 借贷服务行业白皮书 2013 [M]. 北京：中国经济出版社，2013：160 - 161. 原文出处：United States Government Accountability Office. Person - to - Person Lending, New Regulatory Challenges Could Emerge as the Industry Grows ［R/OL］（2011 - 07 - 12）［2016 - 08 - 16］www. gao. gov/products/GAO - 11 - 613, July 2011.

（三）众筹网络融资平台的出现与发展

早在2003 年，美国波士顿地区的一位音乐家兼软件编程员布瑞安·卡莫里奥（Brian Camelio）创办了一个名为"艺术家共享"（ArtistShare）的网站，该网站的初衷在于帮助音乐家从广大音乐爱好者手中募集资金以制作和发行数字音乐作品。该网站很快便发展成为一个专门为影视制作、摄影以及音乐等各种艺术类项目融资的平台，因此该网站也成为美国最早的以互联网为媒介的众筹融资平台。该网站的首个网络众筹项目为法国演员玛丽亚·施耐德（Maria Schneider）的"花园音乐会"（Concert in a Garden）爵士唱片发行项目。施耐德为这一众筹项目设置了分级奖励制度：投资额达到 9. 95 美元的投资者便可以获得优先下载该唱片的权利；投资额达到 250 美元的投资者不仅可以获得唱片的优先下载权，而且其名字将被印刷在唱片的宣传册上；而投资额超过 10000 美元的投资者将受邀与施耐德共同担任执行制片人。由于该项目的最终筹款额高达13 万美元，因此唱片的制作和网络发行非常成功，并于 2005 年获得了美国音乐界最重要的奖项之一"格莱美奖"（Grammy Awards）。事实上，施耐德的这一网络众筹项目所确定的分级奖励制度成为现代众筹项目制度设定的雏形，该项目的成功也开创了美国网络众筹这一重要的互联网直接融资的先河。

此后，互联网众筹融资平台在美国迅速发展。其中，发展速度最快、影响范围最广，与此同时也被视为美国最具代表性的营利性众筹平台为 2009 年 4 月在纽约成立的 Kickstarter 网站。与此前的网络众筹平台相比，Kickstarter 网络众筹平台所涉及的项目融资范围更加广泛，而且还为初创企业和广大中小企业提供股权融资服务，从而极大地拓展了互联网直接融资的范围。截至 2016 年 9 月，Kickstarter 网络众筹平台已经累计为 11.2 万个项目提供了总额为 2.6 亿美元的互联网直接融资，项目融资的总体成功率为 64.15%。① 2009—2016 年美国 Kickstarter 网络众筹平台融资情况见表 3－10。

表 3－10　　2009—2016 年美国 Kickstarter 网络众筹平台融资情况

种类	在线融资项目总数	总融资金额	成功融资金额	融资失败的金额	运行中的项目投资额	运行中的项目数量	融资成功率
全部	315967	2.58B	2.25 B	301 M	33 M	4193	35.79%
游戏	26467	533.38 M	480.04 M	49.17 M	4.17 M	489	33.37%
设计	22430	500.72 M	437.28 M	48.83 M	14.62 M	471	33.47%
科技	24743	499.18 M	426.10 M	65.67 M	7.40 M	534	19.57%
影视制作	57724	349.33 M	293.41 M	54.79 M	1.12 M	483	37.23%
音乐	47983	178.20 M	162.13 M	15.30 M	772.08 K	426	50.01%
食品	20582	102.23 M	84.92 M	16.42 M	891.00 K	276	25.07%
出版	33374	101.46 M	86.49 M	13.92 M	1.05 M	446	29.67%
时装	17491	94.78 M	81.72 M	12.00 M	1.06 M	290	23.59%
艺术	23440	68.96 M	59.67 M	8.67 M	623.40 K	259	40.57%
动漫	8355	55.17 M	50.58 M	4.00 M	581.47 K	161	51.48%
歌剧	9841	39.20 M	34.83 M	4.22 M	149.34 K	67	60.33%
摄影	9456	29.09 M	25.04 M	3.81 M	230.39 K	94	29.97%
舞蹈	3319	11.31 M	10.52 M	760.58 K	30057	21	62.67%
手工制作	6800	10.33 M	8.46 M	1.73 M	135.38 K	129	23.65%
新闻媒体	3962	10.16 M	8.58 M	1.54 M	48968	47	21.71%

注：B 代表 10 亿美元，M 代表百万美元，K 代表千美元。全部统计数据截至 2016 年 9 月 7 日。

数据来源：Kickstarter 公司网站（www.kickstarter.com/help/stats? ref = footer）。

① 数据引自 Kickstarter 网站（https://www.kickstarter.com/help/stats? ref = footer）。

　　从整体上看，以 Kickstarter 为代表的网络众筹平台表现出两个特征：第一，融资金额以中小规模为主。如图 3 - 11 所示，尽管也有数量众多的项目的融资额超过了 10 万美元（少部分项目融资额超过了 100 万美元），但二者的占比仅为 3% 左右。从总体上看，融资额为 1000 ~ 9999 美元的项目数量占 Kickstarter 全部融资项目数量的比重是最高的，为 57.6%。而融资额在 1000 美元以下、10000 ~ 19999 美元以及 20000 ~ 99999 美元的项目数量则分别占 12%、14% 和 13%。因此，众筹融资平台的小微金融属性是比较突出的。第二，融资效率非常高。借助于互联网尤其是社交网络以及各种即时通信软件，众筹项目融资信息的扩散和传播速度快、范围广，加之以第三方支付为代表的网络支付方式的普及，使得众筹项目融资的效率远高于传统的融资方式。在 Kickstarter 众筹融资平台上，好的投资项目在几分钟之内的融资额往往便可突破 100 万美元。如 2015 年备受美国投资者追捧的一项名为"Pebble Time"的投资项目，竟然在上线 49 分钟之内便募集了 100 万美元。还有数量众多的项目在上线首日的融资额便超过 1000 万美元（见图 3 - 12）。如此高效的融资速度是传统融资方式难以实现的。

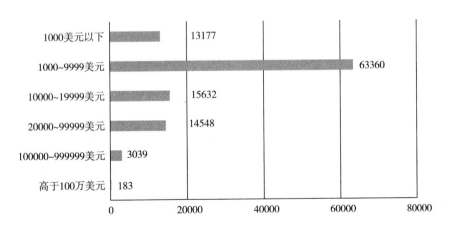

数据来源：Kickstarter 网站（www.kickstarter.com）。

图 3 - 11　2016 年 Kickstarter 网络众筹平台不同

融资规模的项目数量分布

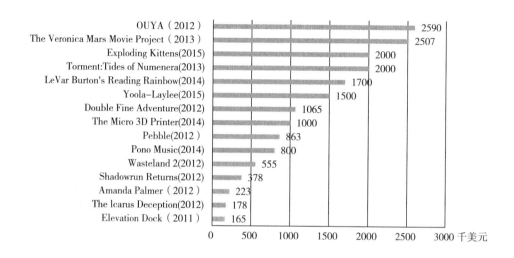

注：（1）括号内为项目所属的年份；（2）各项数值为相应项目在 Kickstarter 网站上线首日的筹款额。

数据来源：Kickstarter 网站（www. kickstarter. com）。

图 3 - 12　2011—2015 年 Kickstarter 网络众筹平台项目融资的速度

尽管网络众筹融资平台与传统的直接融资方式相比具有突出的效率优势，但其弊端与风险也是较为明显的。从理论上看，众筹融资面临的首要风险为项目融资方的欺诈风险（Gabison，2015；Collins 和 Pierrakis，2012；Griffin，2012）。在传统的直接融资模式下，一方面，金融监管当局的监管与审查会在相当程度上帮助投资者筛选掉不合格的融资项目；另一方面，融资方出于后续融资的考虑，往往对于自身的信誉非常重视，因为一旦投资者识别出其主观欺诈行为，融资方将难以在后续投资中获得资金支持。然而，由于对众筹融资的监管相对宽松，且大多数众筹融资都是一次性融资，因此融资方并不会出于后续融资便利的考虑而抑制欺诈动机（Weinstein，2013），而且欺诈风险一旦发生，投资者保护问题将变得较为棘手，因为众筹融资的投资人往往数量众多而个人投资额却较小。因此，很难寄希望于个别投资者出面对项目融资方的欺诈行为进行调查取证，并通过司法程序进行维权和追索。除融资方的主观欺诈风险之外，众筹融资方式还可能面临项目延期或者失败的潜在风险。此外，对于大多数股权众筹平台而言，缺乏一个发达的二级股权转让市场往往也是众筹融资方式的一个缺陷（Agrawal 等人，2013）。这使得初始投资者缺乏退出机制，因此也不利于众筹融资方式的长远发展。

四、金融科技的含义及其投资热潮

（一）金融科技的兴起及其含义

2010 年以来，"金融科技"（Fintech）这一由"金融"（Finance）和"科技"（Technology）合成的一词开始在美国金融业界流传，并迅速得到了学术界以及各国金融当局的广泛认可与日益频繁的使用。2015 年以来，美国金融当局在其出台的多项分析报告中都使用了金融科技这一表述。金融科技已经成为描述美国互联网金融最新进展的通用表述。然而，尽管金融科技一词的使用日渐频繁，影响力不断提高，但至今尚未有一个广受各方认可的准确定义。无论是美国金融当局，还是金融业界和学术界都未能对金融科技的内涵进行界定，甚至其使用还出现了泛化的倾向，以至于似乎一切与金融领域的技术创新相关的现象与问题都能够用金融科技进行描述。从目前美国乃至全球对于金融科技一词的使用情况来看，金融科技至少有以下三个层面的含义：

第一，金融科技可以用来指代高科技产业与传统金融业加速融合与不断创新的这一现象，尤其是这种融合与创新所衍生出来的各种以前沿科技为基础的新的金融模式（如 P2P 网络融资和众筹融资等），或者是新的技术范式对传统金融业务模式的再造（如基于大数据技术的风险评估与信贷业务等）。也正是在这个层面上，金融科技的内涵和外延往往被放大和拓展。如 Arnet 等人（2015）认为，金融科技作为金融服务业与信息技术相结合的产物，其产生和发展具有相当长的历史，只不过是自 20 世纪 90 年代以来，尤其是 2008 年国际金融危机爆发以来呈现出加速发展的趋势而已。为此，其从一个相当长的历史纵深入手，将金融科技的发展划分为三个阶段：1866—1967 年的 FinTech 1.0 阶段、1967—2008 年的 FinTech 2.0 阶段以及 2008 年至今的 FinTech 3.0 阶段，并分析了每一个阶段的特点。显然，这一研究将金融科技视为一个传统金融业不断进行技术升级和改造的过程。

第二，金融科技在众多学术研究和金融业界的报道中往往被直接作为金融领域内的"高科技创业企业"（High - tech Startups）的代名词而广泛使用。2010 年以来，美国金融科技迅速发展的一个重要特征是在风险投资支持下的大量高科技创业企业的出现和迅速发展，这些初创企业往往拥有一定的技术储备，旨在通过技术创新实现对某一传统金融业务模式的解构（disruption）或者再造。美国白宫经济顾问委员会 2016 年发布的一份关于美国普惠金融发展情况的报告显示，截至 2016 年 2 月，美国已有超过 2000 家金融科技初创企业，而 2015 年 4 月这一数字仅为 800 家[1]，由此可见美国金融科技创业浪潮之迅猛，以至于美国最大的商业银行集团之一——J. P. 摩根集团的首席执行官杰米·迪蒙（Jamie Dimon）在该集团 2015 年致全体股东的信函中发出了"硅谷来了"（Silicon Valley is Coming）的慨叹。

第三，金融科技在众多场景下也常常指代能够对传统金融行业产生重大影响和冲击的前沿技术，其中最具有代表性的前沿技术当属 2016 年以来引发全球广泛关注的区块链（block chain）技术，以及在区块链技术基础上衍生出的虚拟货币。[2] 区块链技术是包括比特币在内的所有虚拟货币的底层技术，是指通过寓于分布式结构的数据存储、传输和证明的方法（也称作"分布式记账"技术），集体维护一个可靠数据库的技术方案。其使用数据区块取代了对中心服务器或第三方中介的依赖，所有数据变更或交易项目都记录在一个云系统中，并以数学算法（程序）证明机制作为背书，从而解决了在信息不对称和不确定的环境下如何建立经济活动所需的信用体系这一难题。区块链支付的所有交易都实时显示在共享的电子表格平台上，网络里的每一位用户（如银行）都能随时访问、查看全部历史交易记录，从而使得基于这种技术进行的交易和

① Council of Economic Advisers. Financial Inclusion in the United States ［R/OL］. （2016 –06 –13）［2016 –09 –12］www. whitehouse. gov/sites/default/files/docs/20160610_ financial _ inclusion_ cea_ issue_ brief. pdf.

② 虚拟货币（virtual currency）往往也被称为数字货币（digital currency），其中以比特币（BitCoin）为典型代表。关于虚拟货币问题参见本书第四章第四部分。

支付变得更加安全，成本也更加低廉。而在传统的金融数据库中，客户账户分散在各个银行系统之中，账户信息彼此封闭隔离，不同银行账户之间的交互（如转账支付）需要由第三方机构进行统一的验证和账簿更新，因而效率和安全性相对较低。总体而言，区块链技术具有去中心化、透明性、隐私性以及安全性这几个典型特征（任哲、胡伟洁，2016）。此外，金融科技还包括以数据挖掘、机器学习为代表的各种大数据技术以及人工智能（Aritificial Intelligence）技术在金融领域的创新性应用。[①]

（二）金融科技投资的背景与特点

2010 年以来，美国金融科技领域的风险投资数额飞速增长，并由此在全球范围内带动了一轮迅猛的金融科技投资热潮。美国花旗银行 2016 年 3 月公布的一份报告显示，全球金融科技领域的投资总额由 2010 年的 18 亿美元增长至 2015 年的 190 亿美元，年均增幅高达 60%，而且这一投资趋势仍呈不断加速的态势（Ghose et al. , 2016）。从国别分布情况来看，美国是全球金融科技投资数额最大的国家。著名的 Statista 统计网站的数据显示，2014 年美国金融科技企业获得的投资总额为 39.8 亿美元，位居全球第一；第二位的是英国，其金融科技企业的新增投资额为 9.1 亿美元，仅为美国的 1/4 左右；第三至第五位的则分别为中国（7.1 亿美元）、荷兰（2.5 亿美元）以及瑞典（2.1 亿美元）。美国前四大互联网企业 GAFA（Google、Apple、Facebook、Amazon）纷纷大举进军互联网金融领域，并获得了规模可观的市场份额（见表 3 – 11）。

表 3 – 11　　　　美国前四大互联网企业开发金融业务情况

美国前四大互联网企业	2015 年用户数量	业务模式	金融产品（上线时间）	金融业务规模
谷歌公司（Google）	月均 2 亿搜索用户	数据资源货币化	谷歌钱包（2011）安卓支付（2015）	美国约有 2000 万谷歌钱包用户，月均活跃用户数量约为 150 万户

---

① 详情参见本书下篇各章的介绍。

续表

美国前四大 互联网企业	2015 年 用户数量	业务模式	金融产品 （上线时间）	金融业务规模
苹果公司 （Apple）	8 亿用户	数据、软件与 硬件相结合	苹果支付（2014）	美国约有 2400 万苹果支付 用户，月均活跃用户数量约 为 150 万户
脸书 （Facebook）	15 亿用户	数据资源货币化	MSN 支付（2015）	——
亚马逊 （Amazon）	3 亿用户	电子商务	亚马逊借贷（2012） 亚马逊支付（2007）	全球超过 2300 万客户中约 有 10% 使用亚马逊的金融服 务产品，2015 年亚马逊支付 总额年均增幅超过 15%

资料来源：各公司网站。

　　事实上，无论是从上述哪个层面来看，金融科技在美国的出现与迅速发展都有着深刻的背景。除了本书第三章第一部分中所提及的美国互联网金融发展的三个宏观背景之外，还有一个重要的背景是长期以来美国传统金融模式的效率始终固化在一个相对稳定的水平，并未随着技术水平的进步而相应地提升。Philippon（2012，2015，2016）等对美国金融发展历史的最新实证研究表明，尽管金融发展能够通过资本分配效应对美国经济增长产生至关重要的影响，但是在过去的 130 年时间里，美国"金融中介的单位成本"（unit cost of financial intermediation）始终稳定地保持在 2% 左右的水平。[①] 换言之，在长达一个多世纪的时间里，美国传统金融模式的效率并未随着同期科技水平的大幅进步而得以改进，尤其是并未使广大金融消费者享受到本应由技术进步所带来的福利水平的提升。2% 的金融中介成本显然过于昂贵。究其原因，并非由于金融部门缺乏创新，而主要在于传统金融业仍不够开放，市场竞争仍然不足。事实上，20 世纪 90 年代以来美国金融业汹涌的并购浪潮造就了众多规模庞大以至于"大而不倒"（too big to fail）的金融集团（DeYoung，2009），市场结构趋于垄

---

　　① 即占其总资产（intermediated assets）的 2% 左右。

断竞争的趋势加剧了美国金融业竞争不足的问题。根据这一观点，2010 年以来金融科技的出现和蓬勃发展，正是高科技企业进入金融业逐利的自然结果，其必将促进整个美国金融行业的效率提升。在 Philippon（2016）看来，金融科技企业与传统金融机构相比，具有两个突出的特征。

第一，初创的金融科技企业比传统金融机构拥有更多的主动性与灵活性。传统金融机构的优势在于其拥有庞大的客户基础以至于通过正反馈效应锁定大量的用户，对于金融行业发展大势的整体把握以及对于现行监管框架的熟悉也是传统金融机构的比较优势。而数量众多的金融科技企业的比较优势则在于其不受制于任何已有体系、框架或者制度的束缚，而能够完全基于市场需求与逐利的目的进行创新活动并承担相应的风险。从技术创新角度来看，传统金融机构在技术创新方面的灵活性往往是比较差的。其原因在于，并购是传统金融机构获取包括新技术在内的新的市场资源的重要方式，然而并购这一商业行为本身并不能有效解决不同技术范式之间的无缝对接与有效整合问题（Kumar，2016）。相比而言，由于大多数金融科技公司都是初创企业，因此其能够针对市场需求设计更加灵活的技术架构而无须考虑不同技术范式的整合问题。此外，高科技企业特有的开放、包容、协作、共享的互联网文化非常有助于创新网络的构建与发展，这也是传统金融机构所不具备的。

第二，金融科技企业对金融杠杆的依赖程度显著低于传统金融机构。众所周知，导致 2008 年国际金融危机的一个重要原因就在于传统金融机构的高杠杆率，即传统金融机构不断通过加杠杆的方式逐利，从而导致金融风险在整个金融系统内不断累积。这其中固然有监管不力、货币政策与金融监管政策缺乏协调等制度层面的原因[①]，但回顾经典的金融中介理论不难发现，对于杠杆的依赖是传统金融机构与生俱来的特性。货币资金错配与高杠杆率本身就是以商业银行为代表的传统金融机构匹配资金供求、支持经济增长、赚取投资利润的内在要求（Diamond 和 Rajan，2001）。相比较而言，新兴的金融科技企业不仅对于资金杠杆的依赖度较低（金融科技企业主要依靠风险投资的支持），而且

---

① 详情参见第三章第一部分关于美国影子银行体系产生与发展背景的论述。

还能够为有资金需求的企业或者个人提供无杠杆融资（如股权众筹）或杠杆率相对较低的融资（如小额 P2P 贷款）。

五、本章小结

美国互联网金融的产生与发展是 20 世纪 70 年代以来美国金融市场与金融体系发生的一系列结构性变化的延续和拓展，70 年代以来美国金融业经历的三轮金融脱媒浪潮的冲击、影子银行体系的出现与迅速发展以及在互联网投资热潮带动下电子商务的蓬勃发展是最为重要的三个宏观背景。90 年代初，美国率先出现了以网络银行、网络保险以及网络证券为代表的互联网金融模式。1992 年，美国第一家互联网经纪商 E - Trade 成立，由此迅速推动了整个证券经纪行业的信息化和网络化。1995 年，美国亦即全球第一家互联网银行——美国安全第一网络银行成立，并在短短三年内跃居美国第六大银行。同年成立的 INSWEB 则成为第一家利用互联网销售传统保险产品的网络保险电子商务公司。1998 年，美国出现了第一只与电子支付对接的货币市场基金，从而开创了互联网货币市场基金的先河。到 90 年代末，美国已经基本形成了较为成熟的互联网金融模式和相对完整的产业链。2000 年美国高科技股票泡沫破灭后，互联网金融的发展进入了一个较为理性和平稳的时期，但互联网与金融业的融合不断深化，尤其是以大银行为代表的美国传统金融机构进一步加快了信息化和网络化的步伐。2007 年次贷危机前后，以"人人贷"（P2P Lending）和众筹融资（Crowdfunding）为代表的互联网直接融资模式开始出现并迅速发展。"人人贷"和众筹融资的运作模式与风险特征迥异于传统金融模式，并几乎在真正意义上实现了去金融中介化，因此是美国互联网金融模式创新的典型代表。2010 年以来，美国金融科技领域的风险投资数额飞速增长，并在全球范围内带动了一轮迅猛的金融科技投资热潮，金融科技（Fintech）由此也成为描述美国互联网金融最新进展的通用表述方法。从目前美国乃至全球对于金融科技一词的使用情况来看，金融科技至少有三个层面的含义：第一，指代高科技产业与传统金融业加速融合与不断创新的现象；第二，指代高科技创业企业；第三，指代能够对传统金融行业产生重大影响和冲击的前沿技术，如区块链技术。

90 年代以来美国互联网金融模式演进与发展的历程，既是一个新技术尤其是互联网技术不断解构和冲击传统金融业务模式的过程，也是一个传统金融机构不断适应互联网时代的要求，进行互联网战略转型升级的过程。从发展前景来看，美国互联网金融发展的主要方向仍然是互联网技术特别是新型的移动互联网技术，以及由互联网技术派生出来的大数据技术与传统金融的结合。这种结合能够以何种方式以及在多大程度上改变传统金融模式，将主要取决于技术创新的力度以及传统金融机构对技术创新的接纳程度和应用效率。

第四章　美国互联网金融发展的影响及其监管

在 20 世纪 90 年代以来信息技术革命与美国传统金融业相结合的大背景下，梳理出互联网金融发展所产生的影响，尤其是其与传统金融之间的关系，无疑是一项颇有挑战性的工作。这一方面是因为，互联网金融本身就是一个内涵和外延都十分丰富的概念，基本上涵盖了金融业的各个领域，因此需要在不同的细分领域对互联网金融模式与传统金融模式之间的复杂关系进行研究；另一方面，美国的互联网金融模式并非一成不变，而是随着网络信息技术的创新以及美国金融体系与监管框架的改革而不断发展和演进，因此必须对美国互联网金融在不同发展阶段与传统金融之间的关系进行深入、全面的考察。前者可以看做理解互联网金融与传统金融之间关系的截面维度，而后者则可以看做理解二者关系的时间维度。本章将同时从这两个维度出发，沿着互联网金融与传统金融之间的关系这一逻辑主线深入考察美国互联网金融发展所产生的影响，尤其是其对于美国的金融体系与货币政策所产生的深远影响。最后，集中探讨互联网金融的发展与美国金融监管体制改革问题。

一、互联网金融的出现及其与传统金融的竞争与融合

纵观美国互联网金融发展的历程，不难发现，互联网金融与传统金融之间的关系往往是既有竞争与替代，也有融合与互补。这两大旋律的彼此交织构成了美国互联网金融与传统金融互动的主题。然而，这两大旋律并非总是势均力敌，而往往是某一方在美国互联网金融模式演进的特定阶段成为主旋律。在 20 世纪 90 年代即传统互联网金融出现和发展的这一阶段，其与传统金融模式之间便呈现出明显的"竞争替代为辅、融合互补为主"的态势。

从竞争与替代方面来看，90 年代初期以网络银行、网络保险以及网络证

券为代表的互联网金融模式的出现，在观念上对传统金融机构产生了巨大冲击。传统金融机构见证了在互联网的催化下，传统的以线下网点和实体机构为主的金融业务模式所发生的重大改变，尤其是新兴的网络金融机构的资产规模与客户基础的扩张速度之快，是传统金融机构难以做到的，以至于在互联网金融模式兴起和迅速发展的 90 年代，美国的金融业界、学术界乃至金融监管当局围绕以在线银行为代表的电子金融模式是否会最终取代传统金融模式展开了一系列深入的研究和探讨，在特定问题上也曾引发过激烈的争论。然而，随着网络银行等互联网金融模式的迅速发展，其线上规模优势与线下业务劣势之间的对比日趋明显。2000 年美国高科技股票泡沫破灭之后，互联网投资热潮逐渐退去，互联网金融模式的发展进入了一个相对平稳的时期，人们对互联网金融的认识也开始趋于理性和全面。

在 2001—2002 年期间，美联储纽约分行、巴塞尔银行监管委员会、世界银行以及国际货币基金组织先后召开了数轮关于电子金融发展的研讨会，学者们从不同的角度深入探讨了互联网技术与传统金融业之间的融合问题。Sato 和 Haokins（2001）、Allen 等人（2002）以及 Schaechter（2002）比较全面地综述了各方对互联网金融的研究。从这一时期的文献中可见，当时美国各界对于互联网金融能否颠覆传统的金融模式这一问题基本上已经形成了较为一致的看法，即基于互联网技术的新兴金融模式与传统金融业之间将是融合与竞争并存的关系（DeYoung，2001）。一些实证研究表明，纯粹的互联网金融模式（如不设物理网点的网络银行）无法在根本上取代传统的金融机构与服务（Furst 等人，2002；DeYoung，2005）。事实上，统计数据也同样证明了这一点。即使在美国网络银行发展的高峰期即 2000 年，美国也只有 24 家纯网络银行，仅占美国网络银行市场的 5%（高晓娟，2001），美国网络银行市场依然以传统商业银行开展的互联网业务为主。从存款和贷款这两项商业银行最为重要的经营指标上看，尽管在 1997—2002 年期间美国网络银行存款占美国金融机构存款总额的比重每年都以超过 50% 的速度大幅增长，但其峰值也不过 13%。这意味着主要的存款份额仍然为传统商业银行所有。更为重要的是，网络银行的贷款总额占美国金融机构贷款总额的比重则小到可以忽略不计（参见表 4－1）。美联储在 2012—2015 年期间连续对美国个人客户使用银行服务的方式进行了问卷调查。其结果显示，尽管有 70% 左右的个人客户经常使用网络银行服务，但最主要的方式仍然是到银行网点以及使用自动柜员机（ATM）办理金融业务（参见图 4－1）。

表 4－1　　　　　1997—2002 年美国网络银行的存贷款情况

单位：亿美元，%

指标＼年份	1997	1998	1999	2000	2001	2002
网络存款总额	125	193	270	378	567	828
占金融机构存款比重	2	3	4	6	9	13
网络银行贷款总额	9	28	86	213	405	567
占金融机构贷款比重	0	0	—	—	—	5～10

数据来源：张艳莹. 美国网络银行经营模式分析及其启示［J］. 现代财经，2002（6）.

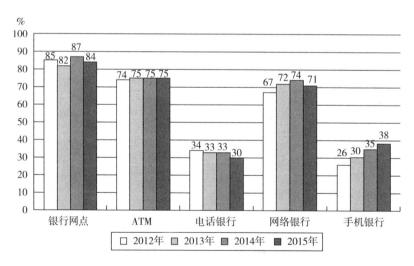

数据来源：U. S. Federal Reserve. Consumers and Mobile Financial Services 2016，March 2016.

图 4－1　2012—2015 年美国个人用户使用银行服务的方式调查

以网络银行、网络证券以及网络保险为代表的互联网金融模式之所以难以从根本上替代传统金融模式，大体上是由于两个方面的原因。

第一，从技术层面来看，完全基于互联网开展金融业务的模式存在较为明显的弊端和缺陷。以 Arnoldand Ewijk（2011）为代表的大量研究证明，纯粹的网络银行模式长于交易型银行业务（transaction banking）而弱于对信息收集、监控和处理要求较高的关系型银行业务（relationship banking）。因此，网络银行固然能够凭借成本优势迅速扩大资产规模并获得规模经济，但是随着存款规模的扩大，其资产业务将面临更加严峻的挑战，其市场风险也更加集中。此外，客户黏性与忠诚度相对较低也是网络银行的短板。然而，技术缺陷并非是制约网络银行发展的最重要的因素。正如本书第二章在回顾网络经济学的主要理论时所指出的，由网络外部性所导致的市场失灵可能形成次优技术占领市场的结果（如"锁定"现象），而能否达到临界容量成为新旧标准之争的关键。因此，从网络经济学的视角来看，网络银行之所以未能在与传统的商业银行的市场竞争中取得胜利，关键在于传统商业银行的网络规模非常庞大并且早已突破临界容量，所以很容易享受以需求方规模经济为主要特征的网络外部性所带来的竞争优势；反之，由于网络银行的安装基础（客户数量）难以在短期内突破能够引发正反馈机制的临界容量，因此难以在与传统商业银行的市场竞争中取得压倒性胜利。

第二，除了技术缺陷与网络规模扩张速度方面的原因之外，传统商业银行利用其在位优势所采取的积极有效的竞争战略，也是导致网络银行未能成为提供金融服务的主流范式的重要原因。如第三章所述，从 20 世纪 70 年代以来美国金融市场与金融体系的结构性演变这一历史视角来看，90 年代美国互联网金融的兴起是在利率自由化进程结束后的一轮技术性脱媒。由于此前美国传统金融业已经经历了两轮金融脱媒的冲击[1]，特别是 80 年代美国利率自由化改革期间存贷利差大幅下降，以商业银行为代表的传统金融机构在应对市场竞争格局变化方面非常敏感，在开发创新型金融产品方面也有着十分丰富的经验，这使得其能够在 90 年代与互联网金融模式的竞争中主动求变、顺势而为，即

---

[1]　Mishkin 和 Strahan（1999）的研究表明，仅在 1980—1998 年期间，美国存款性金融机构的资产总额占美国金融部门资产总额的比重就由 58% 下降到 31%，而货币市场共同基金和私人养老基金的占比则从 21% 上升至 49%。

通过主动升级信息网络、有针对性地推出网络金融服务、开展灵活多样的金融创新乃至直接并购新兴的网络银行等多种途径，有效地化解互联网金融模式对自身的冲击。根据美国联邦存款保险公司（FDIC）的估计，在1997年底至1999年底这一期间，美国商业银行和储蓄机构开设的网站数量翻了一番多（从1500家增长至3500家）；到1999年底，全美10000余家商业银行和储蓄机构中已有1/3开设了带有交易功能的网站（Furst et al.，2002）。DeYoung（2007）对90年代末最先采用互联网技术的424家美国社区银行以及5175家未采用互联网技术的社区银行在1999—2001年间的运营情况进行了比较。其实证研究表明，一方面，互联网金融模式能够显著地提高商业银行的盈利能力；另一方面，则会导致商业银行的存款结构发生变化，即支票账户余额下降，而货币市场基金的存款账户余额则会上升。由此可见，互联网金融的发展对传统金融机构产生了重要影响。[1] 事实上，传统商业银行大规模的网络化是互联网金融模式的兴起未能从根本上颠覆美国金融业态与金融业竞争格局的主要原因。从网络经济学的视角来看，传统商业银行的网络化战略是一种典型的单向兼容战略，即网络化战略的实施使传统商业银行的业务模式能够兼容互联网银行的业务模式，从而使其能够享受由互联网银行的市场规模扩张所带来的网络外部性；反之，由于互联网银行无法兼容传统商业银行的业务模式，因此

---

[1]　富国银行（Wells Fargo）是这一时期美国传统商业银行成功进行互联网战略转型的代表。富国银行原本是一家总部位于旧金山的地方性金融机构，其经营范围为美国西部地区，主要为客户提供零售银行、投资银行、保险、按揭贷款等传统金融业务。20世纪90年代初互联网投资热潮初兴之时，富国银行敏锐地把握住了这一历史性机遇。该银行利用其经营腹地毗邻硅谷这一地理优势，大量招聘互联网科技人才，积极拓展网上银行服务。1996年，富国银行的网络银行业务实现了重大飞跃，当年业务量从3.5万美元激增至30万美元，增幅达7倍多。网络银行客户的快速增长为富国银行带来了许多高收入客户群。该银行传统上以中小客户、中小企业为服务对象，因此其规模及实力均属一般。如果没有网络银行业务的优势，要想与全国性大银行争夺高收入客户几乎是不可能的。目前，富国银行所提供的网上银行服务几乎涵盖了所有传统的银行业务。在1997—2002年期间，该银行的网上客户每年以140%的速度增长，该银行也成为美国拥有最多网上银行客户的银行之一。到2002年，该银行在美国网上银行的市场占有率已高达20%。可以说，互联网战略转型的成功使得富国银行成为美国最重要的大型商业银行之一。详情参见张艳莹. 美国网络银行经营模式分析及其启示［J］. 现代财经，2002（6）.

其难以获取传统商业银行用户规模扩张所带来的网络外部性。因此，这种不对称的网络竞争优势是传统商业银行在市场竞争中最后胜出的重要原因。

从融合与互补方面来看，互联网金融模式的出现为传统金融机构的互联网战略转型提供了可供借鉴和参考的样本。更为重要的是，美国的传统商业银行正是凭借互联网直接营销这一技术范式，才最终得以在与以微软公司（Microsoft）为代表的高科技企业的激烈市场竞争中反客为主，进而最终使后者无法占领商业银行个人金融业务市场。因此，从这个意义上说，尽管 90 年代互联网金融模式的出现对美国的传统金融模式构成了一定的竞争和挑战，但是这种竞争是良性的和有益的。换言之，互联网金融模式的出现加速了美国传统金融机构的转型，进而使其免于被残酷的市场竞争淘汰。

具体而言，个人电脑（personal computer）在 80 年代初期开始取代传统的大型机，越来越多的美国家庭开始拥有个人电脑。随着个人电脑时代的来临，一些敏锐的创业者意识到可以利用个人电脑对一些传统的金融业务模式进行拓展和创新。1983 年，斯科特·库克（Scott Cook）与汤姆·普卢克斯（Tom Proulx）在加利福尼亚州创办了一家名为"Intuit"的财务软件公司。该公司旨在为个人客户和广大中小企业提供财务管理服务。其随后推出的一款名为"Quicken"的个人理财软件迅速获得了市场认可并成为美国个人理财软件（personal financial software）的标志性产品。个人理财软件的特色在于，个人客户可以通过该软件访问其在任何一家金融机构的存款账户，浏览账户余额并办理转账等基本的个人金融业务。早期的个人理财软件主要通过电话拨号连接到商业银行的专用网络或者专门从事付款服务的第三方机构（如 CheckFree）的专用网络进行账务处理。由于当时美国的长途电话费用较高，因此早期的个人理财软件往往以地区性顾客为主；使用者必须负担较高的附加成本，因为使用者每年必须花费 35 美元左右购买新版个人理财套装软件，每月还须向银行支付 6 美元左右的手续费，或者向 CheckFree 支付 10 美元的服务费。① 不过，由于这种方式进入市场较早、普及率高，再加上个人理财套装软件发展相当成

---

① 数据引自网络银行向美国传统银行业挑战［J］. 广播电视信息，2000（9）.

熟、可跨平台使用，因此得到了美国很多家庭用户的青睐。90 年代随着互联网的普及，个人理财软件逐渐成为美国家庭办理个人金融业务的重要渠道。

个人理财软件的大行其道对美国的传统商业银行而言是一把"双刃剑"，尽管其能够向使用个人理财软件的个人客户收取服务费，但与此同时也意味着其对于个人客户的掌控力在不断下降，因为开发理财软件的科技公司能够对原本属于商业银行的个人客户施加影响，如根据个人客户每月的收支情况以及投资偏好向其提出投资理财的建议，如购买特定种类的货币市场基金等。这无疑相当于削弱了商业银行个人金融业务的基础。80 年代末，美国个人电脑软件业霸主微软（Microsoft）公司开始大举进军个人理财软件市场，此举彻底改变了原本就十分微妙的市场平衡，并使得商业银行的个人金融业务面临前所未有的巨大挑战。

1989 年，微软公司推出了一款名为"微软货币"（Microsoft Money）的个人理财软件，从而正式进军个人理财软件市场。90 年代互联网技术迅速普及以后，微软公司对于新兴的互联网金融模式，尤其是网络银行的兴起表现出了极大的兴趣。1994 年，微软集团的董事长兼首席执行官比尔·盖茨（Bill Gates）在微软公司的一次战略策划会上提出了著名的"金壶战略"（Pot of Gold）。比尔·盖茨坚定地认为，互联网的兴起将极大地改变甚至重塑全球金融体系，而以网络银行为代表的金融模式必将大行其道，商业银行与其客户接触与联系的方式将面临重大转变，这将对传统的银行业经营模式形成巨大的冲击和挑战，而在这一过程中，以微软公司为代表的高科技企业完全可以借助互联网与传统金融机构在个人金融业务领域开展竞争。比尔·盖茨甚至直言不讳地要求微软公司必须大举进入这一新兴的金融领域以大获其利。①

在此背景下，比尔·盖茨提出了直至今日仍在全球范围内被广泛引用并引

---

① 原文为"Get me into that（pot of gold）and God damn, we'll make so much money"，括号中的"pot of gold"为笔者注。引自 RADIGAN, J. Look out home banking, here comes William the conqueror [J]. United States Banker, 1994, 104（12）: 22 – 26.

发众多争议的著名比喻：商业银行是可以被忽视的"恐龙"①。然而，尽管当时微软公司已经明确了进军新兴的互联网金融领域的战略，但是其面临的一个尴尬境地是其开发的个人理财软件——"微软货币"始终无法在与 Intuit 公司的 Quicken 这一理财软件的市场竞争中占优。与微软公司相比，Intuit 公司无论是在公司规模还是在软件开发能力方面都处于劣势，但是凭借进入市场的先发优势以及得当的市场竞争策略，Quicken 始终牢牢占据着美国个人理财软件市场 70% 左右的份额。② 1993 年，Intuit 公司上市后资本实力大增，并于 1994 年大举进入信用卡在线结算市场并收购了全美支付清算公司（National Payment Clearinghouse Inc.），从而进一步巩固了其在个人网络金融市场的领导者地位。

　　在此背景下，雄心勃勃的微软公司于 1994 年向 Intuit 公司提出了总金额高达 15 亿美元的并购计划，旨在凭借其雄厚的资本实力一举吞并后者，从而取得在新兴的网络金融市场的绝对领导者地位。1992 年，微软公司斥资 1.75 亿美元完成了对福克斯软件公司（Fox Software）的收购，并创下了当时美国软件业并购金额的纪录，而这一纪录很快便被微软公司提出的对 Intuit 公司收购案打破。由于涉案金额如此巨大，该并购案提出后在全美范围内引发了广泛关注。微软公司之所以如此不计成本地急于收购 Intuit 公司，主要原因在于：第一，美国的电子商务市场以及新兴的网络金融市场成长速度太快，微软公司只有尽快完成对 Intuit 公司的收购，才有可能在这一新兴市场形成绝对的垄断；第二，微软公司计划于 1995 年推出其新一代个人电脑操作系统即具有划时代意义的 Windows95，只有尽快完成对 Intuit 公司的收购，才能够将其个人理财软件集成在 Windows95 中，从而极大地获取规模经济效益。③ 从网络经济学的

---

　　① 比尔·盖茨的这一比喻在很多场合被理解和转述为"商业银行是 21 世纪即将灭绝的恐龙"。其原文为："Banks are dinosaurs, they can be bypassed." 引自 EPPER K, KUTLER J. Dinosaur Remark by Gates Sets off Technology Alarms [N]. American Banker, 1995 - 01 - 04 (1).

　　② BROWNE. Digital Watch/Infotech: Is Intuit Headed For A Meltdown [J]. Fortune, 1997 (8): 200.

　　③ BERSJS. Microsoft - DoJ suit exposes the pitfalls of electronic commerce [J]. Bank Systems & Technology, 1995 (6): 6 - 8.

视角来看，微软公司此举旨在以最快的速度实现其安装基础的扩张，以突破临界容量，从而触发正反馈效应，形成垄断。

从当时的情况来看，1994 年微软公司提出的这一并购案对于传统金融机构尤其是商业银行而言，可谓一次命运攸关的挑战，因为一旦该项收购案顺利完成，就意味着微软公司将几乎垄断美国的个人理财软件市场。由于微软公司已经在个人电脑操作系统的网络浏览器市场占据了相当高的市场份额，一旦其获得了个人理财软件市场的控制权，就意味着微软公司将同时控制个人客户进入新兴的互联网金融领域的两个入口——浏览器入口和理财软件入口。传统商业银行庞大的个人客户基础面临着被微软公司瓦解和蚕食的危险——传统商业银行可能被动地成为个人存款的"保管箱"，而个人储蓄资金的运用可能完全受到微软公司的影响和左右。显然，这对于商业银行的核心利益构成了严峻的挑战。

然而，此时美国的传统商业银行在技术层面仍然无法找到有效的应对策略，毕竟软件开发是一个进入壁垒比较高的产业，而且面对微软公司强大的资本实力与技术实力，商业银行很难在理财软件市场上与微软公司相抗衡。因此，商业银行只能从其他方面应对微软公司咄咄逼人的挑战。在美国大型商业银行与除微软公司以外的其他一些软件公司的共同游说下，美国司法部介入了对于微软公司该项并购案涉嫌垄断的司法调查。美国司法部最终认定，该项并购案将使微软公司在美国个人理财软件市场获得垄断地位，从而有碍自由市场竞争。[①] 因此，在美国司法部的干预下，微软公司不得不最终宣布放弃对 Intuit 公司的收购。这在美国反垄断调查历史上是一个非常经典的案例。当时围绕微软公司是否涉嫌垄断，美国各界展开了激烈的争论。网络经济学的重要代表性人物，与此同时也是"网络经济学"这一概念的提出者尼古拉斯·伊科诺米季斯（Nicholas Economides）教授也卷入了这一争论并为微软公司辩护。然而，美国司法部的最终裁决还是认为微软公司的扩张策略违反了反垄断原则。

从表面上看，这仅仅是一场针对网络市场的反垄断争端。然而，其对于美

---

① TALMOR S. Trials of the game [J]. Banker, 1995 (832): 76-77.

国金融业的意义与深远影响是非常巨大的，因为美国司法部的立场与最终裁决不仅仅是限制了微软公司拓展业务范围的努力，从更深层次上看，则是终结了一种技术范式成为个人金融业务主流技术范式的可能性，即使得微软公司倾力打造的"个人电脑＋理财软件＋互联网入口"这一提供个人金融服务的技术范式无法成为行业标准。试想，如果这一裁决结果是相反的，随着微软公司Windows95 这一具有划时代意义的个人电脑操作系统的大行其道，微软公司完全有能力将这一"微软模式"塑造为提供个人金融业务的新的行业标准，并通过正反馈机制锁定大量个人客户，传统商业银行的个人金融业务可能因此遭受巨大冲击。商业银行也正是出于对网络外部性可能引发的正反馈机制的顾虑，才不遗余力地游说美国司法部作出对其有利的反垄断裁决。因此，提供金融服务的行业标准与技术范式之争才是这场反垄断争端的本质所在。

然而，此次并购失败并未阻止微软公司继续开展网络金融业务的步伐；相反，传统商业银行与以微软公司为代表的互联网企业的行业标准之争愈演愈烈。1996 年，以 Intuit 公司为代表的个人理财软件公司开始加快互联网战略转型，即开发可供个人客户直接登录和访问的网页，从而使个人客户不必使用理财软件也能够在线浏览其银行账户并办理各种金融业务，这无疑进一步提高了其客户黏性。在此背景下，微软公司联合 Intuit 公司推出了名为"开放金融交易"（Open Financial Exchange）的在线金融交易标准，旨在为金融机构、企业以及个人消费者进行在线金融交易提供一个通用的交易平台与标准，从而让使用者可以通过这一单一用户界面与各个银行建立联系。微软公司这一旨在隔离商业银行与其客户建立直接联系的战略安排取得了一定的效果，美国银行（Bank of America）、大通曼哈顿银行（Chase Manhattan Bank）、花旗银行（Citibank）以及富国银行（Wels Fargo）等众多银行先后同意接受微软公司的"开放金融交易"标准。然而，一旦商业银行丧失了基于互联网的金融交易标准的制定权和主导权，商业银行的个人客户基础以及新兴的电子商务企业的投融资业务都将受到极大的影响。面对这一情况，商业银行必须作出有力的回击。

正是在这一背景下，网络银行模式的出现为商业银行提供了有力的反击武器。美国安全第一网络银行于 1995 年 10 月正式成立。创立美国首家网络银行的想法是由迈克尔·麦克切斯里（Michael C. McChesney）与詹姆斯·马翰（James S. Mahan III）这两位安全第一网络银行的联合创始人于 1994 年 6 月最先提出的。当时前者正在担任美国安全软件公司（SecureWare Inc.）的首席执行官①，而后者则担任一家名为"Cardinal Bancshares"、资产总额为 6.5 亿美元的银行控股公司的董事会主席和首席执行官。这两位创始人最初希望将安全第一网络银行的网页开发外包给专业的网络浏览器公司，如当时的网景公司（Netscape Communications Corporation），然而却多次协商未果。最终二人决定，由迈克尔·麦克切斯里所领导的安全软件公司负责安全第一网络银行的网页开发任务。

1995 年春季，詹姆斯·马翰在参加蒙哥马利证券公司（Montgomery Securities）举办的金融机构年度会议时发表了一个简短的演讲，其关于即将成立互联网银行的想法引起了众多商业银行参会代表的密切关注。商业银行对于网络银行的高度关注使迈克尔·麦克切斯里和詹姆斯·马翰意识到，商业银行对于拓展网络银行业务有着强烈的需求，这其中孕育着巨大的商机。因此，他们马上调整了设立安全第一网络银行的初衷②，而转向为传统商业银行拓展网络金融业务提供技术支持，从而收费获利（Humphreys，1998）。1996 年，迈克尔·麦克切斯里领导的安全软件公司与美国第五空间（Five Space）软件公司合并成立了安全第一科技公司（Security First Technologies），并专注于网络银行的核心技术研发。该公司很快便推出了其旗舰产品——虚拟银行经理（Virtual Bank Manager）系统。该系统能够令传统金融机构在互联网平台提供几乎全部的个人金融业务，如支票账户、储蓄账户、货币市场存款账户和定期存款账户的管理，以及电子票据偿付、支票的数字影像传送与验证等众多面向机构客户的金融服务。安全第一科技公司还为该系统设计了三级安全防护体系（详见第三章第

---

① 安全软件公司在计算机平台的网络安全维护领域有着十分先进的技术，其曾经为美国国防部 B2 隐形轰炸机的研发提供网络安全维护服务。

② 二者创设安全第一网络银行，最初仅仅是希望借助互联网为个人客户和中小企业提供其无法从大银行获得的金融服务。

二部分）。在将该系统应用在安全第一网络银行的同时，安全第一科技公司也向其他传统金融机构特别是商业银行出售该系统的授权和使用服务。

如前文所述，1996 年正值美国互联网金融交易标准制定权之争的关键时期，微软公司联合 Intuit 公司刚刚推出"开放金融交易"在线金融交易标准，传统商业银行亟待推出能够与其相竞争的网络金融服务模式与交易标准。在此背景下，安全第一科技公司推出的虚拟银行经理系统无疑成为传统商业银行加快互联网转型、应对市场竞争的"救命稻草"。商业银行使用虚拟银行经理系统能够自行开发具备交易功能的网站（商业银行自身的网上银行系统）。因此，银行客户不再需要使用个人理财软件或者通过第三方网站（如微软公司和 Intuit 公司的网页）登录自己的银行账户和办理业务。与使用个人理财软件相比，客户直接登录商业银行的网站将更加安全、便捷，而且不必再为使用理财软件而支付定期升级的费用。为此，虚拟银行经理系统推向市场之后迅速得到了美国传统商业银行的认可。截至 1996 年年底，13 家美国金融机构（其资产总额超过 2150 亿美元）率先获得了这一系统的使用权，此后这一系统迅速得到了广泛应用。在庞大的市场需求的刺激下，许多数据公司和高科技企业纷纷加入到了这一系统的改进以及新系统的研发过程中，美国传统金融机构的网络业务平台开始进入了良性发展阶段，传统金融机构提供网络金融服务的能力和水平大幅提高。而 80 年代以来兴起的个人理财软件则终止了此前高速增长的态势。

美国传统商业银行自身网络金融服务平台的迅速完善，使其扭转了此前与微软公司在个人金融业务市场竞争中一直处于劣势的态势，并开始组织有效反击。1997 年年初，美国 16 家大型银行与 IBM 公司共同投资成立了 Integrion 金融网络公司（Integrion Financial Network）[1]，并发布了开放、跨平台的电子金融服务标准（简称 Gold 标准）以与微软公司推出的"开放金融交易"标准相抗衡。Gold 标准强调，商业银行而非软件公司应当成为网络金融服务的主导方，因此 IBM 公司仅仅为 Gold 标准提供必要的网络架构，包括必要的硬件、软件与相应的网络服务，而各家银行可以在 IBM 公司提供的基础架构上自行

---

① 每家银行与 IBM 公司各出资 400 万美元，并各自拥有 1/17 的公司股份。

开发网络金融服务的软件和服务，其主要目的是确保商业银行能够与其客户建立直接的联系，并在开展网络金融服务的过程中维持独立性与自主性。随着商业银行网络金融服务平台的不断完善，微软公司此前旨在凭借个人理财软件大举进入个人金融业务领域的战略越发难以奏效。为此，微软公司不得不调整战略，专注于为网络金融业务提供必要的基础设施与软件服务。

从90年代美国互联网金融出现和发展的历程中不难发现，这一时期美国互联网金融与传统金融模式之间的融合远大于竞争，互联网金融模式的出现加速了美国传统金融机构的转型升级，并使传统金融机构在与高科技企业的竞争中占据了优势。甚至可以说，这一时期互联网金融的出现不但没有颠覆传统金融模式，反而在某种程度上"拯救"了传统金融机构，使其在与新兴的互联网企业进行的金融服务行业标准竞争中占得先机。显然，传统金融机构之所以能够赢得与微软公司进行的标准竞争，也在于单向兼容这一战略，即通过开发基于自身的网络服务平台，使得传统金融机构能够在相当程度上兼容微软公司提供个人金融业务的模式，从而提高了个人客户从传统的商业银行网络向微软公司的用户网络进行迁移的转移成本（switching cost），即当个人客户登录商业银行的网站也能够同样办理大部分个人金融业务时，其通过购买微软公司的计算机软件、熟悉和适应新的电脑操作系统以及使用个人理财软件等方式获取个人金融服务这一间接方式显得非常不经济。

二、互联网直接融资对传统金融模式的补充与完善

如果说20世纪90年代兴起和迅速发展的以网络银行、网络保险以及网络证券为代表的互联网金融模式与传统金融模式之间是竞争与融合并存的关系，那么2007年美国次贷危机前后出现的以P2P网络融资平台和众筹融资为代表的互联网直接融资模式则并未在技术标准、业务模式、客户基础乃至核心业务领域与传统金融模式①产生直接的冲突与竞争。因此，互联网直接融资模式基本上可以看

---

① 主要是传统的商业银行以及证券融资方式。显然，P2P融资与商业银行的贷款融资在功能上最为相近，而众筹融资则与商业银行贷款以及发行股票、债券等传统的直接融资相同。

做是对传统金融模式的补充与完善。尤其需要强调的是，90 年代的互联网金融模式与传统金融模式之间的竞争在很大程度上是技术标准与业务模式之间的竞争，即金融服务（如存款、支付、贷款等）是通过传统的商业银行网点以及业务渠道（所谓的"线下模式"）开展，还是通过网络平台（所谓的"线上模式"）开展，这两种业务模式背后是完全不同的技术标准与经营理念：前者依靠物理网点在实体空间的分布以及高素质的人力资本向客户提供金融服务，赢得客户资源；而后者则主要依靠先进的网络技术（如数据存储与分享技术、网络安全技术、数据挖掘与大数据分析技术等）、网络营销以及核心业务（如资信审查与评级、贷款回收等）外包等方式拓展业务。这两种技术标准彼此具有较高的替代性，也正是从这个意义上说，二者之间的冲突和竞争是正面的。然而，互联网直接融资与传统金融模式之间并不存在这种正面的竞争。

具体而言，第一，从负债端（投资者群体）和资产端（客户群体）来看，二者之间存在重大差异。对传统金融机构尤其是商业银行而言，其负债端连接的是有资金盈余的居民部门和企业部门，大量的个人储蓄存款和企业存款为商业银行提供了稳定的资金来源，而资产端则主要是种类繁多的贷款以及在此基础上衍生出来的各类资产。然而，对于互联网直接融资方式而言，无论是 P2P 融资模式还是众筹融资模式，其资产端和负债端的结构都较为单一。从负债端来看，由于互联网直接融资平台不具备吸收居民储蓄的资格，因此其难以获得类似商业银行的稳定现金流，而只能通过吸引外部投资的方式获取资金。从美国的实际情况来看，机构投资者的投资额占互联网直接融资额的比重远远高于个人投资者投资额的占比。机构投资者是资产负债端个人融资与企业融资的主要出资方（占比均在 90％ 以上），机构投资者的投资额占 P2P 房地产融资和 P2P 企业融资的比重都在 70％ 以上。即使是面向个人消费者的 P2P 信贷融资，机构投资者的出资额也占一半以上（如图 4 - 2 所示）。这说明在美国的互联网直接融资领域，机构投资者而非个人投资者已经成为主要的资金供给方。尽管机构投资者在投资稳健性方面要显著高于个人投资者，从而有利于推动美国互联网直接融资市场的良性、健康发展，但是机构投资者的投资在资金来源的稳定性上仍然与商业银行的储蓄存款有较大差距。一旦投资者的风险偏好发生变化，互联网直接融资平台的资金来源可能会出现较大波动。从资产端来看，尽管在理论上互联网直接融资平台的资金运用与商业银行相比并不受严格限制，但从现实情况来看，美国互联网直接融资平台所服务的客户群体仍然以个人客户以及初创企业或中小企业为主。如第三章所述，以 P2P 个人融资为代表的、针对个人消费者的互联网直接融资构成了美国整个互联网直接融资的主体，2015 年美国个人消费者互联网直接融资额已经占传统消费信贷融资总额的 12.5%。而相比之下，互联网直接融资平台对于企业部门的融资规模则较为有限，且主要集中在初创企业和创业融资领域。2015 年美国企业部门获得的互联网直接融资额为 56.1 亿美元，仅占同期美国企业部门所获得的传统融资总额的 1.26%。由此可见，互联网直接融资的发展不仅未对传统商业银行的信贷业务形成冲击，反而还在传统商业银行并不擅长的创业融资和中小企业融资领域有所拓展。因此，从目前来看，二者的互补性显著高于竞争性。

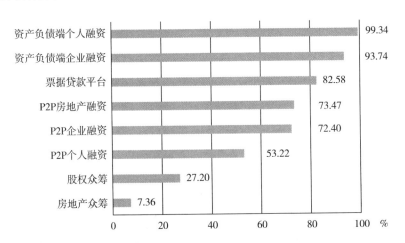

数据来源：Wardrop 等人（2016）。

图 4 - 2　2013—2015 年机构投资者的投资额在美国

各类互联网直接融资额中的占比

　　第二，从金融服务的基本功能上看，传统金融模式与互联网直接融资模式之间也存在较大差异。总体而言，互联网直接融资模式仅能为客户提供基本的投资和融资服务，而以商业银行为代表的传统金融机构则能够为客户提供融资、支付、理财咨询等全方位的服务，尤其是支付和流动性服务（liquidity provision）。但事实上，对于支付和流动性的即时需求是客户需要在银行开立各类账户的重要原因。欧盟信贷研究院（European Credit Research Institute）对全球范围内P2P网络融资平台的运作模式进行了深入的分析。其研究认为，P2P融资难以从根本上替代传统商业银行的一个重要原因是商业银行能够随时为客户提供流动性支持（如活期存款的储户可以随时从其开户的商业银行提取资金用于支付），而互联网直接融资平台由于缺乏发达的二级市场，因此投资者很难将其持有的P2P贷款资产变现（Milne和Parboteeah，2016）。二者在基本功能上的差异决定了互联网直接融资模式难以对传统的金融模式形成直接的替代。此外，虽然二者都能够提供融资服务，但是投资者所面临的风险是不同的。对于传统金融机构而言，由于存在缜密的金融安全网（美国联邦与各州的金融监管网络以及美国联邦存款保险制度），因此投资者资金的安全保障程度是比较高的。然而，对于互联网直接融资模式而言，一方面，传统的金融监管框架尚难以对其进行全面的审慎监管；另一方面，其缺乏一个成规模的、类似美国联邦存款保险公司的投资者保险机制。因此，对于投资者尤其是个人投资者而言，投资于互联网直接融资平台的潜在风险水平是比较高的。由于投资者的风险偏好存在显著差异，因此互联网直接融资平台只能吸引风险偏好型投资者，而难以对传统金融机构的客户基础形成显著的挤出效应。从网络经济学的视角来看，传统商业银行的用户向互联网直接融资平台迁移的转移成本过高，因此难以期望互联网直接融资模式的用户规模会迅速突破临界容量而引发正反馈机制。当然，从另一个侧面来看，互联网直接融资模式不仅为投资者提供了更加多样化的投资选择，而且也拓展了个人投资者、中小企业以及创业融资的渠道，因而可以看作是对传统金融体系的有益补充。

三、金融科技对美国传统金融模式的冲击与改变

金融科技投资热潮尤其是大量金融科技企业的出现与迅速发展将会对美国

传统金融机构及其业务模式产生何种影响？至少从目前来看，这是一个非常难以给出确定性答案的问题。其主要原因在于，金融科技投资热潮方兴未艾，美国的传统金融机构在加快技术升级改造的同时，也正在经历由新技术带来的冲击与挑战。这一过程与 20 世纪 90 年代初期的情况非常类似，即美国的传统金融机构一方面利用新兴的互联网技术拓展互联网金融业务，另一方面又不得不面对来自以微软公司为代表的互联网企业的竞争与冲击。因此，在迅速变化且日益激烈的市场竞争面前，准确地预测美国金融行业未来的发展前景无疑是一件非常具有挑战性的工作。从理论上说，尚无法排除偶然事件可能对美国互联网金融的发展产生重大影响的可能性。[①] 然而，从目前来看，基本上可以作出以下几个判断：

首先，技术标准而非单纯的客户资源或者笼统意义上的市场份额，是传统金融机构与新兴的金融科技企业之间竞争的核心。由网络经济学的基本理论可知，在任何具有网络外部性的产业部门，企业之间最高维度的竞争是技术标准之争。换言之，采取相同或相似技术标准的企业之间主要进行客户资源的竞争，即只有安装基础最先突破临界容量的企业才能够赢得竞争。然而，当市场上存在不同的技术标准时，只有取得了标准制定权的企业才能够通过正反馈机制锁定大量客户，从而在市场竞争中胜出。因此，行业标准往往是决定网络经济部门市场结构的关键因素。正如 90 年代初期，美国的传统商业银行与微软公司竞争的焦点集中于美国个人金融业务的技术标准，即个人客户究竟是通过传统的商业银行线下网点办理个人金融业务，还是使用微软公司等互联网企业开发的第三方理财软件在线办理个人金融业务。传统商业银行最终通过"线下网点 + 自营的线上网站"这一技术标准赢得了与微软公司的标准之争，从而免于成为"可以被忽视的恐龙"[②] 这一命运。当前传统金融机构与新兴的金融科技企业之间的竞争在本质上也是如此，金融

---

① 正如 1995 年美国司法部对于微软公司并购 Intuit 公司一案的反垄断裁决断绝了微软公司进入美国个人金融市场的可能性。

② EPPER K, KUTLER J. Dinosaur Remark by Gates Sets off Technology Alarms ［N］. American Banker, 1995 – 01 – 04 (1) .

科技企业应用大数据技术以及新兴的网络技术，持续降低金融中介成本，更加便利、高效地提供金融业务。这些旨在"去金融中介化"（dis‐intermediation）的技术范式能否在未来成为美国金融业提供相关金融业务的主流技术标准，将是决定美国传统金融机构与金融科技企业之间市场竞争胜败的关键。为此，从本质上看，这将是一场金融科技企业的技术创新与传统金融机构技术升级的竞速赛。

其次，美国传统金融业务模式受到的金融科技的冲击和影响是非对称的，其中支付业务以及个人金融业务受到的冲击和影响最大，而这两个传统金融业务领域也是最有可能被金融科技企业解构和改变的。事实上，无论是从美国还是从全球范围来看，金融科技投资主要集中在支付结算、银行贷款以及企业融资等领域。如图 4‐3 所示，支付结算领域的投资占比最高，个人理财以及数据分析业务位居第二。2016 年，美国花旗银行研究部对全球范围内的金融科技投资情况进行了调研，其数据显示，从投资额分布情况来看，73% 的全球金融科技投资集中在个人金融与中小企业融资业务领域，而资产管理、保险、投资银行以及大企业融资等业务领域的投资额占比则分别为 10%、10%、4% 以及 3%；从金融科技企业的数量分布情况来看，59% 的金融科技企业集中在个人金融与中小企业融资业务领域，上述其余四个业务领域的金融科技企业数量占比则分别为 16%、5%、12% 以及 8%（Ghose 等人，2016）。由于个人金融业务对美国金融机构的利润有着至关重要的影响（约占美国金融机构总利润的 36%，占比最高），因此传统金融机构面对的竞争压力是比较大的。从网络经济学的视角来看，支付业务与个人金融业务领域之所以首当其冲，主要原因在于与其他传统金融业务领域相比，这两个领域的网络外部性特征更加突出和明显，因此客户规模与技术标准的市场竞争也就更加激烈。回顾 90 年代以来美国互联网金融发展的历程不难发现，这两个领域都是技术创新最为活跃因此也是最容易被高新技术企业打开竞争缺口的传统金融业务领域。因此，美国金融业未来可能出现的重大变化最有可能集中在这两个领域。

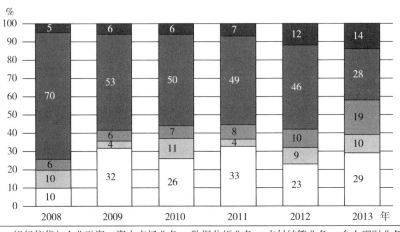

数据来源：Statista 网站。

图 4 - 3　2008—2013 年全球金融科技投资的业务领域分布情况

最后，无论是从历史经验还是从实践发展的情况来看，金融科技企业全面取代美国传统金融机构，进而重新定义现代金融的内涵并实现传统金融业务模式与流程的再造，这种可能性是非常低的。如第三章所述，美国传统金融机构在经历了 70 年代以来的三轮金融脱媒浪潮的冲击后，其对市场竞争以及金融创新（尤其是新技术的采纳）的态度是积极和开放的，而这正是其能够妥善应对 90 年代互联网金融模式迅速发展所带来的各种挑战的关键。此外，传统金融机构与新兴的金融科技公司各自具有突出的比较优势，二者相较之下往往难分伯仲。传统金融机构尤其是商业银行拥有庞大且忠诚度较高的客户基础、雄厚的资本实力、强大的支付清算与线下服务能力、丰富的市场营销与风险管理经验、良好的品牌效应以及对金融监管规则的熟悉度。而新兴的金融科技公司则没有冗余的信息系统，也不必负担巨大的维护实体网点运营的成本，因此可以集中大量的资本与人力资源开发创新性金融产品或者进行某项具体业务模式的创新。金融科技公司在前沿技术的开发与应用方面也具有显著的优势。因此，金融科技的发展难以对传统金融模式形成直接的替代效应。然而，更为重要的是，2010 年以来，以商业银行为代表的美国传统金融机构在如火如荼的金融科技发展与投资浪潮中始终扮演着至关重要的角色。以最具有代表性的金融科技——区块链技术为例，从理论上看，区块链技术具有强烈的去中心化和去中介化的含义，也正是从这个意义上说，区块链技术有可能对以商业银行为代表的传统金融中介机构形成重大冲击。然而，无论是从美国还是从全球范围来看，商业银行始终是推动和引领区块链技术投资、研发以及行业应用的重要力量。2015 年 9 月，在英国巴克莱银行（Barclays）、高盛集团（Goldman Sachs）以及摩根集团（J. P. Morgan）等 9 家全球大型商业银行的倡议与联合投资下，金融技术公司 R3 在美国纽约宣布成立。R3 公司旨在全面加强对区块链技术的研究以及在金融行业的应用，尤其是行业标准的制定。目前，已经有超过 50 家全球顶级商业银行和金融机构宣布加入 R3 公司所领导的区块链技术联盟。显然，商业银行如此步调一致地大规模研发和推广区块链技术，目的只有一个——利用其目前对于市场的相对垄断地位，尽快完成对新技术范式的兼容，形成开展金融业务的新的技术标准从而继续锁定既有客户，最终赢得与金融科技企业的市场竞争。这与 90 年代中期美国的大型商业银行通过组建支付联盟以及兼容新兴的网络银行技术的方式，成功阻止微软公司进入美国个人金融业务领域的努力在本质上是完全相同的。显然，在美国商业银行主导下形成的银行业区块链技术标准只会改造而非颠覆美国的传统银行业。

　　尽管如此，美国金融业界对于金融科技的反应仍然是十分敏感的。在美国银行业区块链技术联盟——R3 公司的主页上赫然标注着"分布式记账技术很可能将彻底改变金融服务业，正如同互联网已经彻底改变了传媒和娱乐业"。[①]美国花旗银行研究部在 2016 年 3 月发布的一份关于全球金融科技发展情况的报告中认为，金融科技的迅速发展已经对美国的金融业产生了显著的影响（Ghose et al. , 2016）。如金融科技的迅速发展，迫使传统商业银行更加注重对于 IT 技术的投资与升级；为了进一步降低运营成本从而与金融科技企业开展

---

　　① "分布式记账技术"是区块链技术的另一种常用的表述方法。英文原文为："Distributed ledger technology has the potential to change financial services as profoundly as the Internet changed media and entertainment. "

竞争，美国的传统金融机构对实体分支机构和网点的依赖程度逐步降低（如图4－4所示），而对于互联网业务、移动金融业务等新兴业务模式的依赖程度逐步提高；与此同时，商业银行出于成本集约等因素的考虑，将更多地倾向于在人口密集的大城市设立实体网点，因此金融机构的网点资源更多地向美国的大城市集中，从而加剧了金融资源地域分布的不均衡（如图4－5所示）；金融科技的迅速发展对于美国传统金融部门的就业也产生了重要的影响，大量高新技术的应用对于部分人力资源（如主要负责资金支付与清算的出纳人员）形成了显著的替代效应。在2007—2014年期间，美国商业银行雇用的出纳人员数量下降了15%（见图4－6）。2015年，美国商业银行的全职雇员数量从历史峰值293万人下降至257万人；预计到2025年这一数值将进一步下降至180万人左右（见图4－7）。客观地说，美国金融业出现的这些变化是包括金融科技在内的一系列因素共同作用的结果，国际金融危机的爆发也是导致上述变化的原因之一。[①] 因此，只有进行严谨的实证分析才有可能准确度量金融科技的发展对于美国传统金融机构的影响。当然，这无疑将是一项复杂而具有挑战性的工作。

四、互联网金融对美国金融体系与货币政策的影响

尽管互联网金融模式的兴起和发展未能从根本上颠覆美国的传统金融业态与金融模式，但是依然对美国的金融市场与金融体系的发展产生了重大而深远的影响。[②]

---

① 例如，国际金融危机恶化了美国商业银行的经营环境，从而迫使其裁员以压缩成本。因此，简单地将金融机构全职雇员数量的下降归结为金融科技的迅速发展，从逻辑上看是不严密的。

② 目前国内在研究和理解美国互联网金融的发展时往往存在一个误区，即互联网金融在美国的金融体系中并不重要，或者说对美国金融体系的影响不大。一个常常被用来证明这一观点的例证是"美国版余额宝"——PayPal互联网货币基金最终被迫关门。事实上，正如众多美国学者和本书所分析的，互联网金融对美国金融体系和金融市场发展的影响是十分深远的。PayPal互联网货币基金的关闭，在很大程度上是因为国际金融危机的爆发以及由此诱发的流动性紧缩和货币基金挤兑这一系统性风险。因此，从"美国版余额宝"的倒闭直接得出中国的互联网货币基金乃至互联网金融模式最终也将走向没落这一结论在逻辑上是站不住脚的。

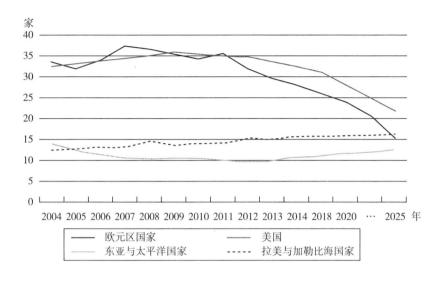

注：2017 年之后为预测值。

数据来源：世界银行 WDI 数据库以及花旗银行研究部（Citi Research）。

图 4 - 4　各地区国家平均每 10 万人口对应的商业银行分支机构数量

数据来源：Statista 网站。

图 4 - 5　美国前 20 大城市的商业银行分支机构数量及其占比情况

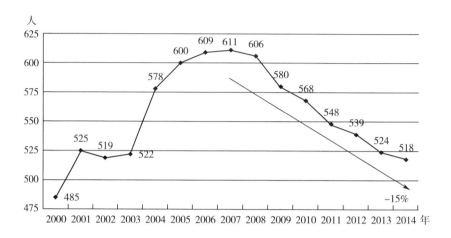

数据来源：美国劳工部网站（www. bls. gov）。

图 4 - 6　2000—2014 年美国商业银行雇用的出纳人员数量变动情况

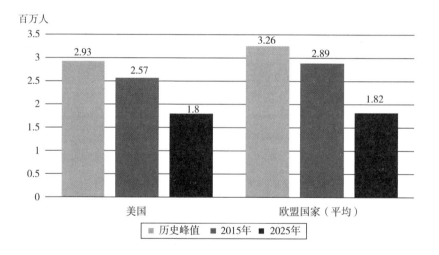

注：2025 年数据为预测值。

数据来源：美国劳工部与欧洲中央银行网站以及花旗银行研究部（Citi Research）。

图 4 - 7　美国与欧盟国家金融机构全职雇员数量的变化趋势

首先，美国学者的实证研究表明，互联网技术与金融业的结合对后者产生了明显的溢出效应，即互联网金融的发展提高了传统金融机构的运行效率并促进了传统金融部门的整合（Berger，2003）。Mishkin（1999）和 Economides

（2001）则指出，以互联网为代表的信息网络技术的普及打破了地理距离和区域对开展金融业务的限制，从而极大地提高了美国金融部门特别是银行业的规模经济。因此，商业银行通过并购的方式迅速扩大资产规模从而谋求规模经济在技术上变得可行。20 世纪 90 年代中后期，随着互联网金融的迅速发展，美国银行业掀起了一股并购浪潮，银行部门的资产集中度迅速提高。Allen 等人（2002）的研究表明，美国前十大银行集团的营业收入占银行部门总营业收入的比重从 1990 年的 27% 提高至 1999 年的 45%。而 Berger 等人（1999）的研究显示，在 1988—1997 年期间，美国商业银行的数量减少了 30% 左右。与此同时，前八家最大的商业银行的资产规模占美国银行部门总资产的比重则由 22.3% 上升至 35.5%。在此期间，美国金融部门的"巨型并购"（megamergers）甚至"超级并购"（supermegamergers）[①] 频发，以至于在 90 年代以前美国历史上并购金额最大的前十大并购案件中竟有 9 次发生在 1998 年，而这 9 次并购中有 4 次为美国银行部门的并购案。[②] 如果将分析周期拉长的话，美国银行部门的市场结构日益集中这一趋势将更加明显。在 1980—2010 年期间，美国商业银行的数量由 19069 家降至 7011 家，降幅高达 63%，而同期美国前十大商业银行的资产规模占美国银行部门总资产的比重则由 13.5% 上升至 50% 左右（Adams，2012）。此前人们普遍认为，美国金融监管当局在 80 年代中后期开始逐步放松对银行业的管制特别是对跨州经营的限制，是导致其银行业出现并购潮的直接原因。但不可否认的是，互联网金融的出现和普及这一技术层面的因素，放大了传统金融机构合并所产生的规模经济效应（Radecki，Wenninger 和 Orlow，1997）。美国银行部门市场集中度的大幅度提高成为导致"大而不倒"问题的重要原因。

其次，互联网技术极大地降低了信息的获取、处理和传播成本，使得基于

---

① 所谓"巨型并购"，是指并购金额在 10 亿美元以上的并购案，而"超级并购"则是指并购金额在 1000 亿美元以上的并购案。

② 分别为花旗集团（Citicorp）与旅行者集团（Travelers）的合并、美国银行（Bank of America）与国民银行（NationsBank）的合并、美国第一银行（Banc One）与第一芝加哥银行（First Chicago）的合并以及西北银行（Norwest）与富国银行（Wells Fargo）的合并。

标准化信息（信用评分和分级）的复杂的资产证券化和多级金融衍生产品交易成为可能，从而提高了美国金融市场的流动性。自从隶属于美国住房与城市发展部（HUD）的吉利美（Ginnie Mae）于 1970 年发行了首款住房抵押贷款转手证券（Mortgage Pass – through Security，MPT）后，资产证券化这一 20 世纪最为重要的金融创新便开始在美国大行其道。在 1970—1986 年期间，美国的资产证券化产品的设计较为简单，当时的信托法不允许证券发行人对原生资产的现金流进行主动管理。然而，《1986 年税收改革法案》则允许设立房地产抵押贷款投资渠道信托（Real Estate Mortgage Investment Conduit，REMIC）来发行资产支持证券。这种 REMIC 既可以享受信托的税收优惠，同时也允许发行方对现金流进行管理和分配，美国的资产证券化由此取得了突破性进展。REMIC 能够将抵押支持证券（MBS）等各种证券资产组合为资产池并进行分级（tranching），然后打包进行二次甚至多次证券化，而网络信息技术在这一过程中发挥了至关重要的作用。证券承销商和信用评级机构正是依靠这种网络信息技术，才有可能在充分获取和处理各种市场信息的基础上，开发出各种类型的风险识别模型，并使用现金流量分析、违约率估计等建模技术为资产证券化提供支持。风险定价模型的不断完善和证券评级技术的不断改进，则使得结构日益复杂的衍生产品层出不穷。因此，如果离开了网络信息技术的支持，构造并给这些高度复杂的交易定价和评级几乎是不可能的。

最后，互联网金融的发展极大地改变了传统的证券交易方式，其对美国资本市场的影响如此之重大和复杂，甚至已经远远超出了人们的想象和监管当局的控制。Lewis（2014）的研究证明，2006 年以来主要依赖计算机编程和高速光纤网络的高频交易（high frequency trading）成为华尔街投资银行和美国部分机构投资者获取超额投机利润的主要工具。一般来说，高频交易是指从那些人工操作无法捕获的极为短暂的市场变化中寻求套利的高度计算机程序化的交易，即按照既定的程序，高速、大规模自动执行的交易。如利用某种证券的买入价和卖出价在不同证券市场上的微小差价进行高频度的即时套利交易。Lewis（2014）指出，新兴的投资公司和华尔街金融机构近年来纷纷利用这种高频交易方式谋取暴利。为了获得千分之一秒甚至百万分之一秒的交易优势，这些资金实力雄厚的机构投资者不惜重金租用与证券交易所主机的物理距离更短，也更加昂贵的专用光纤网络，甚至不惜斥巨资购入退役的军用微波信号发射塔等个人投资者根本无法想象和涉足的各种高端专业网络通讯设备。高频交易通过频繁报单、撤单，向市场释放虚假交易的信号，程序化交易的自动触发机制又可能强化交易行为的趋同性，从而加剧金融市场的波动。当传统的金融交易演变成为比拼网络优势和计算机建模的复杂电子化交易时，美国各界开始反思互联网技术和各种新兴的互联网金融模式究竟对传统的金融市场和金融体系产生了何种影响。如何对包括高频交易在内的网络交易模式进行监管，从而更好地维护交易公平以及金融体系的稳定，成为摆在美国金融监管当局面前的一个新的课题。[①]

　　需要指出的是，互联网金融在美国的迅速发展对美国的货币政策也产生了一定冲击。事实上，70 年代以来，随着美国金融自由化和金融创新浪潮的兴起，美联储货币政策调控的难度也越来越大。70 年代末，美联储仍主要通过货币总量指标进行货币政策调控，但是在 1979 年 10 月后，货币供给（特别是 M_1）增长率的波动日益加剧。美联储在 1979—1982 年期间未能将 M_1 控制在设定目标内。为此，美联储从 1982 年开始逐步淡化 M_1 这一货币政策中介指标，并在 1987 年停止宣布 M_1 增长目标范围。进入 90 年代以后，随着互联网金融的迅速发展，美国的金融创新活动继续蓬勃发展，货币总量以及结构的控制变得越发困难。90 年代初，美联储发现此前一直较为稳定的 M_2 与实体经济增长之间的关联度开始显著下降。在此背景下，美联储不得不彻底放弃数量型

---

　　① 目前，美国对高频交易的监管主要集中在以下几个方面：第一，加强对高频交易行为的信息收集和日常监测。例如，为高频交易者分配专门的识别代码，要求经纪商及时向美国证券交易委员会上报交易记录。第二，建立市场信息数据分析系统（Market Information Data Analytics System，MIDAS），利用大数据技术检测非法交易行为，防止市场"闪电崩溃"。第三，针对高频交易可能对市场产生的扰动建立相应的过滤机制，如对过度指令进行收费等。第四，建立应急处理机制，包括异常交易的熔断机制、错单取消机制等。第五，对特定的高频交易行为进行限制以维护市场公平，例如禁止"闪电指令"，提供更加公平的主机代管服务等。详情参见本书下篇的分析。

货币政策工具，进而全面转向以联邦基金利率（federal fund rate）为中介目标的价格型货币政策；而互联网金融在 90 年代的出现和迅速发展，在相当程度上推动了美国货币政策的这一转型进程。

然而，更为重要的是，2010 年以来随着金融科技的蓬勃发展，以比特币（BitCoin）为代表的虚拟货币（virtual currency）在美国等主要发达国家迅速兴起并风靡全球。虚拟货币作为一种新兴的金融科技，其对于包括美国在内的各国货币当局提出了挑战：这一纯粹基于密码运算和网络交易的金融工具是否属于货币的范畴？应当如何对其进行规范和监管？虚拟货币的大行其道将对现行的货币体系和中央银行的货币政策产生何种影响？这些备受热议且尚无定论的问题无疑具有非常重大的现实意义。

IMF 的研究认为，虚拟货币是指由私人部门开发者发行的、以其自行设定的记账单位计价的数字化价值媒介。虚拟货币能够以电子化方式获取、储存和交易，而且只要交易各方认可，其可以被广泛地用于各种支付。作为一种数字化的价值媒介，虚拟货币属于广义上的数字货币（digital currency）。① 与其他数字货币（如网络货币，e‑money）所不同的是，虚拟货币并不以法定货币（fiat money）表示，而完全使用其独特的计价单位（He，2016）。国际清算银行支付与市场基础设施委员会认为，虚拟货币具有三个典型特征：第一，尽管虚拟货币具备真实货币的某些功能（如支付结算），但其内在价值（intrinsic value）为零，且没有任何主权货币或机构为其信用背书；第二，虚拟货币的发行与流通机制完全建立在分布式记账（distributed ledger）技术的基础上，这是其与传统货币最为重要的区别之一；第三，除商业银行以外的大量第三方机构参与了虚拟货币的开发和使用，并由此极大地推动了分布式记账技术的研究和普及（BIS，2015）。

虚拟货币以及分布式记账技术的迅速发展对于包括美国在内的主权国家货币当局构成了挑战——相对于传统的货币发行与调节机制而言，虚拟货币的创

---

① 需要指出的是，在 IMF 看来，虚拟货币与数字货币并不是同一个概念，后者的范围更加广泛。本书的研究并未对二者进行严格的区分。

新主要在于去中心化的管理和分布式记账技术，这相当于将货币的控制权交给了市场使用者而非一国的货币当局；虚拟货币背后的算法确定了一个被预先设定的透明的货币增长率（通胀率），且实施总量控制的规则替代了传统的相机抉择的货币政策。作为一种颠覆性的新技术，虚拟货币的出现迫使一国政府和中央银行在禁止、允许和合作创新之间作出选择（Raskin 和 Yermack，2016）。目前，以美国和英国为代表的主要发达国家的货币当局都在紧锣密鼓地研究如何应对虚拟货币及其承载的分布式记账技术可能带来的挑战（Haldane，2015；Broadbent，2016），其中一个重要问题就在于主权国家是否应当发行数字货币。

中央银行发行虚拟货币意味着一国的公民和企业可以直接在中央银行开户，而无须将资金存入商业银行。历史上，中央银行之所以不吸收公众存款，其中一个重要原因在于其难以记录和处理海量的交易信息和客户合同（Winkler，2015）。数字技术的发展则克服了这些困难，云计算和云存储可以容纳和处理大量的金融交易信息。若货币资金可以通过手机或其他便携式电子设备存取，那么商业银行的分支机构和 ATM 存在的必要性无疑将大大降低。中央银行数字账户的初始记录可由现有存款账户金额按照 1∶1 的比例转换而来，新的数字货币存储在中央银行管理的区块链上。当存款人支付数字货币时，其可以在区块链上将资金转移至交易方，同时中央银行分别将两笔交易记录在区块链上。中央银行作为可信赖的第三方机构管理区块链，其拥有对区块链账单进行增加和修改的绝对权力。此外，为了保护个人隐私和企业的商业机密，中央银行区块链需要在某种程度上被隐藏。因此，中央银行区块链明显不同于以公开、共享账本为特征的数字货币区块链，后者在网络用户的共识下运行，不需要权威的第三方机构。当然，中央银行区块链的这种中心化模式具有的单点故障特征也会使整个金融系统容易遭受黑客的攻击和破坏。

在数字货币体系下，中央银行显然更易于实施货币政策；中央银行将承诺一个依据数学算法的货币产生速率，通过存款利率精确控制货币供应量。原则上，存款利率可以为负。如果经济遵循确定的路径发展，中央银行可以通过智能合约灵活调整货币供给的速度，从而改变货币政策；抑或中央银行可以保留自由裁量权，基于技术手段调整货币供应量以确保宏观经济的稳定。在上述两种情况下，传统的中央银行公开市场操作将被直接对个人账户货币余额的控制代替，从而使得货币政策能够精确定向到特定的地理区域、特定的群体或者收入水平不同的存款人。尽管这种创新的影响将是巨大而广泛的，但其同样存在优势和弊端。

从优势方面来看，允许中央银行设立私人账户有利于在一定程度上解决传统银行体系的一些固有问题，如商业银行的挤兑问题将得到极大的缓解，因此商业银行的存款准备金制度和存款保险制度可能由此退出历史舞台；由于货币当局获得了更多的了解和掌控整个金融体系的权力，因此其能够更好地根据经济周期进行宏观调控，并提高税收管理和反洗钱法规的执行效率。Haldane（2015）等甚至认为，中央银行发行数字货币可以解决"零利率下限"问题，即通过允许中央银行采取负利率政策以刺激消费和投资。

从弊端方面来看，中央银行发行数字货币将使得存款从商业银行向中央银行转移，这无疑意味着商业银行将面临严峻考验，其将失去获得资金的主要来源，从而只能通过缩减贷款规模或者发行新债券来融资。新的融资方式可能成本更高而且稳定性较差，结果可能导致商业银行大幅降低其信贷活动，减少对企业和居民的抵押贷款，从而可能对实体经济产生紧缩性影响。相应地，在金融监管领域则会出现一个悖论，即吸收居民存款的中央银行既是商业银行的监管者，又是其竞争对手。此外，一个发行和控制数字货币的中央银行可能拥有巨大的权力查看甚至控制居民的个人财务情况。政府可以准确地了解个体拥有货币的数量及其消费的途径，而不受任何独立的司法制度的制约。这无疑存在着数字货币被滥用的可能（Raskin 和 Yermack，2016）。尽管发行实体货币的成本不是导致货币贬值的主要原因，但是相比制造纸币和铸造硬币，发行数字货币的中央银行可以用更加低廉的成本制造通胀。

当然，目前关于数字货币的相关研究和讨论都仅仅处于探索阶段，尚缺乏统一的分析框架和一致的结论。对于传统货币政策框架进行颠覆式改造的风险是显而易见的。更为重要的是，数字货币的底层技术——区块链技术目前尚未成熟，其普及和大规模应用需要相当一段时间。因此，目前美国货币当局对于发行数字货币问题的态度也不甚明了。

五、互联网金融模式的演进与美国的金融监管改革

从金融监管框架的角度来看，美国这一全球金融市场最为发达的国家也是监管框架设计最为复杂的国家。全球主要国家的金融监管体制大体上可以分为机构型监管、功能型监管、混合型监管和双峰型监管。美国的金融监管架构大体上是机构型监管和功能型监管的结合，同时又有着显著的美国特色（Group of 30，2008）。美国现行监管框架的主要格局是 20 世纪 30 年代"大萧条"之后由《格拉斯—斯蒂格尔法案》所奠定的，因此具有明显的机构型监管特点。然而，70年代以来，在金融创新活动所推动的金融自由化浪潮的冲击下，金融机构的混业经营趋势日渐明晰，进而使美国的金融监管框架逐渐由机构型监管向功能型和混合型监管过渡。在这一过程中，90 年代兴起的互联网金融发挥了至关重要的作用。在互联网金融时代，传统金融机构以及新兴的互联网金融机构能够在更大的范围内开展混业经营活动，跨产业、跨机构以及跨产品的金融创新活动要求美国必须不断调整金融监管体制，以适应互联网金融时代的变化与挑战。

在 2000 年前后，美国的互联网金融形成了较为完整的产业层级和产业链条（Claessens 等人，2002），并且对美国的传统金融体系产生了重要影响。因此，互联网金融及其发展与监管问题引发了美国当局以及国际社会的普遍关注。如前文所述，在 2001—2002 年期间，美联储纽约分行、国际清算银行、世界银行以及国际货币基金组织先后召开了数轮关于电子金融发展的研讨会，学者们从不同方面深入探讨了互联网技术与传统金融行业的融合问题（Sato 和 Haokins，2001；Allen 等人，2002；Schaechter，2002），其中很多学者认为，互联网金融的发展可能对美国的金融稳定产生冲击。如 Claessens 等人（2002）指出，互联网金融的发展极大地拓展了传统金融服务的边界和企业的融资渠道，从而大大降低了商业银行的特许权价值（franchise value）。在此背景下，主要针对商业银行的传统金融安全网需要作出调整，特别是如何将互联网金融时代迅速发展的跨界型机构及

其业务模式创新纳入美国的金融监管和金融安全网成为一个相当有争议的问题。因此，在互联网金融蓬勃发展的背景下，传统金融安全网的重构成为 21 世纪初美国金融监管体制改革面临的一大挑战。

然而，美国金融当局始终坚持在传统的监管体制与框架下对互联网金融实施监管的基本原则，并呈现出"理念宽松、框架不变、规则微调"的特点。具体而言，在监管理念上，美国金融当局在不断放松金融监管、宽容对待金融创新的大原则下，对互联网金融秉持线上、线下监管一致的理念；在监管框架上，美国金融当局一直沿用传统的联邦与各州交叉监管的金融监管框架，而并未因互联网金融的蓬勃发展而对这一监管框架作出重大调整（2008 年后美国在反思危机教训的基础上对现行的金融监管框架进行了调整，现行的金融监管框架参见图 4-8）；在监管规则上，美国金融当局往往根据互联网金融发展的实际情况，适时调整相关金融监管规则以及法律法规，从而便利互联网金融业务的开展、保护金融消费者利益以及妥善控制风险，这充分体现了美国监管体制的灵活性。从 90 年代初互联网金融的蓬勃发展到 2010 年以来金融科技的投资热潮，美国互联网金融的上述监管思路始终一以贯之。

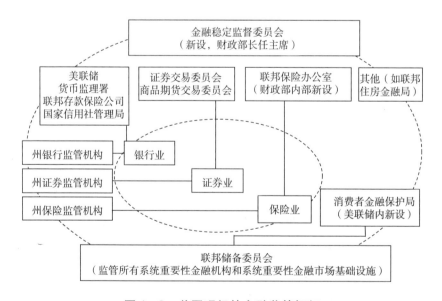

图 4-8　美国现行的金融监管框架

以 1995 年美国首家网络银行——安全第一网络银行的成立及其带来的商业银行业务模式创新为例，美国金融当局对于这一前所未有的金融创新秉持了宽容的态度。该银行从发起筹备到正式开业的一年左右时间里，先后通过了美国货币监理署（OCC）、存款机构监管办公室（OTS）以及联邦存款保险公司等多家联邦以及州金融监管部门的审核，从而获得了与传统商业银行完全相同的市场地位。这是其正常开展业务活动的首要前提。当然，这与安全第一网络银行的管理层始终与美国各级监管当局保持密切沟通是密不可分的。该行在成立之初面临的监管难题之一是难以符合《社区再投资法》（Community Reinvestment Act）的监管要求。《社区再投资法》是美国国会于 1977 年颁布的一项旨在鼓励存款性金融机构加大对其所在社区的信贷支持力度的法案，尤其是对中低收入群体的金融支持。该法案要求金融机构必须保留对于其所在社区进行金融扶持的记录，并上报联邦存款保险公司以及货币监理署等联邦层面的金融监管部门，作为监管部门定期审核其经营资质的一项参考指标。然而，对于新兴的网络银行而言，由于其几乎全部金融业务都以虚拟化的网络经营方式开展（不存在实体的经营网点），而且其经营范围覆盖了全美 50 个州，因此难以在现实世界中找到与其对应的地理社区，更无法考察其服务社区的效果。为了解决这一问题，安全第一网络银行提出将其网络运营中心以及行政办公室所在地——亚特兰大市作为符合《社区再投资法》规定的社区所在地。美国金融监管当局同意了安全第一网络银行提出的这一方案，并最终划定其在亚特兰大市的办公室周围 3.2 公里的范围为其应当重点扶持的社区。这一监管规则的调整体现了美国金融监管部门对于网络银行发展的变通与宽容。

此外，根据美联储的金融监管 E 条款（Regulation E：Electronic Fund Transfers 12 CFR 205），美国境内的全部电子转账交易（包括 ATM 取款）必须由相关金融机构保留交易记录，金融机构必须在交易发生后的 30 个交易日内向客户提供详细的交易记录并由客户签名确认。因此，这一条款要求美国的存款性金融机构每个月须定期向客户邮寄纸质交易账单，并承担相应的邮寄与人工成本。然而，这一监管规则在一定程度上与互联网银行的发展方向相悖。一方面，由于客户可以直接登录银行网站浏览包括交易记录在内的全部历史交易信息，而且网络交易记录是实时更新的，客户可以随时掌握其交易动态，而传统的月度账单的时滞较长，因此定期邮寄纸质交易账单的必要性大大下降；另一方面，邮寄纸质账单需要金融机构承担额外的成本，而这一成本最终将被转嫁至金融消费者，从而降低消费者的福利水平。在安全第一网络银行的申请下，美国国会对这一监管条款进行了审查并要求美联储对 E 条款进行修订。根据修订后的 E 条款，美国金融机构可以使用电子化的方式（如电子邮件）向客户提供可供其浏览和保存的交易记录。仅此一项看似细微的监管规则的修改，每年便能够为美国的储蓄型金融机构节约大量的运营成本。

2005 年以来，随着互联网直接融资模式的出现和迅速发展，美国金融监管当局在监管法规与监管细则方面也进行了一定的调整，其中最为典型的例子是 2012 年 4 月由奥巴马总统签署生效的《创业企业扶助法》（*Jumpstart Our Business Start – ups Act*，简称 JOBS 法）。在这一旨在进一步降低美国企业融资成本、提高融资便利性的重要法案中，美国金融监管部门首次将众筹融资（crowdfunding）这种新型互联网直接融资模式合法化，并对众筹的融资额、参与方、中介平台等方面作出了具体要求。此外，JOBS 法还要求众筹融资的发行人须在发行前向联邦证券交易委员会（SEC）、经纪商或融资门户网站提交相关材料，以便潜在的投资者查阅。考虑到众筹融资以互联网为基础这一特点，JOBS 法规定，众筹融资将不受各州蓝天法（Blue Sky Laws）[①] 的注册监管。当然，这一豁免仅适用于注册发行，各州证券监管机构仍有权根据其蓝天法的反舞弊条款对发行人进行调查和起诉。2013 年 10 月，联邦证券交易委员会针对 JOBS 法颁布以后众筹融资出现的受众过广、非新兴成长型企业（Emerging Growth Companies，EGC）[②] 借机获利等问题作出了相应的法律补充，

---

① 美国的证券法规体系极为复杂，不仅在联邦层面有全美统一的证券监管法规，各州根据自身的实际情况也设有相应的证券监管法规，后者统称为蓝天法。蓝天法的主要目的是保护州内投资者，防范证券欺诈行为。

② EGC 企业是 JOBS 法中首次界定的一个概念，是指在最近的会计年度中总收入低于10 亿美元的公司。JOBS 法明确规定其适用对象是美国的 EGC 企业。

加强了对融资者信息披露时点与方式的监管，规定了中介的相关披露责任，并为非注册中介提供了发行和销售证券的解决方案。2015 年 10 月 30 日，联邦证券交易委员会正式公布了 JOBS 法第三条款（众筹融资部分）的最终实施细则（见表 4－2）。

表 4－2　　美国 JOBS 法第三条款（众筹融资部分）监管最终规则的要点

针对融资方的监管条款
1. 只有总部设在美国的私人公司方可开展众筹融资，投资公司包括共同基金和私募股权基金不得开展众筹融资。
2. 发行人在 12 个月期限内在证券交易委员会和金融业监管局（FINRA）注册的股权众筹门户网站的融资总额不得超过 100 万美元。
3. 融资额在 10 万美元（含）以下的发行人必须提供经首席执行官签字确认的财务报表，筹资额为 10 万 ~ 100 万美元的发行人必须提供由独立的会计师事务所审查的财务报表，融资额超过 50 万美元且融资次数超过 1 次的发行人须在首次融资完成后提交经独立会计师审计的财务报表。
4. 发行人可以将众筹股份出售给数量不限的合格投资者以及（或）非合格投资者，但交易上限为 100 万美元。
5. 发行人可以发布一定的广告以引导投资者浏览众筹门户网站，众筹门户网站应是发行人与潜在投资者交流的唯一平台。
6. 发行人必须向证券交易委员会提交年度报告并向投资者公布。
7. 发行人可以同时以股权众筹和符合 D 条款的其他方式融资。
针对投资者的监管条款
1. 自 2016 年 4 月开始，个人年收入或净资产少于 10 万美元的投资者的投资上限为 2000 美元或以下两项中的最低者：收入的 5% 或净资产的 5%。
2. 个人年收入或净资产在 10 万美元以上的投资者最多可投入其收入或净资产的 10%（取其中较少者），但每年不应超过 10 万美元。
3. 投资者可以自我声明其并未超出投资限额而无须提交纳税申报表或其他证明文件。
4. 投资者在众筹网站注册时须证明其理解众筹股权投资的风险。
5. 众筹投资的封闭期为 1 年，将股份售回发行人或者转售给其他合格投资者除外。

续表

针对众筹媒介的监管条款
1. 所有非券商类的众筹门户网站必须在证券交易委员会和金融业监管局登记注册。 2. 已注册的众筹门户网站不得向个人投资者提供投资建议、推荐投资或引诱投资。 3. 交易经纪人和众筹门户网站在接受或拒绝发行人进入其融资平台时既可以设立客观标准，也可以设立不公开的主观标准。 4. 中介机构禁止将投资者的资金打包投入单一投资项目中。 5. 中介机构必须提供投资者培训，旨在帮助投资者理解其众筹网站以及投资风险，包括损失和非流动性风险。 6. 中介机构必须进行必要的背景调查以降低欺诈风险。 7. 如果发行人存在欺诈、发布故意误导声明或者存在不作为行为，众筹中介机构需承担连带责任。

资料来源：联邦证券交易委员会网站（www. sec. gov/rules/final/2015/33 – 9974. pdf）。

在 JOBS 法出台以前，网络融资没有法律规范和保障，筹资发起人往往想方设法回避投资者的利益回报问题。网络融资在成功地为众多新兴企业筹集资金的同时，也产生了诸如欺诈、投资者利益无法保障等一系列问题。JOBS 法不仅从法律上使众筹融资这一网络直接融资模式合法化，更在制度上对其进行了明确的规定和限制，特别是兼顾了投资者利益保护问题，从而规范并促进了美国互联网直接融资模式的快速发展，为美国中小企业开辟了新的融资渠道。与对众筹融资的监管所不同的是，美国金融当局并未针对另一种重要的互联网直接融资模式——P2P 网络融资出台专门的法规，而主要是在现行的银行业与证券业的监管框架下加强对于 P2P 网络融资平台的信息披露与监管。美国政府责任办公室（Government Accountability Office）在 2011 年 7 月向美国国会提交的题为《人人贷——行业发展与新的监管挑战》（*Person – to – Person Lending, New Regulatory Challenges Could Emerge as the Industry Grows*）的报告中，梳理了适用于美国 P2P 行业的联邦借贷与消费者金融保护法案（参见表 4 – 3）。

表 4 - 3　　适用于美国 **P2P** 行业的联邦借贷与消费者金融保护法案

法案名称	涉及 P2P 监管的条款或案例
《真实借贷法》（*Truth Lending Act*）	要求贷方就贷款的条件和信贷交易提供统一、可理解的披露；开展监管贷款宣传，给予借款人及时获知信息和信贷处理方式等权利
《信贷机会平等法》（*Equal Credit Opportunity Act*）	禁止贷方基于种族、肤色、宗教信仰、国籍、性别、婚姻状态、年龄等因素歧视信贷申请人
《军人民事救济法》（*Service Members Civil Relief Act*）	给予在军队服务的借款人一个利率上限，允许现役军人和有任务的后备军人暂停或推迟某些民事义务
《信贷报告公平法》（*Fair Credit Reporting Act*）	必须是出于经许可的用途才能获得消费者的信用报告，要求个人向信用部门提供正确的信息；贷方拒绝信贷申请人的话，必须根据信贷报告中的信息公开披露；贷方也被要求发展和落实一套防盗窃信息程序
《联邦贸易委员会法》（第五条款）（*Section 5 of the Federal Trade Commission Act*）	禁止不公平或者欺诈性的条款和做法
《金融服务现代化法案》（*Gram - Leach - Bliley Financial Modernization Act*）	限制金融机构将消费者"非公开个人信息"透露给非关联的第三方，要求金融机构知会客户其信息共享机制，并且告知客户如果客户不希望他们的信息被无关联的第三方机构获知，他们有权选择"退出"
《电子资金转账法》（*Electric Fund Transfer Act*）	给予消费者某些使用电子转账从银行账户中汇入或者汇出资金的权利
《全球与美国商务电子签名法》（*Electric Signature in Global and National Commerce Act*）	允许使用电子记录创设有法律约束力或者执行力的协议；要求在消费者交易中使用电子记录或者电子签名的商业行为必须事前征得消费者同意

续表

法案名称	涉及 P2P 监管的条款或案例
《银行保密法》（Bank Secrecy Act）	要求金融机构执行反洗钱程序，使用消费者身份确认程序，筛选个人财产被冻结，或者其公司被禁止进行交易的个人名单
《合理债务催收法》（Fair Debt Collection Practice Act）	对涉及消费者债务的第三方债务收款机构提供了指引和作出了限制，禁止在催收过程中使用威胁、骚扰和侮辱性行为

资料来源：第一财经新金融研究中心. 中国 P2P 借贷服务行业白皮书 2013 [M]. 北京：中国经济出版社，2013：原文出处：United States Government Accountability Office. Person – to – Person Lending, New Regulatory Challenges Could Emerge as the Industry Grows ［R/OL］（2011 – 07 – 12）［2016 – 08 – 16］www. gao. gov/ products/GAO – 11 – 613, July 2011.

2010 年以来，随着金融科技的兴起与迅速发展，美国互联网金融领域开始了新一轮的技术升级与业务创新的浪潮。移动支付与电子钱包服务的蓬勃发展正在改变美国个人消费者的支付习惯，新兴的区块链技术可能对金融交易的记账与清算产生重大影响，大量基于智能手机、平板电脑以及个人电脑的金融服务产品不断涌现，基于大数据技术的互联网直接融资不断冲击和改变传统的信贷以及证券发行模式。在此背景下，美国金融监管当局也在积极谋求监管规则的调整与监管资源的整合，以应对金融科技的迅猛发展所产生的影响。2015 年以来，以货币监理署、联邦存款保险公司以及联邦证券交易委员会为代表的美国联邦层面的监管机构发布了一系列旨在规范金融科技创新的文件。从这些最新的监管指南中不难发现，美国金融当局对于以金融科技为代表的新一轮互联网金融创新依然秉承了包容和鼓励的监管理念。

以 2016 年 3 月美国货币监理署发布的题为《支持联邦银行系统负责任的创新》（Supporting Responsibal Innovation in the Federal Banking System）这一报告为例①，货币监理署署长托马斯·库里（Thomas J. Curry）开宗明义地引用

---

① Office of the Comptroller of the Currency. Supporting Responsible Innovation in the Federal Banking System：An OCC Perspective ［R/OL］. （2016 – 03 – 12）［2016 – 08 – 30］https：// occ. gov/publications/publications – by – type/other – publications – reports/pub – responsible – innovation – banking – system – occ – perspective. pdf.

了林肯（Abraham Lincoln）总统在 1863 年美国国民银行体系成立之初提出的"创新是美国银行体系的标志"这一理念，并强调了在美国金融机构开展产品与技术创新以满足消费者不断变化的金融需求的过程中，创新精神始终发挥着至关重要的作用。据此，库里指出，美国货币监理署的主要目标是为拥有联邦金融执照的金融机构提供一个接受并且支持"负责任的创新"（responsible innovation）的监管框架与监管规则。该报告明确了两个要点：第一，充分肯定了金融科技的正面作用。报告指出，金融科技有利于推动普惠金融的发展，提高现代金融服务的覆盖率，为美国的家庭部门提供更好的理财工具，便利企业融资，提高金融交易的效率与安全性。第二，提出了"负责任的创新"这一概念。货币监理署认为，"负责任的创新"是指在实施稳健的风险管理以及与银行的整体发展战略保持一致的前提下，商业银行通过提供新的或者改进的金融产品、金融服务以及业务流程以满足消费者、企业以及所在社区不断变化的金融需求的过程。货币监理署着重强调了风险管理与商业银行内部治理的重要性。在此基础上，货币监理署提出了支持金融科技创新的八项基本原则：第一，支持"负责任的创新"；第二，培育支持"负责任的创新"的内部文化；第三，整合现有的监管经验与监管知识以最大化其作用；第四，鼓励使得信贷资源分配更加公平的"负责任的创新"；第五，实施有效的风险管理从而提高金融系统的安全性与稳健性；第六，鼓励不同规模的商业银行根据自身发展战略制订适宜的创新计划；第七，扩大开放合作以促进货币监理署与有关各方的对话；第八，与其他金融监管机构加强合作。

由此可见，美国金融监管部门在今后一段时期对于金融科技的创新将秉持较为宽容的态度，美国的金融科技有望继续保持创新的势头，金融科技投资的热潮也将得以延续。然而，任何形式的创新都必然与风险紧密联系。如何在享受金融科技创新带来的技术红利的前提下，有效规避和控制潜在的金融风险，是包括美国在内的主要发达国家金融当局共同面临的巨大挑战。正如 Treleaven（2015）所指出的，金融科技在全球范围内的大行其道对各国金融监管部门而言既是挑战也是机遇：挑战在于如何改善本国监管体制的透明度与监管效率，从而切实提高金融监管的有效性；而机遇则在于各国金融监管部门可以借鉴金融科技的技术范式以及大数据分析方法（big data analytics）推动金融监管改革。

目前，如何构建适应金融科技迅速发展的监管框架成为一个全球性的新兴研究领域，并涌现出了大量的研究与讨论。其中一个具有标志性意义的事件是，英国政府科学办公室（Government Office for Science）2015 年 3 月在其发布的题为《金融科技未来：英国作为全球金融科技领导者》的报告中，正式提出了"监管科技"（RegTech）这一概念。[①] 报告认为，尽管金融科技对传统金融监管体制形成了挑战，但与此同时也存在着重大的机遇，即利用金融科技与大数据分析范式重塑传统的监管理念。在众多新兴的金融科技中，基于大数据技术的在线报告与风险分析技术最有可能成为新一代监管框架的基础。"监管科技"泛指能够用于金融监管且能够提升监管透明度和监管有效性的技术创新。更为重要的是，该报告提出了一个十分重要的理念——"回归数据"（work back from the data）。事实上，在层出不穷的金融创新的推动下，现代金融体系的关联性和复杂性日益提高。金融风险尤其是系统性风险的分析和监测已经成为一个跨学科、跨领域的复杂问题，因此，金融监管改革的核心应当是回归风险分析的本源——微观数据，利用计算机科学以及数据处理领域的最新科技进展增强微观数据处理与分析能力，从而提高宏观审慎监管的能力。为此，英国政府科学办公室提出了构建数据驱动型监管（data - driven regulation）的建议，并强调了数据挖掘技术（data mining）、可视化工具（visualisation tools）以及综合计算平台（computational platform）在金融监管中的重要性。英国作为长期引领全球金融创新的主要发达国家之一，已经为全球金融监管改革指明了方向。加强基于大数据技术的金融监管将成为主要发达国家应对金融科技创新、提高金融监管有效性的重要举措。事实上，尽管美国并未像英国一样

---

① Government Office for Science. FinTech Futures: The UK as a World Leader in Financial Technologies [R/OL]．(2015 - 03 - 09) [2016 - 09 - 12] https：//www. gov. uk/government/publications/fintech - blackett - review.

提出诸如"监管科技"的口号，但美国已经在大数据监管的路上走了很远。

六、本章小结

本章根据美国互联网金融模式演进的三个阶段，分别对不同类型的互联网金融模式与传统金融之间的关系进行了深入研究。国内对于互联网金融的研究往往存在一个误解，即互联网金融与传统金融之间是一种简单的对抗与竞争关系。纵观美国互联网金融发展的历史不难发现，互联网金融在每一个发展阶段，其与传统金融模式之间的关系都是不同的。20世纪90年代互联网金融与传统金融模式之间表现出了明显的"竞争替代为辅、融合互补为主"的态势。而在次贷危机前后出现的以P2P网络融资平台和众筹融资为代表的互联网直接融资模式则基本上可以看作是对传统金融模式的补充。2010年以来的金融科技投资热潮对美国传统金融模式的影响是不确定的，但无论是从历史经验还是从实践发展的情况来看，金融科技企业全面取代美国传统金融机构的可能性非常低。90年代以来美国网络银行与传统商业银行竞争与融合的过程说明：第一，美国互联网金融模式出现的初衷是辅助和补充传统金融模式，而远非意在颠覆后者。第二，传统金融模式面临的最大的挑战始终不是互联网金融模式本身，而是其背后所承载的信息技术的革新与新的移动终端与连接方式的出现。从80年代美国个人电脑的普及到目前基于区块链技术的虚拟货币以及其他创新型金融科技的大行其道，这一逻辑从未改变。在市场竞争层面，对传统金融机构构成最大威胁的，往往也不是互联网金融机构，而是高科技公司以及目前拥有广泛客户群体以及雄厚资金实力的互联网企业。换言之，真正对传统金融构成威胁的从来都不是金融业务模式方面的创新（如以互联网这一新的方式开展传统金融业务），而是新的金融模式背后的新技术和新的市场主体对于传统金融机构特许权价值的不断侵蚀。

大量研究表明，一方面，以互联网为代表的信息网络技术打破了地理距离与区域对开展金融业务的限制，极大地提高了美国金融部门特别是银行业的规模经济，使商业银行通过并购的方式迅速扩大资产规模从而谋取规模经济在技术上变得可行；另一方面，互联网技术极大地降低了信息的获取、处理和传播成本，使得基于标准化信息（信用评分和分级）的资产证券化和各种衍生金融交易成为可能，从而史无前例地提高了美国金融市场的流动性。因此，没有互联网金融的发展，就不会有90年代中后期美国银行部门的并购潮、飞速发展的金融创新以及由过度创新最终引发的次贷危机和国际金融危机。因此，互联网金融是一个审视和研究美国90年代以来金融发展特别是金融体系变化的独特视角。互联网金融模式的发展不仅对美国的金融市场与金融体系产生了重大而深远的影响，而且还对美国的货币政策产生了较大的冲击，尤其是虚拟货币作为一种新兴的金融科技，其对于包括美国在内的各国货币当局都提出了挑战。美国金融当局始终坚持在传统的监管体制与框架下对互联网金融实施监管这一基本原则，并呈现出"理念宽松、框架不变、规则微调"的特点。从90年代初互联网金融的蓬勃发展到2010年以来金融科技的投资热潮，这一监管思路始终一以贯之。由于美国在今后一段时期将继续对金融科技的创新秉持较为宽容的态度，因此其金融科技有望继续保持创新的势头。2015年，英国明确提出了"监管科技"的概念，并明确指出基于大数据技术的在线报告与风险分析技术最有可能成为新一代监管框架的基础。尽管美国并未像英国一样提出诸如"监管科技"的口号，但美国早已开始大数据监管的布局谋划并成为全球大数据监管实践的先行者。

第五章　美国与中国互联网金融发展的比较与思考

美中两国互联网金融发展的比较研究无疑是一项既重要又困难的工作。其重要性在于通过梳理和总结美国互联网金融发展过程中积累下的经验与启示，能够深化对于互联网金融发展规律的认识，并为规范中国互联网金融的健康发展提供有益的借鉴；而难点则在于，美国的互联网金融模式是在特定的时代背景、制度环境以及技术条件下兴起和发展的，如果离开了这些背景因素和制约条件，那么所谓的"美国经验"在中国的适用性会如何？显然，国别差异是开展任何一项国别比较研究都需要注意和妥善处理的重要问题。本章首先将简述中国互联网金融发展的背景、原因及影响。在此基础上，本章将在网络经济学的理论框架下探讨美中两国互联网金融发展的差异，并对互联网金融发展过程中的三个核心问题进行比较研究。最后，本章将结合美国互联网金融发展的经验，阐述对中国互联网金融发展的几点思考与政策建议。

一、中国互联网金融发展的背景、原因及影响

（一）中国互联网金融的模式与特点

中国互联网金融的发展大体上分为三个阶段。第一个阶段是 20 世纪 90 年代中期至 2005 年。90 年代中期美国等主要发达国家出现了互联网技术的热潮，互联网技术逐步在交通、通讯、商业以及金融等传统行业普及和扩散。在这一背景下，中国金融业也开始在资金清算、风险管理等方面应用互联网技术。90 年代末期，随着电子商务的出现和网络购物的兴起，中国出现了依托网络的第三方支付平台。2001 年美国互联网泡沫破灭后，互联网技术热潮短暂退去，但是互联网技术的行业扩散仍在继续。商业银行等传统金融机构纷纷开发自身的门户网站并提供转账支付等简单的在线金融服务。从总体上看，这一阶段是互联网金融的

萌芽期，互联网技术远未达到"改造"传统金融的程度。

第二个阶段是 2005—2011 年。这一阶段是中国互联网金融的酝酿和成长期。一些依托互联网的新金融模式，如网络借贷开始出现。电子商务的日益普及也推动第三方支付平台迅速发展。然而，这一时期互联网金融的发展较为无序和混乱，网络诈骗、网络非法集资等案件频发。这一阶段的标志性事件是中国人民银行于 2010 年 6 月颁布实施《非金融机构支付服务管理办法》。第三方支付这一互联网金融的重要模式进入规范发展的轨道。

第三个阶段是 2012 年至今。互联网金融模式从 2012 年开始出现了一系列新变化。如平安保险集团率先联手阿里巴巴集团和腾讯，开创了在线保险公司的先河。进入 2013 年后，互联网金融更是呈井喷式发展，第三方支付的规模继续扩大，基于互联网的创新型基金销售平台、P2P 融资以及众筹融资等互联网金融模式均呈飞速发展之势。

中国互联网络信息中心（CNNIC）发布的《第 37 次中国互联网络发展状况统计报告》显示，截至 2015 年 12 月，中国网上支付的用户规模已达到 4.16 亿户，较 2014 年底增加 1.12 亿户，增长率达到 36.8%。网民使用网上支付的比例从 2014 年底的 46.9% 增加到的 2015 年 12 月的 60.5%。手机网上支付即移动支付的增长更为迅速，2015 年手机网上支付的用户规模达到 3.58 亿户，较 2014 年增长了 64.5%，网民手机网上支付的使用比例由 39.0% 提升至 57.7%。2015 年，中国第三方移动支付市场交易总规模高达 9.31 万亿元。从 P2P 融资方面来看，截至 2016 年 8 月底，中国正常经营的 P2P 平台有 2235 家，贷款余额高达 6568 亿元，高居全球首位。在众筹融资方面，截至 2015 年 7 月，中国众筹融资平台发展到 224 家，平台融资额度为 13.8 亿元。以著名众筹融资平台天使汇为例，天使汇 2011 年 11 月正式上线运营，截至 2015 年 7 月底，天使汇已帮助近 400 个创业项目完成融资，融资总额超过 40 亿元。平台上注册的创业者超过 14 万名，登记创业项目约 51000 个，注册投资人超过 4800 名，认证投资人超过 2500 名，全国各地合作孵化器超过 200 家。从非 P2P 的网络小额贷款方面来看，以阿里小贷为例，从 2010 年到 2014 年上半年，阿里金融旗下 3 家小额贷款公司已经为其平台上 80 万家小微企业与个体商户提供了融资服务，累计放贷余额超过 2000 亿元。截至 2014 年 6 月，阿里小贷的客户数超过 80 万户，贷款余额超过 2000 亿元。在互联网基金销售领域，余额宝成为中国互联网融资市场快速增长的典型案例，目前余额宝的资产管理规模达到 950 亿美元，登记用户达到 1 亿人次[①]。

目前，中国互联网金融的主要模式（见表 5 - 1）大体上可以归纳为六类，即互联网支付（亦称第三方支付）、P2P 网络借贷、非 P2P 的网络小额贷款、互联网货币基金、金融机构创新型互联网平台以及众筹融资，不同业务模式的特点与风险也各不相同。但是，互联网金融已经全面渗透进银行信贷、支付结算、理财服务、证券发行与营销、保险等传统金融服务业领域，并表现出强大和旺盛的生命力。

表 5 - 1　　　　　　　　现阶段中国互联网金融的主要模式

主要模式		主要业务	典型代表
互联网支付（第三方支付）	独立模式	专注于提供支付产品和支付系统解决方案，不提供电子商务交易担保服务	快钱、易宝支付、汇付天下、拉卡拉
	电商模式	依托自身的电子商务网站提供支付担保和资金清算服务	支付宝、财付通
P2P 网络借贷	线上模式	只为资金供求双方的匹配交易提供网络平台，不负责线下审核与担保	人人贷、拍拍贷
	线上、线下结合模式	不仅提供平台服务，而且负责线下审核借款人的资信和偿付能力	翼龙贷
非 P2P 的网络小额贷款	平台模式	以"封闭流程＋大数据＋云计算建模"的方式为阿里巴巴集团的商户提供便捷、高效的小额信贷服务	阿里小贷
	供应链金融模式	以电商作为核心企业，为供货商提供贷款担保等相关金融服务	京东"京宝贝"、"苏宁小贷"

[①]　数据引自 Wind 数据库。

主要模式		主要业务	典型代表
互联网货币基金	网络平台模式	依托自身网络或即时通讯软件提供理财和支付清算服务	理财通、百度百发
	电商模式	依托电商的第三方支付平台与货币市场基金合作提供理财和支付清算服务	余额宝
金融机构创新型互联网平台	传统金融机构网络平台模式	传统金融机构为客户搭建电子商务和金融服务综合平台，客户可以在平台上进行销售、转账、融资等活动。平台不赚取商品、服务的销售差价，而是通过提供支付结算、企业和个人融资、担保、信用卡分期等金融服务来获取利润	建设银行"善融商务"、交通银行"交博汇"、招商银行"非常 e 购"、华夏银行"电商快线"
	专业网络金融机构模式	不设立实体分支机构，完全通过互联网开展业务	众安在线
众筹融资		借助网络平台展示项目设计，并以"团购＋预购"的方式融资	天使汇、点名时间、追梦网

注：根据王达（2014）以及《中国金融稳定报告（2014）》整理。

中国互联网金融的发展呈现出以下几个显著的特点：

第一，去中心，平民化。在传统的金融模式下，资金供给方和需求方的对接需要媒介，以商业银行、证券公司以及保险公司为代表的金融机构则扮演着金融媒介或中枢的角色。金融资源首先向金融机构集中，然后由金融机构完成金融资源的配置。这种资源配置方式在互联网金融模式下被打破，资金供给方和需求方可以通过互联网直连对接，从而摆脱了对传统的资金中枢的依赖。这不仅大大提高了金融资源配置的效率，而且使广大中小企业和草根阶层也能享受到便捷高效的现代金融服务。

第二，跨行业，跨产品。互联网金融的一个重大特色是降低了金融行业的准入门槛，并使得金融创新不再是金融机构的专利。互联网企业和电子商务企业凭借其专业的互联网技术和多年积累下来的大数据，能够设计开发出种类多样的金融产品，进而为数量庞大的客户群体提供个性化的金融服务。因此，从产业层面来看，互联网、电子商务和传统金融服务业的竞争出现交叉。从产品层面来看，互联网企业特有的开放、创新思维使得其开发出来的金融产品模糊了传统金融产品的边界①，从而极大地加快了金融创新的步伐。

第三，成本低，效率高。在互联网金融模式下，资金供求双方之间的信息甄别、需求匹配、产品定价以及交易结算都可以通过网络平台进行，互联网的开放和共享特性不仅极大地降低了金融交易的成本，而且提高了信息的传播效率和透明度。此外，借助数据挖掘和云计算等新兴技术，互联网和电子商务企业能够在精确建模和把控风险的基础上，极大地提高资金周转率和信贷产品的服务效率。

第四，发展快，覆盖广。在互联网金融模式下，金融产品的设计开发和市场营销十分高效便捷，创新型金融产品往往依托电子商务企业成熟的客户群和互联网企业的号召力向全社会迅速扩展，新产品的认知和普及速度极快。从技术层面来看，移动互联网技术的成熟和终端设备的普及极大地拓展了互联网金融服务的地理边界，无线信号覆盖之处皆可开展互联网金融业务。从业务种类上来看，互联网金融极大地便利了中小企业融资②和草根阶层的碎片化理财，从而在一定程度上覆盖了传统金融业务的盲区。

第五，风险大，监管难。迅速发展的互联网金融也蕴藏着巨大的风险。一方面，在国内信用体系尚未健全和相关法律法规有待完善的背景下，以 P2P 网络借贷为代表的互联网金融业务的违约成本较低，从而容易诱发道德风险并影响金融体系的稳定；另一方面，互联网世界并非太平盛世，如何在黑客攻击和

---

① 以阿里巴巴集团的余额宝产品为例，其既具有货币基金的性质（对接天弘货币基金），又具有活期存款（随存随取的 T + 0 交易机制）和电子货币（可直接用于网络购物）的属性。

② 截至 2013 年 6 月末，阿里小贷投入的贷款总额已超过 1000 亿元，客户超过 32 万户，户均贷款额度 4 万元。与此同时，受益于参与者广泛及对消费者行为与偏好的精确把握，阿里小贷的不良率只有 0.84%，低于商业银行的平均水平。数据引自 2013 年第二季度《中国货币政策执行报告》。

病毒肆虐的全球开放性网络中保护金融消费者的个人信息和资金安全，是一个不小的挑战。从监管层面来看，互联网金融的跨界和开放特性往往使得各国现有的监管框架难以对其进行审慎监管。因此，如何在不抑制互联网金融创新活力的同时有效管控其潜在的风险，是一个崭新的全球性课题。

目前中国互联网金融发展的重大意义，主要体现在以下几个方面：

第一，有助于发展普惠金融，弥补传统金融服务的不足。互联网金融的市场定位主要在"小微"层面，具有"海量交易笔数，小微单笔金额"的特征，这种小额、快捷、便利的特征，使其具有普惠金融的特点和促进包容性增长的功能，在小微金融领域具有突出的优势，一定程度上填补了传统金融覆盖面的空白。因此，互联网金融和传统金融相互促进、共同发展，既有竞争又有合作，两者都是中国多层次金融体系的有机组成部分。

第二，有利于发挥民间资本作用，引导民间金融走向规范化。中国民间借贷资本数额庞大，长期以来缺乏高效、合理的投资方式和渠道，游离于正规金融监管体系之外，客观上需要阳光化、规范化运作。通过规范发展 P2P 网贷、众筹融资等互联网直接融资模式，引导民间资本投资于国家鼓励的领域和项目，遏制高利贷，盘活民间资金存量，使民间资本更好地服务实体经济。此外，众筹股权融资也体现了建设多层次资本市场的客观要求。

第三，满足电子商务需求，扩大社会消费。电子商务对支付方便、快捷、安全性的要求，推动了互联网支付特别是移动支付的发展；电子商务所需的创业融资、周转融资需求和客户的消费融资需求，促进了网络小贷、众筹融资、P2P 网贷等互联网金融业态的发展。电子商务的发展催生了金融服务方式的变革；与此同时，互联网金融也推动了电子商务的发展。

第四，有助于降低成本，提升资金配置效率和金融服务质量。互联网金融利用电子商务、第三方支付、社交网络形成的庞大的数据库和数据挖掘技术，显著降低了交易成本。互联网金融企业不需要设立众多分支机构、雇用大量人员，大幅降低了经营成本。互联网金融提供了有别于传统银行和证券市场的新融资渠道，以及全天候、全方位、一站式的金融服务，提升了资金配置效率和金融服务质量。

第五，有助于促进金融产品创新，满足客户的多样化需求。互联网金融的快速发展和理念创新，不断推动传统金融机构改变业务模式和服务方式，也密切了与传统金融之间的合作。互联网金融企业依靠大数据和云计算技术，能够动态了解客户的多样化需求，计量客户的资信状况，有助于改善传统金融的信息不对称问题，提升风险控制能力，推出个性化金融产品。[①]

（二）中国互联网金融迅速发展的主要原因

自20世纪90年代中期民用互联网技术在美国率先普及以后，美国等主要发达国家的互联网金融便开始发展和普及。但值得注意的是，美国互联网金融的发展是一个以传统商业银行为主导、相对缓慢而渐进的过程，其不仅并未经历中国式的井喷式发展，而且也未能对传统的金融业态和金融业竞争格局产生严重冲击与影响。换言之，美国互联网金融与传统金融之间的融合是一个较为自然和渐进的过程，而中国互联网金融的强势崛起则引发了诸多矛盾和争议。事实上，互联网金融在中国的迅速发展是一系列特殊原因共同作用的结果。

第一，从技术层面看，网络、通信以及计算机等领域的技术革新与普及是互联网金融勃兴的重要前提和基础。2001年美国互联网泡沫破灭后，人们对于互联网狂热的理性反思以及以AJAX为代表的新型网络编程技术的出现，推动互联网世界进入了以交互性强、用户主动生产内容、重视兴趣与信息聚合以及平台开放为特点的Web 2.0时代。互联网百科全书、视频网站、社交网络、博客以及微博等新兴网络平台的出现，极大地改变了信息的获取和传播方式。高效、扁平的信息网络使得基于互联网的金融产品开发和营销变得可行。类似地，移动（无线）互联网的普及拓展了互联网的边界并提高了网络的易用性和效率，进而使得碎片化金融服务成为可能；云计算和大数据技术的成熟则改进了信用风险的评估建模方法和效率，进而为基于海量数据处理的小额信贷和供应链金融奠定了技术基础。

---

① 引自中国人民银行金融稳定分析小组．中国金融稳定报告（2015）［M］．北京：中国金融出版社，2015：146－147．

第二，从制度层面看，中国长期以来以利率和信贷规模管制为特征的金融抑制扭曲了金融资源的市场化配置机制和金融机构的创新意识与能力。其结果是，一方面，广大中小企业的融资需求和草根阶层的金融服务需求被抑制和忽视；而另一方面，金融机构将主要精力放在如何规避信贷规模管制，进而通过不断扩张资产负债表的方式追逐高利润上，而非专注于提供差别化的金融服务、提升服务质量和效率以及加强产品创新。特殊制度环境下金融资源的错配以及金融机构意识和行为的扭曲，为互联网金融的萌生和高速成长创造了有利条件。这也是互联网金融未能在发达经济体经历"野蛮生长"的重要原因。

第三，从市场层面看，长期以来中国金融市场尤其是资本市场发展缓慢，银行部门始终占据绝对主导地位。在有限的投融资渠道与旺盛的投融资需求之间一直存在较为突出的矛盾。一方面，不同产业、不同规模、不同方式的多样化企业融资需求难以通过单一的银行信贷产品得以满足，储蓄—投资转化渠道不畅、效率低下，从而为P2P融资平台、众筹融资以及互联网小额贷款等互联网金融模式的快速成长提供了空间；另一方面，社会资金盈余方除了投资于银行存款和类存款类低息金融产品外，难以通过投资高成长性的股票市场和基金市场等其他方式配置资产组合、谋取高收益。而这正是认购门槛低、名义收益率高、投资方式灵活便利的余额宝式互联网金融产品受到热捧进而大行其道的重要原因。

第四，从其他方面看，首先，自2013年以来，在金融机构的流动性错配不断加剧和利率市场化加速等一系列因素的作用下，货币市场利率（特别是月末、季度末等关键时点）持续走高，从而在整体上抬高了依托货币市场基金的互联网金融产品的收益率。其次，在现行的分业监管框架下，不同监管部门对于互联网金融这一跨行业、跨领域的金融创新模式有一个认知、评估和监管协调的过程，这就为互联网金融的发展留出了监管真空期。再次，电子商务和互联网公司经过10余年的发展和积累，具备了凭借网络、客户和大数据建模优势进军金融业的实力，这是一个由量变到质变的过程。最后，步入工作岗位并逐渐成为社会消费主力的青年一代对互联网的高度接受甚至依赖，强化了互联网使用中的网络外部性。因此，新型互联网金融产品往往能够在网络中呈几何级数扩散，其营销和推广的速度远远超过传统的金融产品。

（三）互联网金融对中国传统金融业的冲击与影响

第一，互联网金融的兴起将对目前的金融业竞争格局产生重大冲击，银行业首当其冲。目前，大型电子商务公司和互联网巨头绕道小额贷款公司、第三方支付以及与基金和证券公司合作等方式间接动员金融资源，并介入信贷、支付结算等传统的商业银行业务领域，这无疑打破了中国银行业长期以来形成的垄断竞争格局，降低了银行业的准入门槛，加速了金融脱媒，强化了市场竞争，进而对主要依赖由垄断带来的存贷利差谋利的商业银行形成巨大压力。在中国推进金融市场化改革的关键历史时期，互联网金融在2013年的迅速发展将起到强烈的示范效应。可以预见的是，随着民营银行牌照的放开以及利率市场化改革的完成特别是存款保险制度的建立，资金实力雄厚的民营企业和行业龙头企业也将陆续进入金融领域，通过获取民营银行牌照、开设网络银行等多种方式开展金融业务、参与金融创新。此外，已经获得第三方支付牌照的电信业巨头也将依托第三方支付平台开展互联网金融业务。因此，金融业的竞争将日趋激烈和复杂。[①]

第二，互联网金融的发展将对中国的金融市场产生重大的影响。创新型互联网金融产品的出现在客观上加速了利率市场化进程，有利于完善市场化的金融资源配置机制。在互联网金融模式的冲击下，中国金融资源的配置将逐渐由金融抑制和垄断竞争格局下的供给导向型向需求导向型转变。互联网金融的迅猛发展将拓展我国金融市场的深度和广度，促进金融市场的发育和成熟。总而言之，互联网金融将在培育市场机制、促进市场成长、完善市场功能方面发挥积极的作用。

第三，传统的金融业态在互联网金融的冲击下面临转型和重构。一方面，传统的银行、证券、基金以及保险分业经营的格局将加快转变，互联网金融模

---

① 证券、基金和保险行业也将面临类似的冲击，本书不再具体展开，但从美国的经验来看，其受到的冲击幅度应小于银行业。

式的普及将加速金融业的综合化经营趋势；另一方面，互联网行业与金融业将进行深度融合，移动互联网络、第三方支付平台、电子商务平台、银行同业支付清算系统以及基金与保险营销网络之间的混业和跨界经营将成为一种趋势。与此同时，传统金融机构主要依靠物理网点和线下营销的经营模式将发生一定的改变，网络金融平台将成为一种新的业务模式。

第四，互联网金融将推动整个金融产业的系统整合。借助于互联网的普及和大数据技术的应用，新兴的互联网金融公司能够在中小企业贷款以及个人创业贷款等传统金融机构未涉足的业务领域提供专业化金融服务并实现盈利，这无疑细化了金融产业内部的分工，并极大地提高了融资效率。可以预见的是，互联网金融的发展将不断细化金融产业内分工，更多的专注于某一细分金融市场、某一具体地域以及某一特定客户群体的专业化金融机构和业务模式将不断涌现。类似地，金融产品的产品内分工也将进一步细化。① 在互联网金融时代，金融产业链条将变得更加丰富和多样化。

（四）中国互联网金融发展的风险与监管

任何事物都具有两面性，新生的互联网金融更是如此。正如中国人民银行条法司副司长刘向民所指出的，互联网金融蕴藏三个方面的风险：一是机构的法律定位不明确，可能触碰法律的底线；二是部分互联网金融业务的资金第三方存款制度缺失，导致资金安全存在隐患；三是内控制度不健全，可能会引发经营风险。② 事实上，不同的互联网金融模式存在的风险隐患及其对现行监管框架的挑战是有差异的。如表 5 - 2 所示，目前互联网金融的主要风险突出表现在第三方支付和 P2P 网络借贷这两种模式上，监管的重点也在于此。

---

① 本文借用了国际贸易研究领域的"产品内贸易"这一术语。如果将贷款视为一项服务产品的话，那么其"生产工序"大致包括募集资金（吸收存款）、寻找项目、风险评估、发放贷款以及贷款回收。商业银行在提供贷款产品时将以上工序全部内化。而在互联网金融模式下，不同工序可以在更加专业化的机构之间分工，从而提高效率。例如，"众筹"网络平台和部分 P2P 借贷平台只负责项目发布而不负责风险评估和贷款回收等其他工序。

② 引自刘向民副司长 2014 年 1 月 16 日在北京举行的"2014 中国互联网金融高层论坛暨第七届中国电子金融年会"上的讲话。详情参见 http：//finance. sina. com. cn/focus/7thcefinance/.

表 5 - 2 互联网金融的风险与监管

主要模式	风险等级	主要风险	监管现状
互联网支付	中	网络安全风险、金融风险（消费者个人信息泄露、诈骗犯罪、盗卡恶意支付、平台资金沉淀风险等）以及法律风险（第三方支付平台的法律定位不明晰所引发的风险）	央行负责审核和发放第三方支付牌照，已纳入现行监管框架且监管日益趋严
P2P 网络借贷	高	借贷双方之间信息高度不对称，非法集资、恶意逃债风险较高，易诱发系统性风险	已明确由银监会负责监管，已出台监管细则
非 P2P 的网络小额贷款	低	在电商和供应链内部封闭运行，目前较为稳健，风险较低	尚无明确的监管机构
互联网货币基金	中	流动性风险与挤兑	已明确由证监会负责监管，已出台监管细则
金融机构创新型互联网平台	低	由商业银行和非银行金融机构主导，风险较低	主要由银监会监管，仍在现行的监管框架内
众筹融资	低	创业方的信用风险以及融资平台的法律风险	已明确由证监会负责监管，尚未出台监管细则

注：截至 2016 年 9 月 30 日。

资料来源：根据中国人民银行网站发布的相关信息整理。

互联网金融对中国现行金融监管框架的挑战，主要表现在两个方面。

第一，互联网金融的发展表现出了极强的创新性和动态性，其在强化金融普惠性、降低融资成本、提高金融效率的同时，也存在较为明显的风险隐患（特别是在移动支付和 P2P 网络信贷等创新型互联网金融服务领域）。在互联网金融模式下，创新与风险之间的边界较为模糊，从而使金融监管当局在介入时点、介入方式以及具体的监管措施等方面面临很大的难度，不确定性很高。2014年 3 月，中国人民银行就如何强化第三方支付监管向业内征求意见，其征求意见稿中提出的"严苛"的监管措施引起了轩然大波，一时间中国人民银行成为舆论的焦点，各方的激辩也使得具体监管措施的出台变得扑朔迷离。这一事件凸显出监管当局在制定和推行互联网金融监管措施时将面临相当大的压力和困难。

第二,中国现行的金融监管框架以"一行三会"分业监管部门为主,政府相关职能部门为辅。在这一条块分割特征明显的制度环境下,互联网金融的强势崛起引发了现有势力范围的调整,从而使各相关方之间的博弈与角力变得激烈而复杂。如由于余额宝等互联网金融产品的迅速推广在相当程度上触动了商业银行以及以中国银联为代表的传统支付结算网络的势力范围,因此引致了后者的强势竞争"反扑"。2014 年年初以来,互联网金融与传统金融之间的竞争和博弈愈演愈烈。毫无疑问,各个集团的博弈将在相当程度上影响甚至左右监管当局的监管思路,进而对互联网金融的后续发展产生决定性的影响。

2015 年下半年以来,多项针对新兴的互联网金融模式的监管细则陆续出台(见表 5 - 3),进而使现阶段互联网金融模式的监管主体得以明确。2016 年 3 月 25 日,中国互联网金融协会正式成立。中国互联网金融行业的这一自律组织,将在加强行业自律、促进行业规范发展、保护消费者权益、发挥市场主体创新活力等方面发挥积极作用。至此,中国基本上形成了原有的分业监管部门与行业自律机构相结合的互联网金融监管框架。然而,从长期来看,中国现行的以"一行三会"为代表的分业监管体制应如何调整,以适应由互联网金融不断强化的金融混业和综合性经营趋势,仍然是一个较为艰巨的挑战。

表 5 - 3　　　　　　　　中国互联网金融监管的主要法规

监管法规	颁布时间	主要负责的监管机构	主要内容
《关于促进互联网金融健康发展的指导意见》	2015 年 7 月 14 日	中国人民银行	一是明确了鼓励创新和规范发展并重的互联网金融行业发展思路,制定了多项激励政策和配套服务措施。二是明确了互联网金融各主要业态发展的基本原则和要求,切实防范相关风险。三是确定了互联网金融的监管原则,明确了各主要业态的监管分工,促进互联网金融健康发展,更好地服务实体经济。

续表

监管法规	颁布时间	主要负责的监管机构	主要内容
《互联网保险业务监管暂行办法》	2015 年 7 月 22 日	中国保险监督管理委员会	一是明确了参与互联网保险业务的主体定位。二是适度放开了部分人身保险产品以及部分面向个人的财产保险产品等险种的经营区域限制。三是强化了经营主体履行信息披露和告知义务的内容和方式，以解决互联网自主交易中可能存在的信息不对称等问题。四是坚持"放开前端、管住后端"的监管思路，建立行业禁止合作清单等。五是要求保险公司加强互联网保险业务的客户服务管理，保护消费者合法权益。
《货币市场基金监督管理办法》	2015 年 12 月 17 日	中国证券监督管理委员会	一是完善货币市场基金投资范围、期限及比例等监管要求，强化对投资组合的风险控制。二是对流动性管理作出了系统性的制度安排，提高行业流动性风险的自我管控能力。三是对摊余成本法下的货币市场基金影子定价偏离度风险实施严格控制。四是对货币市场基金的互联网销售活动与披露提出针对性要求。五是鼓励货币市场基金在风险可控前提下创新发展。
《非银行支付机构网络支付业务管理办法》	2015 年 12 月 28 日	中国人民银行	一是清晰界定支付机构定位。坚持小额便民、服务于电子商务的原则，有效隔离跨市场风险。二是坚持支付账户实名制，强化支付机构通过外部多渠道交叉验证识别客户身份信息的监管要求。三是兼顾支付安全与效率，引导支付机构采用安全验证手段保障客户资金安全。四是突出对个人消费者合法权益的保护，引导支付机构健全客户权益保障机制。五是实施分类监管，推动创新，建立支付机构分类监管工作机制，引导和推动支付机构在合法合规前提下开展创新。

续表

监管法规	颁布时间	主要负责的监管机构	主要内容
《网络借贷信息中介机构业务活动管理暂行办法》	2016年8月17日	中国银行业监督管理委员会	一是界定了网贷内涵，明确了适用范围及网贷活动基本原则，重申了从业机构作为信息中介的法律地位。二是确立了网贷监管体制，明确了网贷监管各相关主体的责任，促进各方依法履职，加强沟通、协作，形成监管合力，增强监管效力。三是明确了网贷业务规则，坚持底线思维，加强事中、事后行为监管。四是对业务管理和风险控制提出了具体要求。五是注重加强消费者权益保护，明确对出借人进行风险揭示及纠纷解决途径等要求，明确出借人应当具备的条件。六是强化信息披露监管，发挥市场自律作用，创造透明、公开、公平的网贷经营环境。

注：根据《中国金融稳定报告（2016）》以及各监管机构官方网站公开发布的资料整理。

二、美中两国的差异：基于网络经济学的分析

正确认识美中两国互联网金融发展的差异，是中国借鉴美国经验以及开展相关研究的前提。目前，国内大多数关于中美金融比较的研究，大多能够考量两国在经济发展水平与阶段、金融体制与金融市场发育程度等方面的差别。陆晓明（2014）将中国的影子银行体系与20世纪70年代美国金融管制时期的金融创新进行历史的和逻辑的比较研究，在研究视角和分析逻辑上有一定的合理性和创新性。纵观70年代以来美国金融发展的历程，70年代中期在通胀加剧、利率管制和货币市场基金迅速发展的背景下，美国出现了大规模的金融脱媒；90年代在互联网金融发展等因素的共同作用下，美国也出现了商业银行存款增速下降的现象（见图5-1）。目前中国正值利率市场化改革的关键时期，存款利率管制尚未彻底解除，商业银行负债脱媒已经开始，又适逢由电子

商务企业主导的互联网金融的蓬勃发展。从这个意义上说，目前中国的金融体系正面临着类似于美国 70 年代和 90 年代两次金融创新和金融脱媒的叠加冲击。因此，中国互联网金融发展的背景和情况较美国更为复杂。

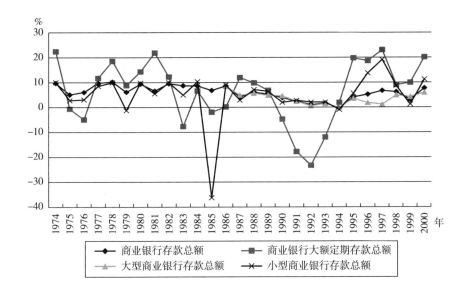

数据来源：美联储官方网站（www.federalreserve.gov）。

图 5 - 1　1974—2000 年美国商业银行存款年同比增速

　　然而，美中两国互联网金融发展的差异除了上述因素之外，还有一个十分重要的因素即网络规模。对于主要面向个人客户的零售金融业务而言，如果将每个人都视为可以接入金融服务网络的节点，那么中国这一世界第一人口大国的零售金融网络将具有巨大的规模效应。从图 5 - 2 可知，尽管美国的互联网普及率（以每百人的互联网用户规模衡量）仍然高于中国，但是中美两国在互联网普及率方面的差异正在迅速缩小，而且从图 5 - 3 可知，自 2008 年开始中国的固定宽带互联网用户规模便已超过美国并仍然处于加速增长的态势。截至 2016 年 6 月，中国网民数量已经突破了 7 亿人，其中手机网民的数量高达 6.6 亿人[①]，二者均超过了美国总人口的 2 倍。进一步来看，近年来使用网上支付的中国网民尤其是手机网民的数量

----

　　① 数据引自中国互联网络信息中心（CNNIC）发布的《中国互联网络发展状况统计报告》（2013—2016 年）。

呈持续增长态势。截至2016年6月，使用网上支付的网民数量以及手机网民的数量分别高达4.5亿人和4.2亿人（见图5-4）。如此巨大的网络规模所衍生出来的庞大的互联网金融市场，中国是绝无仅有的。如果考虑到网络普及和代际更迭因素，中国的互联网基础将继续扩大。在如此庞大的网络规模和客户基础上开展网络金融创新能够产生多大的金融流量，将是难以估量的。

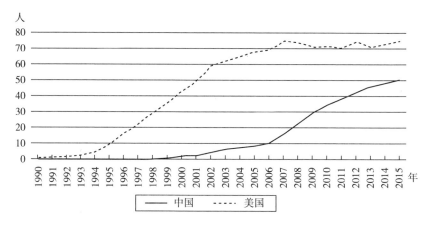

数据来源：世界银行 WDI 数据库。

图 5-2　中美两国每百人互联网用户规模对比情况

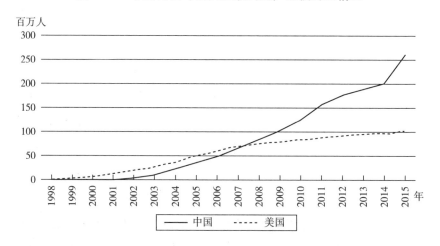

数据来源：世界银行 WDI 数据库。

图 5-3　中美两国固定宽带互联网用户规模对比情况

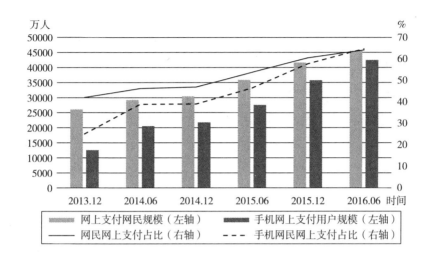

数据来源：中国互联网络信息中心（CNNIC）《中国互联网络发展状况统计报告》（2013—2016 年）。

图 5 – 4　2013 年 12 月至 2016 年 6 月中国网民以及手机网民网上支付情况

由于大多数互联网金融模式具有十分典型的网络外部性特征，即消费者连接到一个网络（如购买一项网络金融产品或服务）所获得的价值更多地取决于已经连接到该网络的其他消费者的数量，对于一项互联网金融服务而言，消费者出于降低交易成本和个人效用最大化的考虑，往往会选择一个已经被更多人选择的厂商（网络金融服务提供商）。对于互联网银行、网络基金销售平台、第三方支付（包括移动支付）、P2P 网络借贷以及众筹网络融资平台等互联网金融模式而言，都是如此。网络经济学理论以及相关研究表明，网络规模以及由此决定的规模经济对于任何具有网络特征的产业都是至关重要的。因此，对于互联网金融产业的厂商（服务提供商）而言，只有在最短的时间内迅速扩大用户基础（网络规模）并突破临界容量，才能够获得规模经济并最终在激烈的市场竞争中胜出，而网络规模扩张速度较慢的厂商的市场份额最终将会很低。在梅特卡夫定律（网络的价值等于用户数量的平方）的作用下，企业在制定竞争策略时将奉"用户规模至上"为圭臬，为此甚至不惜采取价格补贴等多种手段，因为只有率先突破临界容量才能做到"先下手为强"，抢占市场份额。正反馈效应的存在将使得率先突破临界容量、达到规模经济的厂商成为整个行业的垄断寡头。

显然，2013 年以来以余额宝为代表的中国互联网基金销售平台以及 2014 年初以来备受争议的网络打车软件的发展，都印证了这一逻辑。2013 年 8 月，阿里巴巴集团推出了面向个人客户的网络理财产品余额宝。其本质是一款与美国 PayPal 货币基金原理相同的互联网货币基金。在低价策略（为客户提供显著的高投资收益率）等一系列因素的共同作用下，这一中国首款互联网货币基金产品取得了空前的成功。依托余额宝的天弘基金在半年多的时间里一跃成为中国第一大货币基金，从而在与后续迅速跟进的众多其他网络货币基金的市场竞争中取得了先机。① 2014 年年初，阿里巴巴和腾讯为了争夺在新兴的移动支付领域的主导权，不惜在网络打车市场直接采取价格补贴的方式进行激烈的竞争。为了率先突破用户规模的临界容量，这两家公司投入了数亿元资金同时在需求端（打车者）和供给端（出租车司机）进行高额价格补贴，这一极为惨烈的价格战最终以两家公司几乎全面占领网络打车市场而告终。截至 2014 年 5 月底，这两家公司打车软件的市场占有率之和超过 98.3%②，其余打车软件几乎全部被迫退出了这一移动支付市场。2015 年 2 月，两家公司正式合并，进而几乎垄断了这一移动支付市场。

进一步而言，尽管网络外部性的原理是相同的，但是在不同的市场规模之下，网络外部性发生作用的结果可能存在显著区别，这是对美中两国互联网金融进行比较研究时需要特别注意之处。由于在个人金融业务等细分业务领域里，中国互联网金融的网络规模远远大于美国，因此中国互联网金融模式在发展和演进过程中，往往会表现出一些不同于美国的独特性质。

具体而言，第一，中国互联网金融领域的竞争将更加激烈和残酷，速度至上更为重要。从理论上看，在市场规模相对有限的市场中，网络产品用户规模的扩张往往比较容易达到和突破临界容量，从而引发正反馈机制。因此，不同

---

① 当然，正如很多研究和讨论所指出的，互联网理财产品在中国的兴起是多方面因素共同作用的结果。本文意在说明网络经济学能够为分析余额宝所创造的中国式奇迹提供一个新颖的视角。

② 数据引自中国电子商务研究中心网站（www.100ec.cn）。

企业之间的市场竞争程度相对较低。换言之，市场往往在企业竞争趋于白热化之前就已经饱和了。然而，在市场规模十分庞大的市场中，由于临界容量的阈值比较高，因此相对而言，网络产品的用户规模达到临界容量进而引发正反馈机制的时间长、难度大。① 在此情况下，用户规模扩张的速度无疑更加重要。为了在最大程度上提升规模扩张的速度，网络产品的企业往往不得不采用极端的竞争策略。这在一定程度上解释了为何中国的第三方支付市场会出现诸如现金补贴之类的似乎有悖于自由市场竞争原则的现象。可以预见的是，未来中国在新兴的互联网金融领域的竞争将更加激烈和残酷。

　　第二，由于市场规模庞大，尽管大多数互联网金融投资的单位金额比较小，但是在理论上互联网金融模式能够动员和聚集的资金可能更多，发展的空间更大。换言之，"积少成多"效应在市场规模庞大的条件下可能更加显著。最典型的例子当属以 P2P 融资和众筹融资为代表的互联网直接融资模式的中美比较。2016 年 3 月，剑桥大学、清华大学以及悉尼大学联合公布了一项对亚太地区互联网直接融资发展情况的调研报告（Zhang 等人，2016）。其数据显示，2015 年，中国互联网直接融资总额高达 1017 亿美元（约 6387.9 亿元人民币），其中占比最高的 P2P 网络融资额为 9758 亿美元②，两项数据均高居全球榜首。更为重要的是，2013 年中国互联网直接融资额仅为 55.6 亿美元，2014 年为 243 亿美元，在 2013—2015 年期间中国互联网直接融资额的年均增长率高达 328%（参见图 5-5）。相比之下，尽管同一时期美国互联网直接融资的年均增长率也高达188%，但其 2015 年互联网直接融资总额为 361.7 亿美元（Wardrop 等人，2016），仅为中国的 1/3 左右。因此，无论是从增长速度上来看，还是从绝对数量上来看，美中两国互联网直接融资模式的发展速度都不在一个量级上。

---

　　① 根据世界银行 WDI 数据库的统计，美国的总人口约为 3.2 亿人，其中劳动人口的比重大约为 40%。据此估算，美国个人金融业务市场总规模的上限约为 1.3 亿人。反观中国，按照同样的方法估算，中国个人金融业务市场总规模的上限则高达 6 亿人。二者对比之悬殊由此可见一斑。

　　② 其中，P2P 个人融资额、P2P 企业融资额以及 P2P 房地产融资额分别为 524.4 亿美元、396.3 亿美元以及 55.1 亿美元。

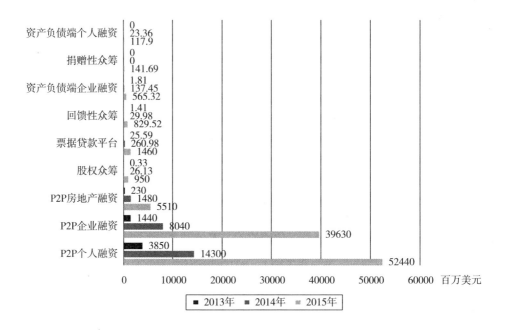

数据来源：Zhang 等人（2016）。

图 5 - 5　2013—2015 年中国各类型互联网直接融资额增长情况

如果从投资结构上看，美中两国的差异就更为明显了。美国机构投资者的投资额占互联网直接融资额的比重远高于个人投资者投资额的占比。机构投资者是资产负债端个人融资与企业融资的主要出资方（占比均在90%以上）；机构投资者的投资额占 P2P 房地产融资和 P2P 企业融资的比重都在70%以上；即使是面向个人消费者的 P2P 信贷融资，机构投资者的出资额也占一半以上（Wardrop 等人，2016）。然而，中国机构投资者的投资额占互联网直接融资额的比重则远低于美国，在个别领域（如个人消费者信贷 P2P 融资），机构投资者的投资额占比甚至不足10%。因此，一方面，中国互联网直接融资的投资者数量庞大，增长迅速；而另一方面，单个融资项目的投资者来源相当广泛，投资者分散程度比较高（见图 5 - 6）。在 2013—2015 年期间，中国互联网直接融资平台的投资者（个人投资者与机构投资者之和）数量由 71.8 万个增长至约 500 万个，扩张了约6 倍；而从单个融资项目的投资者数量来看，2015 年平均每个 P2P 个人消费贷款项目以及企业贷款项目的投资者数量分别为 670 个和 383 个（Zhang 等人，

2016）。这些数据足以说明，中国仅仅依靠分散的个人投资者的力量便足以支撑互联网直接融资额高达300%以上的年均增速，并位居全球榜首。显然，这一聚沙成塔式的发展模式只有在市场规模足够庞大的条件下才能够出现。因此，从这一角度来看，中国互联网金融模式的成长空间是巨大而广阔的。

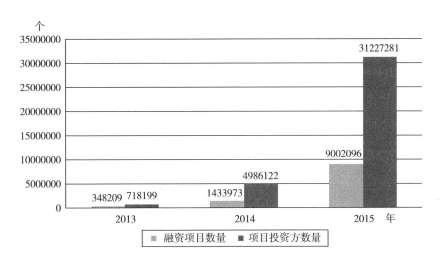

注：投资方包括个人投资者与机构投资者。

数据来源：Zhang 等人（2016）。

图 5 – 6　2013—2015 年中国互联网直接融资的项目数量与投资方数量

三、互联网金融三个核心问题的美中两国比较

（一）互联网金融发展是否会加速金融脱媒

近年来，在一系列因素的作用下，中国的金融脱媒尤其是个人存款从金融机构流失已初现端倪。数据显示，2013 年以来，中国金融机构存款总额的季度同比增幅不断下降。在 2013 年 3 月至 2015 年 6 月期间，中国 16 家上市商业银行存款总额的季度同比增幅由 20% 下降至 8%，脱媒压力十分明显。其中，5 家国有控股商业银行（中国工商银行、中国建设银行、中国农业银行、中国银行以及交通银行）脱媒的程度则显著低于其他中小规模的商业银行（见图 5 –7）。事实上，个人存款脱媒的趋势则更为显著。在 2013 年 6 月至 2015 年 6 月期间，中国 16 家上市商业银行个人存款总额的半年同比增幅由 20% 骤降至 2.3%（见图 5 –8）。更为重要的是，

在个人存款脱媒方面，五大国有控股商业银行与其他中小规模商业银行并不存在显著差异。由此可见，在个人存款脱媒方面，各类型商业银行面临着共同的巨大压力。2012年下半年特别是2013年以来正值中国互联网金融的井喷式发展，时间上的巧合能否说明互联网金融是加速中国金融脱媒的主要原因？从美国的经验来看，20世纪90年代中后期由互联网金融发展所带动的金融创新的确也在一定程度上导致了金融机构存款增速的下降。但是本书认为，目前作出"互联网金融会加速中国的金融脱媒"这一论断仍然为时过早。

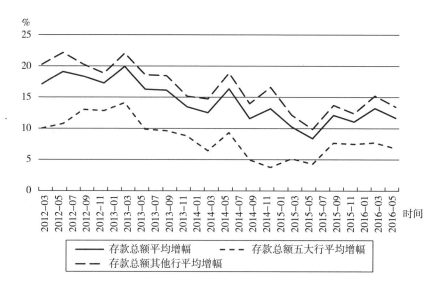

数据来源：Wind 数据库。

图5-7　中国16家上市商业银行存款总额同比增幅情况

第一，美国的经验证明，金融抑制和技术进步所引致的金融创新（如互联网金融）是加速金融脱媒的两个主要原因。由于目前中国尚未完成利率市场化，因此，金融脱媒尤其是个人储蓄存款的流失有一定的必然性。事实上，一旦完成了利率市场化，商业银行可以直接通过提高存款利率的方式与新兴的互联网金融模式争夺存款。因此，从逻辑上看，互联网金融的发展并不会必然加速金融脱媒。目前中国的金融脱媒是由金融抑制导致的制度性脱媒与互联网金融发展所引致的技术性脱媒的结合。从美国的经验来看，在70年代初至80年代中期利率自由化进程完成之前这一时期，商业银行各类存款增速的下降幅

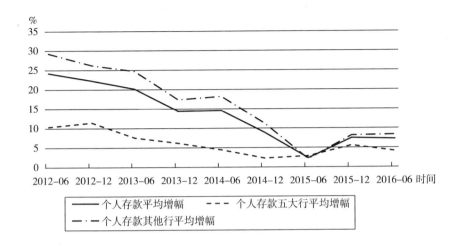

数据来源：Wind 数据库。

图 5 – 8 中国 16 家上市商业银行个人存款同比增幅情况

度大于 90 年代后期的降幅，这说明制度性因素对金融脱媒的影响往往比技术性因素大。第二，从商业银行的角度来看，目前中国的金融脱媒表现出两个十分明显的特征：一方面，在制度性和技术性因素的影响下，商业银行的负债脱媒已经开始，但是受资产证券化水平较低和直接融资市场发育缓慢等因素的影响，商业银行的资产脱媒却尚未开始（陆晓明，2014），从而呈现出了负债端与资产端非对称脱媒的特征。另一方面，目前商业银行的负债脱媒仍然是银行体系内的脱媒，严格地说是"脱表"，即表内的存款负债转变为表外的理财产品。在这种情况下，互联网金融的发展对中国的金融脱媒的影响容易被高估。

（二）互联网金融是否会推高实体经济的融资成本

2014 年年初以来，"互联网金融推高了实体经济的融资成本"这一观点在中国金融业界和学术界引发了广泛的争论。这一观点的内在逻辑是，以余额宝为代表的互联网货币基金分流了商业银行存款，然后再以协议存款等形式高息拆借给有流动性需求的商业银行，这一金融空转的套利行为提高了商业银行的揽存压力与成本，商业银行则会将提高的成本转嫁给贷款企业，最终导致实体经济的融资成本上升。从美国的情况来看，90 年代中期美国互联网金融的高速发展也伴随着银行贷款利率的提升。如图 5 – 9 所示，美国前 25 家大银行的平均优惠贷款利率（prime rate）在1994年1月至1995年6月这一期间提高了3个百分点（由6%上升至9%），并一直持续到2000年。2001年，随着美联储货币政策进入扩张周期，美国整体贷款利率水平才开始显著下降。如果仅仅从时间上来看，这一时期美国整体贷款利率水平的提升的确伴随着互联网金融的蓬勃发展。

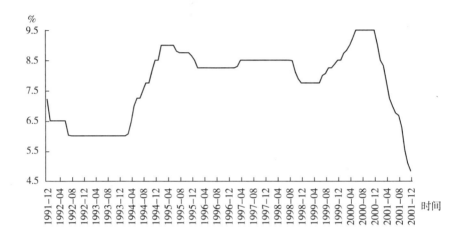

数据来源：美国联邦储备银行圣路易斯分行网站（http://research. stlouisfed. org/）。

图5-9　1991年12月至2001年12月美国前25家大银行的平均优惠贷款利率变动情况

然而，正如上文所述，时间上的巧合并不能证明二者的因果关系，而应当基于严密的经济学逻辑与相关数据进行实证研究。如在控制能够影响银行业贷款利率水平的其他变量的条件下，观察互联网金融发展水平与银行业贷款利率之间的变动关系。由于目前尚无法通过公开渠道获取中国企业贷款成本变动的数据，因此无法将中美两国的情况进行对比。本书认为，互联网金融对中国国有控股大型商业银行和中小商业银行负债脱媒的压力是有差异的，营业网点广、资金动员能力强的四大国有控股商业银行面临的脱媒压力相对较小。因此，一个比较中肯的判断是，目前互联网金融模式对中国企业融资成本的冲击是结构性的，而并非是整体性的。换言之，互联网金融的迅速发展可能提高了在存款市场上议价能力相对较低的部分中小商业银行的融资成本，进而间接提高了其贷款利率。但是，从整体上看，目前互联网金融对四大国有控股商业银行主导下的银行体系资金成本的冲击仍然是较为有限的。[①] 此外，也应当注意到，可能导致实体经济融资成本上升的原因是多方面的，如 2013 年初以来适度从紧的货币政策、银行业垄断竞争的市场格局、直接融资市场欠发达等。因此，仅仅将企业融资成本上升归咎于互联网金融的发展难免有"后此谬误"（post hoc fallacy）之嫌。

（三）互联网金融对传统金融的影响：融合抑或颠覆

从目前中国金融业的整体竞争格局来看，具有核心技术和海量数据的电子商务企业和互联网巨头正在大举进入个人金融业务等传统金融业务的细分市场，由此对以商业银行为代表的传统金融机构形成了一定的挑战。这一情况与 90 年代中期美国传统商业银行与以微软公司为代表的高科技企业在个人金融业务领域的激烈博弈非常相似。当时在美国也曾引发互联网金融是否会颠覆传统金融模式的争论，但是从后续发展的历程来看，尽管以网络银行为代表的互联网金融模式对美国的传统金融机构产生了一定的冲击，加剧了金融脱媒并提高了美国银行部门的市场集中度，但并未从根本上颠覆美国传统的金融模式与业态。互联网金融与传统金融最终形成了以融合为主、竞争为辅的基本态势。这一经验能否直接在中国应用？事实上，美国金融机构自 70 年代初以来先后经历了数轮金融脱媒的冲击，特别是在 1980—1986 年利率自由化进程[②]中，美国商业银行的贷款利率水平、存贷利差以及净息差均有所下降。因此，美国商业银行在应对市场竞争格局变化方面非常敏感，在开发创新型金融产品方面也有着十分丰富的经验。这是其能够在 90 年代与互联网金融模式的竞争中主动求变、顺势而为、化解冲击的重要原因。然而，目前中国金融机构特别是商业银行面临着制度性脱媒与技术性脱媒的双重冲击，因此在与新兴的互联网金融模式的竞争中显得准备不足，较为被动。

---

①　受数据可得性的限制，本书无法进行深入的定量分析。这一问题需要金融当局密切关注。

②　人们普遍认为，美国利率市场化的法律进程始于 1980 年国会通过的《存款机构放松管制与货币控制法案》，至 1986 年基本完成。

中国互联网金融发展过程中一个十分独特的现象是，向传统金融机构发起冲击和挑战的是同样有着非常庞大的用户基础和网络规模的新兴电子商务集团、网络社交平台以及门户网站。考虑到中国互联网金融市场庞大的规模，互联网金融与传统金融机构之间的博弈与较量将是激烈且充满变数的。目前，中国已经基本上形成了以国有控股商业银行为代表的传统金融机构、以阿里巴巴和京东为代表的新兴电子商务集团、以腾讯和百度为代表的网络社交平台和门户网站三足鼎立的竞争格局。而新兴的电子商务集团也已经形成了较为成熟的基于大数据技术的低风险、高效率的供应链金融模式。考虑到其多年积累的庞大的客户群体和电子商务市场的成长前景，这一网络金融模式将对传统的银行借贷模式形成一定的冲击。而网络社交平台和门户网站拥有数以亿计的客户群体，且在网络效应的作用下，客户黏度和忠诚度非常高。这使得其在开拓个人金融服务领域①时将拥有传统金融机构所不具备的巨大优势。2014年，中国启动了网络银行试点工作；2015年，中国的存款保险制度正式建立并实施。随着中国利率市场化进程的进一步推进，互联网金融机构与传统金融机构将展开更加激烈的竞争，中国的金融脱媒可能更加剧烈。正如有的学者在2014年6月19日举行的《中国P2P借贷服务行业白皮书2014》发布会上所说的，互联网金融将主要从物理银行概念、时空概念、货币金融主权概念、金融服务的空间和领域、现有金融模式与格局、金融竞争策略以及传统的金融监管理念等方面对传统金融形成冲击和挑战。在这一背景之下，商业银行有可能成为"21世纪灭绝的恐龙"。

与此同时，我们也应当看到，传统金融机构在与新兴的互联网金融模式的博弈与竞争中仍然占据一定的优势。首先，国外大量研究以及美国的实践证明，互联网金融模式长于交易型融资业务，而弱于对私人信息收集和处理要求非常高的关系型融资业务，后者正是以商业银行为代表的传统金融机构的优势。因此，互联网金融模式难以完全替代传统的金融机构。其次，在信息与网

---

① 如第三方支付业务以及以此为基础衍生的各种可能产生资金流的创新型金融业务（如前文提到的网络打车服务等）。

络技术的应用方面，传统金融机构和新兴的网络金融机构是平等的。传统金融机构只要适时调整竞争策略，加快信息化布局和新技术的应用，提高市场应变能力和创新能力，完全有可能凭借自身的资金实力与市场经验在与互联网金融模式的较量中占据主动。最后，以商业银行为代表的传统金融机构作为实力雄厚、根深蒂固的利益集团，具有很强的"监管俘获"能力，其往往能够通过游说监管当局的方式，为互联网金融的发展设置制度性障碍，从而限制或延缓其发展。[①]这也是传统金融机构应对互联网金融模式挑战的有力工具。总而言之，尽管中国互联网金融模式的发展将对传统金融机构产生冲击，但其从根本上颠覆传统的金融业态与竞争格局的可能性是很小的，二者之间更多地仍将是竞争与融合并存。

四、对中国互联网金融发展的思考及政策建议

正确认识美中两国互联网金融发展的差异，是中国借鉴美国互联网金融发展经验的前提。相比较而言，中国互联网金融发展的背景和情况较美国更加复杂多变。由于此前中国的商业银行并未经历过金融脱媒的冲击，缺乏创新意识和市场应变能力，因此，尽管从长期来看，互联网金融模式从根本上替代传统金融模式的可能性非常小，但也不能低估互联网金融的发展对中国金融机构、金融市场以及传统金融业态的冲击。中国互联网金融发展的关键在于金融当局对这一过程的管控，从而在促进互联网金融发展的同时，缓释其对传统金融机构与金融业态的冲击，最终起到规范竞争、加速融合进而因势利导地深化我国金融体制改革的目的。目前中国金融当局应当主要从以下两个方面着手推动和规范中国互联网金融的发展：

一方面，打破互联网金融的思维定式，以互联网金融的健康发展推动中国金融体制的深化改革。从目前国内各界对互联网金融的研究和讨论中，能够看到一些明显的思维定式。如很多对互联网金融的讨论，很自然地将互联网金融

---

①　1994 年，美国银行界通过游说美国国会，成功地促使后者发起了对微软（Microsoft）公司一项关键并购案的反垄断调查。最终在美国国会的干预下，微软公司不得不放弃全面进军美国个人金融业务市场的战略。这成为传统金融机构利用强大的"监管俘获"能力构筑市场进入壁垒的经典案例。详情参见本书第四章第一部分的论述。

特别是 P2P 融资等创新性很强的互联网金融模式与金融风险的累积乃至系统性风险相关联,并认为游离于现行监管框架之外的互联网金融模式蕴藏着极大的风险。还有一些研究则集中探讨了互联网金融的本质,即互联网金融究竟是否改变了金融的本质。事实上,对于互联网金融的研究和讨论应当走出这些思维定式。应当看到,互联网金融模式在降低融资成本、拓宽中小企业融资渠道、推动利率市场化改革以及促进中国传统金融业转型等方面发挥了积极作用。此外,由于互联网金融并未改变传统金融的本质,因此这一问题不应该成为抑制互联网金融发展的理由。中国金融当局应当为互联网金融的发展创造一个开放、公平的环境,以互联网金融的发展为突破口,继续推动中国金融体制的深化改革。

另一方面,深化金融监管体制改革,探索适应大金融时代的、更加灵活高效的新型金融监管框架。从美国互联网金融发展的历程我们能够清晰地看到,互联网金融的产生和发展深深地根植于特定的金融发展阶段,是一系列宏微观因素共同作用的结果。中国互联网金融的井喷式发展,正是当前中国金融创新活跃和混业经营时代来临的一个缩影。在这样一个金融边界不断延展、金融内涵日益丰富的大金融时代,如何调整传统的金融监管体制,是中国金融当局面临的一个不小的挑战。事实上,传统的以"一行三会"为代表的分业监管模式已经难以适应创新浪潮日益高涨的金融发展趋势。本书认为,应该进一步加强中国人民银行的金融监管职能,特别是对传统金融机构的创新型金融业务以及新兴的第三方支付等网络支付业务的监管。事实上,也只有赋予中国人民银行更多的监管权,才能够实现货币政策和金融监管的匹配,进而避免重蹈美国次贷危机的覆辙。与此同时,应当夯实金融监管部际联席会议制度,强化各分业监管部门之间的协调配合。只有这样,才能够实现对创新性极强的互联网金融模式的审慎监管,从而守住不发生系统性风险的底线。

中国互联网金融的发展与监管无疑是一个高度开放且争论颇多的问题。通过深入研究美国互联网金融的发展、总结美国各界在不同时期对互联网金融的讨论,并比对中国互联网金融的发展现状,我们不难发现,除了风险与监管之外,还有以下三个方面的问题值得我们深入研究和思考:

第一，垄断与不正当竞争的界定与规制。如前文所述，大多数互联网金融模式具有十分显著的网络外部性特征，这使得无论是在理论上还是在实践操作层面，对于垄断以及相应的不正当竞争行为的界定将变得十分困难。2014年年初，阿里巴巴和腾讯在网络打车这一新兴的移动支付领域的价格战是否涉嫌通过不正当竞争行为谋取垄断地位、扰乱市场竞争秩序？显然，这一问题在现行的公司法和反垄断法框架下无法得到解释。从美国的经验来看，如何平衡网络经济下获取规模经济所必需的市场集中与垄断者可能利用市场权力谋取私利之间的矛盾，是一个需要有前瞻性、战略性设计和考量的重要问题。

第二，互联网金融领域的行业标准制定。网络经济学的理论研究和大量案例表明，网络时代的竞争更多地是行业标准之争。传统金融模式与新兴的网络金融模式之间的竞争也是如此。如目前在迅速发展的第三方支付和移动支付领域存在的一个突出问题，是安全性与便捷性之间的矛盾。出于隔离风险和保护金融消费者利益的考虑，目前只有小额支付和转账需求适合采用便捷的移动互联网支付方式，但随之而来的问题是"小额"的边界如何界定。目前，各家商业银行的认定迥然不同。显然，类似的问题需要金融监管当局或者行业协会予以明确，只有这样，才能确保各方在统一的规则下开展公平、有序、良性的竞争，从而促进互联网金融业的健康发展。

第三，监管中立与监管协调问题。正如经济学中长期存在的效率与公平之争一样，金融监管当局也永远面临着提高金融效率与维护金融稳定的矛盾。一个高效和充满活力的金融体系一定是一个金融创新活跃的开放性系统，由此必然带来对金融稳定的种种挑战。尽管金融监管理念的天平偏向哪端往往是一个"仁者见仁，智者见智"的问题，但是金融监管当局不被强大的金融利益集团所俘获从而保持监管中立则是底线。互联网金融的迅速发展加速了大金融时代的到来，跨行业、跨领域乃至跨产品[①]的混业经营趋势日趋明显。在这一背景

---

① 以阿里巴巴集团的余额宝产品为例，其既具有货币基金的性质（对接天弘货币基金），又具有活期存款（随存随取的 T + 0 交易机制）和电子货币（可直接用于网络购物）的属性。

之下，中国无疑需要全面加强监管协调并真正保持监管中立。

应当看到，中国互联网金融的迅速发展在产业和制度层面推动了中国金融体制改革的进程。从金融产业层面来看，互联网金融加剧了金融行业的竞争与资源整合，推动了金融创新的迅速发展，促使传统金融机构特别是贯享垄断利益的国有控股商业银行更加重视金融服务的内涵和客户体验，如升级支付服务网络，提供更加多样、细致的金融产品以及更加便捷、高效的服务等，即促使其向"为实体经济融资和提供优质金融服务"这一金融的本质回归。在互联网金融模式下，尽管金融的本质并未发生变化，但是金融产业的链条被拉长，金融产业内部的分工更加精细，金融产品的设计更加多元化，金融服务也更加差异化。从制度层面来看，互联网金融的发展能够在客观上推动中国的利率市场化进程，促使此前在金融抑制环境下形成的扭曲的利率水平向均衡的市场利率水平回归，提升金融服务的内涵，强化金融服务的普惠性，倒逼金融体制特别是金融分业监管体制的改革。从这个意义上说，互联网金融是加速中国金融改革进程的催化剂。

总而言之，从美国互联网金融发展的经验以及中国互联网金融发展的实践来看，一方面，制度性因素和技术性因素共同催生并推动了互联网金融的出现和迅速发展；另一方面，互联网金融的发展不仅进一步加快了技术进步和金融创新的步伐，而且还在相当程度上推动了制度革新。在双方相互作用和影响的过程中，金融业态不断推陈出新，金融运行机制日益多样化，金融市场得以不断扩展和深化。当然，风险控制和金融监管也越来越具有挑战性。互联网金融是深入理解和研究中国金融改革的独特视角。展望未来，中国互联网金融的发展依然存在相当大的变数。尚有众多的理论与现实问题有待国内学术界进行深入的研究和探索，而合理借鉴国外的经验以解决中国的问题，则应该是一个不变的宗旨和主题。

五、本章小结

中国互联网金融的发展大体上分为三个阶段：第一个阶段是 20 世纪 90 年

代中期至 2005 年，第二个阶段是 2005—2011 年，第三个阶段是 2012 年至今。中国互联网金融发展的特点鲜明、意义重大。互联网金融在中国的迅速发展是技术性因素、制度性因素以及市场性因素共同作用的结果。互联网金融的兴起对目前中国的金融业竞争格局产生了冲击，并对国内金融市场产生了重大影响。中国传统的金融业态和现行监管框架在互联网金融的冲击下，面临转型和重构。正确认识美中两国互联网金融发展的差异，是中国借鉴美国经验的前提。中美互联网金融发展的一个重要差异在于网络规模。在不同的网络规模之下，网络外部性发生作用的结果可能存在显著区别。一方面，网络规模大导致临界容量的阈值高，网络产品的用户规模达到临界容量进而引发正反馈机制的时间长、难度大，因此中国互联网金融领域的竞争更加激烈和残酷，速度至上更为重要。企业往往不得不采用极端的竞争策略以提升规模扩张的速度。另一方面，"积少成多"效应在市场规模庞大的条件下可能更加显著。因此，中国互联网金融模式的成长空间是巨大而广阔的。在美中两国互联网金融的比较研究中，有三个核心问题值得关注。第一，互联网金融发展是否会加速金融脱媒？尽管美国的经验证明，金融抑制和技术进步所引致的金融创新（如互联网金融）是加速金融脱媒的两个主要原因，但是从逻辑上看，互联网金融的发展并不会必然加速金融脱媒，目前作出"互联网金融会加速中国的金融脱媒"这一论断仍然为时过早。第二，互联网金融是否会推高实体经济的融资成本？90 年代中期美国互联网金融的高速发展也伴随着银行贷款利率的提升，但时间上的巧合并不能证明二者的因果关系。目前，互联网金融模式对中国企业融资成本的冲击是结构性的，而并非是整体性的，将企业融资成本上升归咎于互联网金融的发展属"后此谬误"之识。第三，互联网金融能否颠覆传统金融模式？目前，中国已经基本形成了三足鼎立的互联网金融竞争格局。新兴的互联网金融机构在开拓个人金融服务领域时拥有传统金融机构所不具备的巨大优势。然而，尽管如此，中国的传统金融机构仍然有足够的时间与能力应对互联网金融模式带来的挑战。从长远来看，互联网金融模式从根本上颠覆传统金融模式的可能性是很小的，二者之间更多地仍将是竞争与融合并存。

　　中国互联网金融发展的关键在于金融当局对于这一过程的管控，从而在促进互联网金融发展的同时，缓释其对传统金融机构和金融业态的冲击，最终起到规范竞争、加速融合从而推动金融体制改革的目的。为此，应当打破互联网金融的思维定式，以互联网金融的健康发展推动中国金融体制的深化改革。与此同时，应该深化金融监管体制改革，探索适应大金融时代的、更加灵活高效的新型金融监管框架。除了风险与监管之外，垄断与不正当竞争的界定与规制、互联网金融领域的行业标准制定以及监管中立与监管协调等问题都值得我们深入研究和思考。中国互联网金融的迅速发展在产业和制度层面推动了中国金融体制改革的进程。互联网金融是深入理解和研究中国金融改革的独特视角，尚有众多的理论与现实问题有待国内学术界进行深入的研究和探索。

下篇

美国大数据监管
的实践与探索

第六章 美国的大数据国家战略及其全球溢出效应

如前文所述，推动生产力迅速发展的历次产业革命无一不是由重大的技术革新所引发的。技术革新在促进全球经济发展的同时，也对人类社会和文化等各个方面产生了重大而持久的影响。20世纪90年代初，互联网技术在美国率先实现民用化，具有高速、互联特征的万维网（World Wide Web）的出现和迅速普及，不仅极大地降低了信息的传递和获取成本，而且催生了一系列新的商业模式。由互联网与电子计算机相结合所引发的这场信息技术革命迅速从美国扩展到全球。进入21世纪后，这场信息技术革命出现了新变化：在信息化时代以各种方式被产生、记录、存储、传播以及使用的数据开始成为信息技术革命的主角。一场被形象地称为"大数据革命"①的信息技术变革悄然而至。然而，与历次技术革新所不同的是，从来没有哪一次技术变革能够像这场大数据革命一样，在短短的数年里从少数科学家的主张转变为全球领军公司的战略实践，从而上升为大国的国家竞争战略，并最终演变为一股对人类经济社会发展将产生深远影响的历史潮流。② 美国作为全球第一经济与科技大国，成为这一历史潮流的引领者。自2012年美国政府正式发布其大数据国家战略之后，其他主要发达国家纷纷跟进，大数据已经成为新一轮大国角力的焦点。本章将对美国大数据国家战略出台的背景与实施进行深入的考察，并探究其在全球范围内所产生的溢出效应，从而为深入分析美国的大数据监管及其对国际金融监管

---

① MAYER – SCHÖNBERGER V, CUKIER K. Big Data: A Revolution That Will Transform How We Live, Work and Think [M]. Boston, MA: Houghton Mifflin Harcourt, 2013.

② 享誉全球的管理大师彼得·德鲁克（Peter F. Drucker）指出，我们正在经历的信息革命并非是在技术、设备、软件或者速度上的革命，而是一场"概念"上的革命。与以往50年间一直强调"技术"这一因素的传统意义上的信息革命所不同的是，新一轮信息革命的重点是大量数据所承载的"信息"的有效利用。参见彼得·德鲁克. 21世纪的管理挑战 [M]. 北京：机械工业出版社，2009.

改革进程的影响奠定基础。

一、"大数据"概念的提出及其内涵

2007 年 1 月,图灵奖得主、关系数据库专家吉姆·格雷(Jim Gray)在其发表的题为《第四范式:数据密集型科学发现》(*The Fourth Paradigm*:*Data - intensive Scientific Discovery*)的演讲中指出,人类科学的发展正在进入数据密集型科研这一"第四范式"。[①] 由于传统的计算科学范式已经无法适应科研数据迅速增长的历史趋势,因此,基于海量数据的数据获取技术、数据存储技术、数据分析技术以及数据可视化技术亟待取得根本性突破。吉姆·格雷在演讲中使用了"超大规模"(Mega - scale)和"微细规模"(Mili - scale)等概念描述数据时代的特征,并强调了这种数据爆炸对于传统研究工具的挑战和颠覆。因此,尽管其在演讲中并未直接使用"大数据"(Big Data)这一概念,但是他提出的"第四范式"思想已经具备了大数据革命的核心内涵,因此也被视为大数据革命的思想雏形。

2008 年 9 月,英国《自然》(*Nature*)杂志刊发了一期题为"下一个谷歌"(*The Next Google*)的专刊报告。该报告不仅正式提出了"大数据"这一术语,而且认为它将是下一个十年能够与谷歌搜索引擎相媲美的重大科技创新。2011 年 2 月,美国《科学》(*Science*)杂志也刊发了一期关于大数据的专刊,并指出"数据困境"已经成为众多传统科学研究所面临的共同问题。因此,大数据分析技术亟待取得重大突破。尽管这两份引领全球科研方向的顶级期刊提出了"大数据"这一术语并使其迅速成为全球瞩目的前沿问题,但是

---

① 一般而言,人类科学研究的范式经历了以下几个阶段:第一范式是指经验科学阶段,18 世纪以前的科学进步均属此列,其核心特征是对有限的客观对象进行观察、总结、提炼,用归纳法寻找科学规律,如伽利略的物理学定理。第二范式是指 19 世纪以来的理论科学阶段,以演绎法为主,凭借科学家的智慧构建理论大厦,如爱因斯坦的相对论。第三范式是指 20 世纪中期以来的计算科学阶段,面对大量过于复杂的现象,归纳法和演绎法已经难以满足科学研究的需要,人们开始借助计算机的高级运算能力以建模的方式对复杂现象进行分析和预测,例如天气、地震、原子的运动等。参见"大数据治国战略研究"项目组. 大数据领导干部读本 [M]. 北京:人民出版社,2015:6.

并未给出大数据的科学定义。2011 年 5 月，美国麦肯锡研究院在其发布的题为"下一个创新、竞争和生产力的前沿"的报告中，首次全面、清晰地阐述了大数据的定义及其内涵，即"大数据是指其大小超出了常规数据库工具获取、存储、管理和分析能力的数据集"（McKinsey, 2011）。

大数据这一概念的内涵大体上包括现象、理念以及技术这三个层次。首先，大数据描述了人类社会进入信息时代以来积累了体量庞大的数据集这一现象。这一现象具有典型的"4V"特征，即数据体量大（volume）、处理速度快（velocity）、数据种类多（variety）以及价值密度低（value）。① 其次，大数据是指基于上述现象产生的分析问题的理念和范式，如"对全体数据而非随机样本进行分析"、"重视混杂性而非精确性"以及"探求相关关系而非因果关系"② 等。这些观念明显有别于传统的统计学和计量经济学的研究范式，从而成为人们探究规律和统计决策的新方式。最后，大数据是指处理海量数据的技术手段，如云计算、分布式处理、存储以及感知技术等。依托这些技术才能够落实大数据的理念，从而使大数据资源真正发挥其价值。③ 人们在日常提及和使用"大数据"这一概念时，往往将以上三个层次的含义加以混用。④ 如果抛开现象、理念与技术这一维度，即从微观层次上看，大数据是在新一代信息基础设施的支撑下，物理空间运动过程加速向网络空间映射的结果，具体表现为规模巨大、种类多样、内在关联的数据集，趋向于无限接近真实世界；从中观层次上看，大数据是信息经济时代主要的生产要素，是改造生产力和生产关系的基础性力量，个人角色、企业组织结构与战略、国家治理方式以及国家之间

---

① MCAFEE A, BRYNJOLFSSON, E. Big Data: The Management Revolution [J]. Harvard Business Review, 2012, 90 (10): 60 –68.

② 维克托·迈尔－舍恩伯格，尼思·库克耶著/盛杨燕，周涛译. 大数据时代 [M]. 杭州：浙江人民出版社，2013: 19.

③ 从目前来看，大数据技术分析的五个基本方面包括可视化分析（analytic visualization）、数据挖掘算法（data mining algorithms）、预测性分析能力（predictive analytic capabilities）、语义引擎（semantic engines）以及数据质量和数据管理（data quality and master data management）。

④ 王达. 宏观审慎监管的大数据方法：背景、原理及美国的实践 [J]. 国际金融研究，2015 (9).

的竞争方式，将在数字空间中被重新构建；从宏观层次上看，大数据是认识论的变革，大量对象从不可知到可知，从不确定性到精确预测，从小样本近似到全样本把握，是认识世界和改造世界能力的升华。[①]

张晓强等（2014）从哲学层面对大数据进行了较为深入的探讨，认为大数据的建模方法与传统模型方法、统计建模方法以及计算机仿真之间有着本质上的区别。[②]

具体而言，第一，大数据模型与传统模型有很大的区别。传统模型大体上可以划分为物质形式的科学模型与思维形式的科学模型两类。[③] 在物质形式的科学模型中，模型来源属于天然存在物的便是天然模型，模型来源属于人工制造物的便是人工模型。在思维形式的科学模型中，根据模型不同的特点可分为理想模型、数学模型、理论模型以及半经验半理论模型。理想模型强调的是模型的抽象性；数学模型强调的是模型的数学基础；理论模型强调的是模型的理论基础；而半经验半理论模型强调的是模型的来源，既包含理论成分，又包含经验成分。大数据模型与传统模型之间的区别主要体现在：首先，大数据模型并不具有物质形式，因此并非物质形式的科学模型；其次，大数据模型根据海量数据以及算法得出，无理论介入，因此也非理论模型；再次，大数据模型从海量的数据出发，通过复杂的计算，最终得出复杂的模型，都是具体的数据运算，并无抽象过程；最后，虽然大数据模型涉及算法，但是大数据模型与数学模型的得出过程不同，数学模型是通过寻找研究问题与数学结构的对应关系而确定的。而大数据模型则是通过寻找海量数据与算法的对应关系而确定的。显然，大数据的模型方法与已有的科学模型方法都不相同，是一种新型的模型方法，更多地体现为一种经验模型。

第二，大数据模型与统计建模相比，也有本质上的不同。数据挖掘是最具

---

① "大数据治国战略研究"项目组. 大数据领导干部读本［M］. 北京：人民出版社，2015：2.

② 张晓强，杨君游，曾国屏. 大数据方法：科学方法的变革和哲学思考［J］. 哲学动态，2014（8）.

③ 孙小礼. 文理交融：奔向世纪的科学潮流［M］. 北京：北京大学出版社，2003.

有代表性的大数据方法之一。它作为一个多学科交叉的领域，涉及数据库、统计学、机器学习等领域；从模型方法的角度来看，其中最为相近的是统计学。尽管数据挖掘涉及一定的统计基础，但数据挖掘与统计建模还是有本质的区别。首先，在科学研究中的地位不同。统计建模经常是经验研究和理论研究的配角和检验者，而在大数据的科学研究中，数据模型就是主角，模型承担了科学理论的角色。其次，数据类型不同。统计建模的数据通常是精心设计的实验数据，具有较高的质量；而大数据中则是海量数据，往往类型杂多，质量较低。再次，确立模型的过程不同。统计建模的模型是根据研究问题而确定的，目标变量预先已经确定好了；大数据中的模型则是通过海量数据确定的，且部分情况下目标变量并不明确。最后，建模驱动不同。统计建模是验证驱动的，强调的是先有设计再通过数据验证设计模型的合理性；而大数据模型是数据驱动的，强调的是建模过程以及模型的可更新性。由此可见，尽管大数据与统计建模均是从数据中获取模型，但两者具有很大的区别，大数据带来的是一种新的模型方法，大数据中的模型是数据驱动的经验模型。

第三，大数据模型与计算机仿真之间也有很大的区别。计算机仿真主要包含三个要素，即系统、系统模型与计算机，它所联系的三个要素的内容分别是模型建立、仿真模型建立以及仿真实验。Pietsch（2013）指出，大数据方法与计算机仿真方法之间的区别在于：（1）研究对象不同。大数据面向的是海量的数据，而计算机仿真面向的是根据系统建立的数学模型。因此，大数据是数据驱动的，而计算机仿真是模型驱动的。（2）推理逻辑不同。大数据是根据数据归纳得出数据模型，而计算机仿真是根据模型演绎得出计算结果。（3）自动程度不同。大数据从数据获取到数据建模以及预测均是计算机自动进行的，而计算机仿真只有仿真实验这一步是自动的，仅仅占了科学研究过程中的一小部分。（4）说明力度不同。计算机仿真的模型假设为模型的说明提供了坚实的基础，而大数据由于建模过程的自动化而缺乏这样一个基础。因此，前者的说明力较高，而后者的说明力较低。（5）角色地位不同。计算机仿真主要承担了实验的角色，通过不断实验来确定模型中的参数；而大数据在科学研究中，无论是对于模型的获得还是进行预测都占主体地位。（6）基础设施不同。计算机仿真可能涉及一台或多台计算机；而大数据却涉及更多的基础设施，包括自动获取数据的传感器、连接用户与电脑的网络设施等。[①]

　　在上述研究的基础上，张晓强等（2014）着重对大数据方法的预测功能进行了深入的分析：从预测的角度来看，大数据的预测虽然不具有必然性，但是的确能够较好地预测。首先，大数据的模型会经过评估，从而达到一个较好的预测；其次，随着数据的更新，大数据的模型也会进行相应的更新；再次，大数据一般针对具体的问题，因此其模型也是针对具体的问题，并不需要与某个演绎系统进行对接；最后，大数据模型的来源是海量的数据，越多的数据蕴含着越多的经验信息，越多的信息在模型中得到体现，那么预测就会越准确。科学的"说明—预测"象限见图6-1。

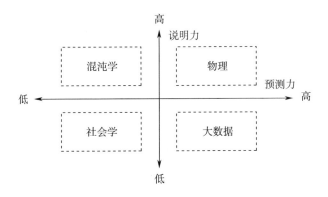

资料来源：张晓强等（2014）。

图6-1　科学的"说明—预测"象限

　　图6-1中的第一象限即物理，作为科学大厦的经典代表，拥有完美的演绎系统。它不仅可以说明物体的运动，而且可以预测星球的轨迹。无论是说明力还是预测力，它都是当前科学中的典型代表。第二象限是混沌学，虽然可以通过基础理论予以说明，但是很难进行预测。比如，在对台风的研究中，科学

　　①　PIETSCH, W. Big Data—The New Science of Complexity［C］. The 6th Munich - Sydney - Tilburg Conference on Models and Decision, 2013.

家们可以通过气体动力学等科学知识给予很好的说明，但却无法对台风予以准确的预测。第三象限是社会学，其理论并未形成完美的演绎系统，不具有必然性，也无法形成心理习惯，在定律说明方面较弱。在因果关系方面，社会学只有在一定的前提假设下才具有一定的说明力，而且对于同一现象往往有不同的解释，因此说明力仍旧较弱。在因果方面，社会学的说明力显然要强于大数据，因为人们可以根据常识予以理解。在预测方面，社会学很少做预测，即便预测，也很少成功。第四象限是大数据，它在具有较高预测力的同时，却只拥有较弱的说明力。大数据方法基于一种理论与经验的权衡，将会影响预测力较低的传统科学，为此类科学提供一种新的研究路径，实现较好的预测力。大数据是一种新的经验表现形式、一种新的科学研究方法和科学研究类型。在经验层面，大数据带来了"无处不在"；在方法层面，大数据带来了"难以理解"；在科学层面，大数据将带来"新的世界"。①

二、美国大数据国家战略出台的背景

大数据国家战略是巴拉克·奥巴马总统执政时期实施的一项意义深远的国家战略。人们一般将 2012 年 3 月白宫发布的《大数据研究和发展计划》视为美国大数据国家战略正式出台的标志。然而，大数据革命何以发源于美国？美国又何以先于主要发达经济体将大数据上升为国家战略？这些问题构成了分析美国大数据国家战略的逻辑起点。事实上，美国大数据国家战略的出台有着深刻的历史背景、技术背景与产业背景。

（一）美国的信息自由传统与政府数据开放运动

众所周知，美国作为西方世界中所谓"民主国家"的典范，自由与法制理念是其"三权分立"这一政治体制的基石。而信息自由作为一项基本的、重要的民权，在美国的司法体系中有着深厚的历史与文化传统。早在建国之初，《独立宣言》的起草人之一、美国第三任总统托马斯·杰斐逊（Thomas

---

① 张晓强，杨君游，曾国屏. 大数据方法：科学方法的变革和哲学思考 [J]. 哲学动态，2014（8）.

Jefferson）就曾指出："信息之于民主，就如货币之于经济。"① 然而，在第二次世界大战之前，尽管美国相关法律规定政府有义务向民众披露与国家安全无关的行政信息，但是并未明确规定披露的细节。因此，信息公开的主动权事实上掌握在美国政府手中。② 第二次世界大战结束后，随着战时新闻管制的终结，美国新闻界人士掀起了一场信息自由运动。1945 年，时任美联社执行主编的肯特·库珀（Kent Cooper）率先提出了"知情权"（right to know）这一概念，并且明确指出，知情权是指人们有权知道政府的运作情况和信息。1953 年，哈罗德·克劳斯（Harold Cross）出版了被后人誉为"美国信息自由运动的圣经"的《人民的知情权》（The People's Right to Know）一书。克劳斯在该书中明确指出，如果没有知情权，即使在一个民主制度下，人民所能做的也不过仅仅就是投票改选他们的国王罢了。③ 然而，在东西方冷战的大背景下，杜鲁门政府以及随后的艾森豪威尔政府都以维护国家安全为由，继续加强对政务信息的管制。直到1966 年，约翰逊总统才在日益高涨的信息自由压力下不得不签署了《信息自由法》。该法案规定，任何一位美国公民都可以向联邦政府部门查询和索要不涉及国家安全的政务信息，相关政府部门必须在规定时间内予以答复。该法案由此成为战后美国信息自由化进程中具有里程碑意义的一项法案。此后，在支持信息自由运动的国会议员、美国新闻媒体以及众多美国企业与大众的努力和推动下，美国又陆续出台了一系列针对政务信息公开的法案（详见表6 - 1），从而为当前席卷美国的政府数据开放运动奠定了坚实的法律基础和制度保障。④

---

① 转引自涂子沛．大数据［M］．广西：广西师范大学出版社，2013，第 15 页。

② 如 1789 年美国国会制定的《管家法》（Housekeeping Act）规定，美国行政机关必须在统一的出版物上公开政务信息，但对于公开的内容，行政长官有自由量裁权。1935 年和 1946 年分别通过的《联邦登记法》（Federal Register Act）和《行政程序法》（Administrative Procedure Act）规定美国公民可以向政府提出信息公开的请求，但如果危及公众利益，政府有权拒绝。

③ CROSS, H. The People's Right to Know: Legal Access to Public Records and Proceedings［M］. New York: Columbia University Press, 1953.

④ 严格地说，信息与数据是两个既有联系又有区别的概念。数据是对信息数字化的记录，其本身往往并无实际意义。信息则是把数据放置在一定背景之下，对数据进行解释、赋予意义。但是，进入信息化时代之后，人们倾向于将所有储存在计算机上的信息统称为数据。

表 6 − 1　　　　　　　　美国信息公开领域重要的法案

法案名称	主要内容
1966 年《信息自由法》 （Freedom of Information Act）	赋予公民向政府部门自由查询不涉及国家安全的政府信息的权利
1972 年《信息自由法修正案》	对信息公开的范围、时限以及查询的费用作出细致、透明的规定；如果政府以保密缘由拒绝查询，公民可以提起司法诉讼
1976 年《阳光政府法》 （Government in the Sunshine Act）	合议制机关会议应该公开，公民可以旁听政府部门会议
1996 年《电子信息自由法》 （Electronic Freedom of Information Act Amendments）	政府部门数据库的电子记录属于信息公开的范围，行政部门必须按照信息查询方要求的数据格式提供信息
2000 年《数据质量法》 （Data Quality Act）	规范政府各部门数据发布工作，建立数据审查复核机制，提出数据质量的客观性、实用性、公正性要求
2006 年《联邦资金责任透明法》 （Federal Funding Accountability and Transparency Act）	联邦政府须公开公共财政支出的原始数据，并建立一个完整、专业的数据开放网站，以统一的格式向公众提供可下载的数据并接受查询
2007 年《开放政府法》 （Open Government Act）	进一步扩大政府信息公开的范围，如果行政部门无法在规定期限内提供信息则不能收费，司法部必须向国会报告每年有多少信息公开申请被拒绝以及被拒绝的原因

资料来源：作者根据相关资料整理。

除了信息自由化运动不断推动美国相关立法改革之外，自 20 世纪 80 年代初兴起于民间的一场软件"开源"（Open Source）运动也对美国政府数据的开放起到了推波助澜的作用。80 年代初，以理查德·斯托曼（Richard Stallman）等程序员为代表的美国软件行业精英发起了一场旨在打破 70 年代形成的软件编程代码保密行业规范的运动，提出通过公布软件编程代码的方式，使全世界的软件编程人员通过自由协作的方式完善软件开发流程，从根本上促进软件业的发展，并由此带动相关产业与商业模式的革命性变革。90年代以来，这场软件"开源"运动渐成大势并深入人心，基于开源代码编写的软件数量和种类迅速扩大。在这一背景之下，软件行业的创新者又将眼光投向了数据开放领域。① 2004年，美国出现了首个由民间发起的公共数据开放网站（Trackgov. us）。2006年，国会通过了《联邦资金责任透明法》之后，白宫行政管理预算局（OMB）在民间力量的技术支持下，很快推出了公布联邦公共支出数据的官方网站（USAspending. gov），从而加快了联邦政府数据开放的步伐，并且掀起了一场数据民主化（Democratizing Data）运动。

（二）雄厚的信息产业基础与蓬勃发展的技术创新

美国作为以电子计算机和信息技术为代表的第三次产业革命的策源地，拥有雄厚的信息产业基础、强大的科研实力、新技术的产业转化能力、开放包容的创新和创业文化。90年代初期，互联网技术在美国率先民用化。② 互联网技术在传统产业部门产生了强大的正向溢出效应。为此，克林顿政府实施了著名的"信息高速公路"计划③，以完善国家信息基础设施。该计划不仅加速了信息技术的普及，而且对完善美国的信息产业链条以及鼓励技术创新起到了至关重要的作用。信息基础设施的完善与技术创新的蓬勃发展，产生了两个极其重要的影响。

第一，使美国在普适计算和大数据领域不仅拥有领先世界的信息技术，而且信息产业链条完整，从而成为美国先于各国进入大数据时代特别是实施大数

---

① 软件是由代码和数据共同组成的。

② 1969年，由美国国防部高级研究计划局（DARPA）提供经费、由被誉为"互联网之父"的理查德·克莱因罗克设计的"阿帕网"（ARPAnet）与斯坦福大学的计算机对接成功。此后，该网由国防部和国家科学基金运营。1994年，美国政府决定将该网向民间开放，由美国第二大通讯公司MCI负责建立高速骨干网业务，将地区网与骨干网链接。参见陈宝森，王荣军，罗振兴. 当代美国经济［M］. 北京：社会科学文献出版社，2011：163.

③ 1993年9月，克林顿政府发布了《国家信息基础设施：行动议程》。该计划被形象地称为美国国家"信息高速公路"计划。

据国家战略的重要前提。早在 1988 年互联网概念刚刚兴起之时，美国的计算机科学家马克·韦泽（Mark Weiser）便提出了普适计算理论，即随着网络技术的发展，计算机将逐渐从人们的视线中消失，最终与环境融为一体，人们将能够在任何时间和任何地点获取、处理信息。普适计算已经成为目前日臻成熟的云计算、物联网等信息技术的重要理论基础。近年来，随着射频识别标签（RFID）等传感器技术的完善与普及，基于普适计算理论的大数据处理技术已经在美国政府管理的经济社会活动中获得了广泛的运用并取得了良好的效果。[1] 此外，目前美国已经形成了从数据整合、数据分析、数据挖掘到数据展示的较为完整的技术范式与产业链条，从而为政府的大数据国家战略的实施奠定了坚实的微观基础。

第二，随着传统产业与社会经济活动的信息化程度的逐步提高，美国已经成为一个真正意义上的数据大国。因此，无论是对美国的公共部门还是私人部门而言，突破数据处理能力瓶颈和提升数据治理能力已经成为当务之急。以美国的公共部门为例，2011 年美国麦肯锡公司全球研究所（McKinsey Global Institute）的研究报告指出，截至当年，美国政府共计拥有 848 拍字节（Petabyte）的数据总量，仅次于制造业的 966 拍字节。截至 2013 年，美国商务部下属的美国普查局（USCB）拥有的数据已经超过 2500 太字节（Terabyte）。美国国家安全局、中央情报局、财政部、卫生部以及劳工部等典型的数据密集型行政管理部门都积累了海量数据。以美国财政部为例，2009 年该部为收集数据信息而产生的社会负担竟高达 76 亿小时。[2] 在 1998—2010 年期间，美国联邦政府的数据中心数量由 432 所跃升至 2094 所；相应地，联邦政府的年度 IT 预算也由 1996 年的 180 亿美元增加至 2010 年的 784 亿美元。[3] 由

---

① CURTIN, J P, GAFFNEY, R L, RIGGINS, F J. Identifying Business Value Using the RFID E – Valuation Framework［J］. International Journal of RF Technologies：Research and Applications，2013（2）.

② 详情参见 Office of Management and Budget. Information Collection Budget of the United States Government［R］. The White House, Washington, 2010.

③ 涂子沛. 大数据［M］. 广西：广西师范大学出版社，2013：38.

此可见，在数据处理的巨大压力之下，美国已经成为一个典型的数据大国和信息技术消费大国。这一现实要求美国政府从国家战略层面应对由于数据规模不断扩张所带来的各种问题和挑战。

（三）美国传统产业转型升级与全球竞争力的重塑

2008年9月肇始于美国的国际金融危机不仅重创了美国的金融体系，而且对美国的实体经济也产生了重大影响。为了尽快使美国经济走出衰退的泥潭，重塑美国企业的全球竞争力，奥巴马政府采取了一系列推动传统产业升级与刺激实体经济发展的举措。其中两个最有代表性的举措是新能源技术开发与推广计划以及"再工业化"战略。国际金融危机爆发之初，奥巴马政府便提出在清洁能源技术的研发与推广方面加大力度，以此带动相关产业的发展，并寄希望于以清洁能源技术的重大突破带动新一轮工业技术革命，从而使美国经济在走出危机泥潭的同时继续引领全球经济增长。然而，目前看来这一计划并未取得预期效果。一方面，水力压裂法等页岩油开采技术的出现和普及大大提高了传统化石能源的开采效率，进而导致美国能源供需结构出现了重大变化，特别是化石能源的自给自足大大降低了清洁能源技术研发的必要性与紧迫性；另一方面，清洁能源计划也面临着一系列来自传统产业部门、劳工部门以及行政司法部门的巨大压力。①

奥巴马总统在2009年9月召开的二十国集团（G20）匹兹堡峰会上正式提出了"可持续的和均衡增长框架"建议。此后，美国政府出台了一系列以平衡增长为目标的经济提振计划以及旨在全面振兴美国制造业的法案（参见表6-2），其中以2010年8月11日由奥巴马总统签署的《美国制造业振兴法案》（*United States Manufacturing Enhancement Act of* 2010）为典型代表。这一旨在降低美国制造业成本、创造更多就业岗位、重塑美国制造业竞争力以及提振美国实体经济的法案被视为美国"再工业化"战略的核心。该法案明确提出，

---

① 美国总统奥巴马于2015年8月发布了号称"最大、最重要"的清洁能源计划。该计划指出，美国将在未来15年内自发电站减少近1/3的温室气体排放量。到2030年，美国发电厂碳排放目标被期望在2005年的基础上减少32%（低于2005年的水平）。然而，这一雄心勃勃的清洁能源计划于2016年2月被美国联邦最高法院否决。

振兴制造业的主旨在于：第一，实现可持续的经济增长并创造大量新的就业岗位；第二，提高生产率，增强制造业产品的国际竞争力并扩大出口；第三，提高劳动者素质；第四，维护并不断提升国家安全。至于推行"再工业化"战略的最终目的，则在于引领可能到来的下一场科技革命，进而抢占未来国际经济与科技竞争的制高点。

表 6-2　2009—2010 年美国围绕"再工业化"战略出台的政策法规

类别	法案名称	时间
发展产业类	《美国制造业振兴法案》	2010 年 8 月生效
	《国家制造业发展战略法案》	2010 年 7 月众议院通过
	《清洁能源制造业及出口补贴法案》	2010 年 7 月众议院通过
	《重塑美国制造业框架》	2009 年 12 月白宫发布
促进出口类	《国家出口倡议》	2010 年 9 月白宫发布
	《终结贸易赤字法案》	2010 年 7 月众议院通过
科技创新类	《美国专利和商标追加拨款法案》	2010 年 8 月生效
	《美国高技术再授权法案》	2010 年 5 月众议院通过
	《网络和信息技术研发法案》	2009 年 5 月众议院通过
扩大就业类	《激励雇佣保护就业法案》	2010 年 3 月生效
	《美国人就业法案》	2009 年 9 月众议院通过

资料来源：王达，刘晓鑫. 美国"再工业化"战略及其对中国经济的影响[J]. 东北亚论坛，2013（6）.

美国"再工业化"战略的总体目标是以提振制造业的方式向实体经济回归，即重视以制造业为代表的实体经济部门在美国未来经济增长中的核心作用。从短期来看，这一战略的直接目标在于通过刺激企业部门投资、巩固美国的传统制造业优势以及增强出口产品竞争力等方式，扩大出口并尽可能多地吸纳就业，进而刺激美国经济复苏。然而，从长期来看，"再工业化"战略则具有更深层次的战略意义。事实上，美国政府认识到，一国产业结构的升级以及现行国际分工体系的确立在很大程度上是一个自发的、客观的过程，并且具有明显的不可逆性。因此，美国既无法在本土发展其并不具备比较优势的劳动力密集型加工制造业，也无法大力发展与其自然资源禀赋相悖的相关制造业，而只能将发展的重点放在高资本、高技术密集型新兴制造业上。换言之，美国的"再工业化"并非是对传统制造业的恢复与重建，而是以信息化时代的高新技术（如纳米技术、生物技术、新能源开发、空间技术、电动汽车以及近年来逐渐成熟的大数据技术等）为依托，推动产业结构的升级转型，将新兴产业作为主要经济增长点的新型经济发展模式。其长期的战略目标在于不断巩固和强化美国的核心竞争力，进而抢占未来国际经济竞争的制高点。由此可见，美国的"再工业化"战略是一个长期的系统工程。至于这一战略目标能否实现，则主要取决于美国能否取得关键性的技术突破，并长期、持续地保持其在制造业领域（尤其是其强调和看重的新兴制造业领域）的领先优势，进而引领全球产业格局的调整。换言之，技术与创新优势是美国"再工业化"战略的核心，也是事关这一战略成败的关键。事实上，从美国实施"再工业化"战略的动向和细节中不难看出，其出台的一系列政策措施和法律法规都紧紧围绕着如何巩固和强化美国的技术创新优势这一核心。2013 年 1 月，德勤全球制造业小组和美国竞争力委员会发布的题为《2013 年全球制造业竞争力指数》的调查报告显示，中国凭借劳动力和原材料成本以及日益完善的供应商网络，在全球 38 个主要的国家和地区中脱颖而出，成为当前以及未来 5 年内制造业竞争力最强的国家，而德国和美国则分别位居第二和第三。在 5 年之后，印度和巴西可能将取代德国和美国，成为制造业竞争力全球排名第二和第三位的国家。该报告认为，全球各国追求制造业领先地位的竞争将会越来越激烈。因此，美国能否通过不断强化其技术创新优势，进而在日益激烈的制造业国际经济竞争中始终保持领先地位，是决定其能否实现"再工业化"战略目标的核心因素①。由此可见，在德国、日本等传统制造业强国的技术赶超压力以及中

---

① 王达，刘晓鑫.美国"再工业化"战略及其对中国经济的影响 [J]．东北亚论坛，2013（6）．

国、印度、巴西等新兴市场国家的劳动力成本压力之下，抢占未来技术创新的制高点成为美国制造业重塑全球竞争力的唯一途径。也正是从这个角度来看，美国的大数据国家战略也承载着其传统产业转型升级与重塑全球竞争力的战略重任。

三、美国大数据国家战略的措施与影响

值得关注的是，在大数据完成从科学口号和民间运动这一量变上升为美国国家中长期发展战略这一质变的过程中，奥巴马总统发挥了十分关键的作用。事实上，奥巴马步入美国政坛后，一直是信息自由化运动的支持者。2006 年美国国会通过的《联邦资金责任透明法案》就是由当时作为民主党参议员的奥巴马联合共和党参议员汤姆·科伯恩（Tom Coburn）发起并在国会高票通过的①，这成为奥巴马当选总统前的一项突出的政绩。奥巴马在竞选美国总统期间，其竞选团队娴熟地运用大数据技术对选民展开舆情分析与精准营销，由此成为奥巴马最终得以赢得选举、入主白宫的重要因素。奥巴马在竞选口号中就明确提出了要建立一个透明、开放政府的执政目标。2009 年 1 月，奥巴马在就职演说中提出，其领导下的美国将致力于建设一个前所未有的开放政府，并雄心勃勃地指出："每一个联邦政府的机构和部门都必须知道，本届政府将会毫无保留地支持信息公开，本届政府不会站在设法截留、隐藏信息的一方。""为了引领一个开放政府的新时代，面对信息，政府机构的第一反应必须是公开。这意味着我们必须坚定地公开信息而不是等待公众来查询，所有的政府机构都应该利用最新的技术推进信息公开。"

事实证明，奥巴马的确在推动联邦政府数据开放这一问题上采取了一系列实质性行动，在宣誓就职的当天签署的第一份总统令（第 13489 号总统令）便放开了公众查阅总统文件的权利。② 随后，奥巴马签署了首份总统备忘录

---

① 为此，该法案也被称为"科伯恩—奥巴马法案"。

② 2001 年 9 月，美国前总统乔治·布什签署了第 13233 号总统令，以"反恐"和国家安全名义限制了公众查阅总统文件的权利。

《透明与开放政府》（*Transparency and Open Government*），并创建了 Data. gov 网站。① 该备忘录详细阐述了奥巴马旨在建立一个开放透明、公民参与以及多方合作的政府的执政理念。2009 年 3 月 5 日，奥巴马总统就职不到两个月，便任命维伟克·昆德拉（Vivek Kundra）担任美国联邦政府历史上首位首席信息官（CIO）；4 月 18 日，奥巴马又任命阿尼西·乔普拉（Aneesh Chopra）担任首位首席技术官（CTO）。与此同时，奥巴马要求乔普拉会同行政管理预算局（OMB）在 120 天内制定出开放政府的具体行动方案并予以落实，由此显示了奥巴马积极推动政府数据开放的坚定决心。2010 年 2 月，总统行政办公室下属的科学技术顾问委员会（PCAST）和信息技术顾问委员会（PITAC）向奥巴马和国会提交了《数字规划未来》的专门报告，该报告将数据收集和使用的工作提高到了国家战略的高度。该报告列举了五个贯穿各个科技领域的共同挑战，而首要挑战就是数据问题。该报告明确指出，如何收集、保存、维护、管理、分析以及共享正在呈指数级增长的数据是当前美国必须面对的一个重要挑战。该报告最终建议，联邦政府的每一个机构和部门，都需要制定一个大数据战略以应对这种挑战（参见表 6 - 3）。至此，美国的大数据国家战略已基本成型。2012 年 3 月，白宫正式发布了"大数据研究和发展计划"（Big Data Research and Development Initiative），大数据国家战略得以正式确立。此后，白宫每年都出台大数据国家战略的规划文件，但侧重点各有不同（参见表 6 - 4）。2012 年该战略推出之初，奥巴马政府主要从宏观和战略层面积极推进大数据技术的研发和推广，而近年来则转向隐私保护和价格歧视等更为微观和具体问题的解决。因此，从总体上看，美国大数据国家战略的执行表现出明显的"从宏观到微观、从一般到具体"这一特点。

---

① Data. gov 也是美国"开放政府"承诺的关键部分。该网站依照原始数据、地理数据以及数据工具三个门类所开放的数据涵盖了农业、气象、金融、就业、人口统计、教育、医疗、交通以及能源等大约 50 个门类，汇集了"从家庭和企业能耗趋势分析到全球实时地震通报等，甚至还可以从好奇号火星漫步者发回的数据中得知火星的天气情况"。参见甄炳禧. 从大衰退到新增长 [M]. 北京：首都经济贸易大学出版社，2015：198 - 199.

表 6 – 3　　　　　美国相关联邦机构大数据研发计划总结

机构	项目目标	部分项目名称	
美国国家科学基金会与国立卫生研究院	推进大数据科学和工程的核心方法及技术研究，管理、分析、可视化以及从大量的多样化数据集中提取有用信息的核心科学技术	神经科学计算合作研究（CRCNS）	互联网病人控制医学图像共享
		推进大数据科学与工程技术与核心技术（BIGDATA）	神经影像信息工具和资源信息中心（NITRC）
		21 世纪科学与工程学网络基础设施框架（CIF21）	扩展影像学档案工具箱（XNAT）
		引文数据	解剖学计算和多维建模资源
		开放科学数据和软件保存（DASPOS）	洛杉矶神经成像实验室（LONI）
		计算先行者计划	电脑辅助功能性神经外科数据库
		随机网络模型重点研究组	生物信息科学与技术倡议（BIS-TI）
		创意实验室	神经科学信息框架（NIF）
		数学与统计中计算和数据处理（CDS&E）（CDS&E – MSS）	人类大脑联络图工程
		关键转换点监测（MCTP）	国家生物医学计算中心（NCBC）
		激光引力波干涉观测站（LIGO）	病人报告结果测量信息系统（PROMIS）
		开放科学网格（OSG）	传染病代理研究模型（MIDAS）
		理论和计算天体物理学网络（TCAN）	结构型基因组计划
		数据挖掘挑战计划	全球蛋白质数据银行（wwPDB）
		癌症成像存档（TCIA）	生物医学信息研究网（BIRN）
		癌症基因组图谱（TCGA）	生物学及病床信息集成（i2b2）
		心血管病研究网格（CVRG）	国家老龄计算机数据存档（NACDA）
		集成数据的分析、匿名与共享（iDASH）	人口研究数据共享（DSDR）

续表

机构	项目目标	部分项目名称
美国国防部以及国防部高级研究局	推进大数据辅助决策，集中在情报、侦查、网络间谍等方面，汇集传感器、感知能力和决策支持建立真正的自治系统，实现操作和决策的自动化	网络预警：培育和测试网络防御能力 / 网络内部威胁（CINDER）计划
		情报共同体（IC） / 对加密数据的编程计算（PROCEED）研究
		NSA/CSS 商业解决方案中心（NCSC） / 视频和图像的检索和分析工具（VI-RAT）计划
		多尺度异常检测（ADAMS）项目 / XDATA 项目：分析大量的半结构化和非结构化数据的计算技术和软件工具
美国能源部	改善数据集研究，通过先进的计算进行科学发现，建立可扩展的数据管理、分析和可视化研究所	高级科学计算研究中心（ASCR） / 生物和环境研究计划（BER）
		高性能存储系统（HPSS） / 系统生物学知识库（Kbase）
		千万亿次数据分析处理计划 / 高级计算科学发现计划（SciDAC）
		下一代网络方案支持工具 / 高能物理计算项目
		BES 科学用户设施 / 美国核数据计划（USNDP）
美国地质调查局	给科学家提供深入分析的场所和实践、最高水平的计算能力和理解大数据集的协作工具，催化地理系统科学的创新思维	约翰韦斯利鲍威尔分析及综合中心

资料来源：根据李健等（2013）资料整理。

表6－4　　　　　2012 年以来美国白宫发布的大数据国家战略相关报告

发布时间	名称与主要内容
2012 年 3 月	"大数据研究和发展计划"（Big Data Research and Development Initiative） 　　该计划要求美国国家科学基金会等六家联邦机构制订总预算高达 2 亿美元的大数据研究计划，以提高美国政府从海量复杂数据中提炼知识和洞察未来的能力。具体目标有三个：（1）开发海量数据的收集、存储、管理、分析以及共享的高端核心技术；（2）利用上述技术加快科技与工程创新、保障国家安全、重塑教学科研；（3）培育开发和使用大数据技术的专业人才。
2013 年 11 月	"数据—知识—行动"计划（Data to Knowledge to Action） 　　该报告详细披露了美国国防部、能源部、国家航空航天局、国家卫生研究院等联邦部门和机构落实"大数据研究和发展计划"的进展情况，并进一步细化了利用大数据改造国家治理、促进前沿创新、提振经济增长的路径。
2014 年 5 月	《大数据：把握机遇，维护价值》（*Big Data：Seizing Opportunities，Preserving Values*） 　　该报告详细阐述了白宫的数据开放与个人隐私保护政策，从公共部门和私人部门两个角度论述了大数据管理问题。在此基础上，从大数据与公民、大数据与消费者、大数据与歧视以及大数据与隐私权保护四个方面介绍了奥巴马政府大数据管理的政策框架。
2014 年 5 月	《大数据与隐私权：基于技术的视角》（*Big Data and Privacy：A Technological Perspective*） 　　该报告详细论述了信息技术演进所带来的个人隐私保护困境，并从技术角度对大数据时代的个人隐私保护问题进行了细致的分析。该报告从国家层面提出了公共部门在执行大数据战略的同时保护个人隐私的五项指导性意见，如政府政策应更多地关注大数据的实际使用而较少关注数据收集和分析；政府政策不应当关联特定技术；政府网络信息研发计划需要加强合作，加强与隐私保护相关的社会科学研究；政府应与高等教育合作，培养新一代数据人才等。

续表

发布时间	名称与主要内容
2015 年 2 月	《大数据与差别定价》（*Big Data and Differential Pricing*） 　　该报告提出，应当对大数据技术的商用开展持续的关注与监督，尤其是部分公司利用所掌握的大数据资源进行针对消费者的定向营销与差别定价行为，可能损害消费者的利益。为此，报告提出应当通过相关法律法规以及提高大数据的透明度等方式对此类行为予以规范。
2016 年 5 月	《大数据报告：算法系统、机遇与公民权利》 （*Big Data: A Report on Algorithmic Systems, Opportunity, and Civil Rights*） 　　该报告以案例分析的方式，分别对信贷资源分配、就业与劳动力市场、高等教育以及犯罪审判等领域应用大数据技术面临的机遇与挑战进行了分析。在此基础上，分别从技术、价值观以及民权角度提出了政府部门如何在最大程度上消除大数据技术可能产生的歧视（discrimination）问题。

资料来源：美国白宫网站（www. whitehouse. gov）。

本书认为，大数据国家战略对美国的影响主要体现在以下三个方面：

第一，加速美国传统产业部门的转型升级，对提升美国的国家竞争力具有重大的意义。这主要是因为，大数据革命重新定义了美国乃至全球制造业创新升级的目标和路径，加速了传统制造业体系的产品、设备、流程、服务贬值淘汰的进程。在新工业体系下，数据和硬件将融为一体，以信息物理系统（CPS）为代表的具备智能属性的产品将贯穿经济体系的各个环节。[①] 与此同时，传统企业的研发和创新模式发生了重大的变化。具体而言，一是企业研发将变得高度个性化，即依托大数据技术，在产品设计与功能开发过程中能够满足消费者的个性化偏好与需求；二是研发环节与制造工艺系统高度集成和实时互动，即研发部门根据制造工艺系统的实时数据能够在第一时间修正产品瑕疵；三是开放式、协同式研发将成为主流，即大数据技术极大地降低了上下游

---

① CARLINI1, E M et al. A Decentralized and Proactive Architecture based on the Cyber Physical System Paradigm for Smart Transmission Grids Modeling, Monitoring and Control［J］. Technology and Economics of Smart Grids and Sustainable Energy, 2016（1）.

企业之间、分布于全球的各个企业部门之间共同参与产品研发的成本；四是全流程创新成为可能，即大数据技术使创新不仅仅局限于研发部门，在产品生产、销售过程依然可以进行大量创新①；五是产品研发的物理属性将逐步下降，而数据属性则不断提升，"数据产品"将成为企业创新的重要方向。

基于这一分析，本书认为，美国传统产业部门的升级转型面临着前所未有的重大机遇和挑战。在大数据时代，以制造业为代表的美国传统产业部门能否抓住大数据时代创新的核心，引领新一轮全球产业革命，成为事关美国经济可持续发展与提升国家竞争力的关键。从这个角度来看，美国的大数据国家战略的实施可谓恰逢其时。2012 年 11 月，美国制造业的标志性企业——通用电气公司（GE）发布了题为《工业互联网：突破机器与智慧的界限》的报告，提出继工业革命、互联网革命之后工业互联网作为新一轮产业革命已经发生。在这个新范式之下，智能机器、智能生产系统、智能决策系统将逐渐取代原有的生产体系，构成一个以数据为核心的智能化产业生态系统。通用电气公司旨在将大数据的采集技术、分析技术、呈现技术以及智能决策技术深度嵌入制造业的工序之中，将打造"数字工厂"和"智能工厂"作为其转型升级的方向。②2014 年 10 月，奥巴马政府又提出了"先进制造伙伴计划"（Advanced Manufacturing Partnership），从国家战略层面进一步明确了数字化和智能化这一传统制造业转型升级的方向。在可以预见的未来，美国传统产业部门将继续加大转型升级的力度，以适应大数据时代对企业创新与发展的要求。这对于增强美国企业的创新能力与全球竞争力、推动美国经济的持续稳定增长具有重大意义。

第二，全面提升美国政府的治理能力，在打造高效政府、透明政府、责任政府方面发挥了重要作用。奥巴马政府力推大数据国家战略的一个重要目标便

---

① Oracle：Big Data for the Enterprise［R］. Oracle White Paper，June 2013.

② 2015 年 4 月，该公司将旗下 5000 亿美元的金融部门全部出售。通用电气公司金融部门位列美国第七大金融机构，对整个公司的利润贡献高达 42%。这是该公司对大数据革命作出的一次深刻的业务调整，即舍弃利润丰厚的金融业务，淘汰一直擅长的传统工业范畴的业务，全力向一家数据驱动的新型公司转型。参见 WHITACRE E，CAULEY L. American Turnaround，Reinventing AT&T and GM and the Way We Do Business in the USA［M］. New York，NY：Business Plus，Hachette Book Group，2013.

是践行"数据治国"理念,以全面提升大数据时代美国政府的社会治理能力。美国从各州到联邦,政府部门有着庞大的数据统计体系。如前文所述,随着信息化时代的来临,公共部门的统计数据规模呈现出指数化增长的倾向。2012年以来,随着大数据国家战略的出台与推广,包括公共部门和私人部门在内的美国社会各界对大数据技术的开发和创新型应用已经基本达成共识,各级政府部门一方面加快了政府数据开放的进程,另一方面也纷纷借助大数据技术推动政府管理方式的变革,提升各个领域的社会治理水平,并且取得了良好的效果。

美国在这方面的案例不胜枚举。如美国金融研究办公室和美联储自2014年以来积极探索基于大数据技术的宏观审慎监管方法,一方面着手开发基于金融机构识别和金融合约识别的大数据平台,另一方面则积极探索数据可视化技术在金融监管领域的应用。联邦证券交易委员会(SEC)在国际金融危机爆发后便着手开发基于大数据技术的证券监管平台,并于2013年1月推出了市场信息数据分析系统(Market Information Data Analytics System,MIDAS)。[①] 纽约市和洛杉矶市分别建立了名为 DataBridge 和 LAOpenData 的城市公共数据开放平台,在鼓励广大市民和第三方机构浏览和利用平台数据进行科研、创新活动的同时,政府部门也利用相关数据加快"智能城市"的建设。如纽约市消防局通过大数据方法,挖掘与特定区域火灾发生概率最为紧密的数据指标并加以跟踪分析,计算每个地区甚至每栋建筑发生火灾的危险指数,从而对高危区域加强巡查,重点配置消防力量,以降低发生火灾的概率。纽约市警察局利用类似的原理,通过对大量的历史数据进行深入挖掘和分析,预判特定区域发生暴力犯罪的概率,并据此优化警力配置,加大打击暴力犯罪的力度,从而在最大程度上维护市民安全与社会稳定。芝加哥市政府利用餐馆的市民投诉数据、相关商业数据以及餐馆周边的环境数据等对餐馆的食品安全进行排查,从而提高食品安全水平。伊利诺伊州则使用相关医疗数据以及经济社会数据提高社会福

---

① 该系统可以同时处理高达 1000 亿条股票交易信息,是利用大数据技术实施证券业监管的典型案例。

利水平。芝加哥市的公共教育部门根据学生、学校以及教师的相关数据，结合地区人口、住宅、社会治安状况等相关数据，提前预测辖区内的学生入学人数与招生规模，并提前划拨公共教育经费等。①

第三，美国国家安全的战略内涵与维护模式发生了重大变化。众所周知，美国作为网络大国和信息技术强国，历来重视网络安全。2011 年 5 月，奥巴马政府发布了《网络空间国际战略》(*International Strategy for Cyberspace*)，从政治、经济、安全、司法、军事等多方面阐释了美国关于全球互联网空间未来发展、治理与安全的战略目标。该报告是美国首次针对网络空间制订的全球性计划。同年 7 月，美国国防部出台了《国防部网络空间行动战略》(*Strategy for Operating in Cyberspace*)，将增强重要基础设施的网络安全保护以及网络空间的威慑和攻击能力提升到更重要的战略位置。不难看出，信息时代美国的国家安全战略已经由传统意义上的海陆空三维安全拓展到了第四维度，即网络空间安全。在确保国家网络安全的同时，重塑全球网络规则、强化美国在全球网络治理中的领导地位已成为美国国家利益的重要组成部分。然而，大数据国家战略的出台，将美国国家安全的战略内涵进一步由维护网络安全升级为捍卫数据主权这一层次。② 与此同时，大数据技术也成为维护美国国家安全的重要途径。2013 年披露出的美国"棱镜门事件"说明，对美国境内外大量网络数据信息进行监控和深度数据挖掘，已经成为美国国家安全部门维护美国国家安全的重要手段。

即使在传统意义上的国家军事安全范畴，美国大数据国家战略的实施也产

① 吴湛微，禹卫华. 大数据如何改善社会治理：国外"大数据社会福祉"运动的案例分析和借鉴 [J]. 中国行政管理，2016 (1).

② 网络与数据的关系，类似于计算机硬件与软件之间的关系。互联网作为一种信息沟通的媒介，主要为数据和信息的流动提供物理渠道（如光纤网络）。因此，网络安全是一个相当宽泛而模糊的概念，既可以指渠道意义上的安全（如黑客发动网络攻击），也可以指数据信息意义上的安全（如数据泄露）。而数据主权则更为明晰，也更加有针对性。数据主权可以理解为一个国家对其政权管辖地域范围内个人、企业和相关组织所产生的数据拥有的最高权力。参见沈国麟. 大数据时代的数据主权和国家数据战略 [J]. 南京社会科学，2014 (6).

生了重要而深远的影响。早在大数据国家战略出台之前，美国国防部便开始着手开发基于大数据技术的先进国防科技。2011 年 4 月，美国国防部在一份关于拟优先发展的先进科学技术备忘录中，明确将"数据到决策"（Data to Decision）技术列为七项优先资助开发的战略项目之首。该计划分为"先期技术与工具开发"以及"数据扩展"两个主要部分。前者涉及数据监测、数据分析以及数据安全等八项大数据技术的研发与应用；而后者则旨在开发能够分析海量非结构化数据的技术和软件工具，从而提升战场数据信息的搜集和处理能力。该项目的总体目标在于，借助大数据技术强化对战场数据的感知、获取和分析能力，将战场数据高效转化为作战情报，进而为快速形成作战方案提供有效支撑，最终提高作战行动能力，最大限度地获取战场优势。需要指出的是，美国大数据国家战略推出之后，美国国防部进一步加大了对大数据相关技术研发与推广的力度，这对巩固美国在先进国防技术领域的优势起到了至关重要的作用。

四、美国大数据国家战略的全球溢出效应

美国的大数据国家战略不仅对美国产生了重大而深远的影响，而且还在全球范围内产生了广泛的溢出效应。这种全球溢出效应主要表现在以下三个方面：

第一，在全球治理领域，美国引领了一场史无前例的全球政府数据开放运动。受美国大数据国家战略的影响，越来越多的国家加入到制定和推广大数据国家战略的行列之中，这既为改善全球公共治理水平提供了契机，也在全球范围内产生了诸多问题和挑战。① 事实上，奥巴马政府始终站在全球的视角与高度推动美国政府的数据开放运动。2010 年，美国作为发起国召开了首届政府数据开放的国际会议，会议吸引了来自英国、澳大利亚、新西兰等十多个国家

---

① REIMSBACH – KOUNATZE C. The Proliferation of "Big Data" and Implications for Official Statistics and Statistical Agencies：A Preliminary Analysis ［R］. OECD Digital Economy Papers，No. 245，OECD Publishing，2015.

的上百名代表。此次会议讨论并初步形成了美国与参会各国的数据开放伙伴关系。此后，政府数据开放运动的影响力和范围不断扩大。2011年7月，在奥巴马总统的倡议下，以美国和英国为代表的八个国家发起成立了所谓的"开放政府联盟"（OGP），并于同年9月发布了《开放政府宣言》（Open Government Declaration）。八个发起国在宣言中承诺：将用自身的行动积极推动全球各国政府的数据开放，以机器可读的格式，及时主动地向社会开放高质量的原始数据，从而确保公众便捷地获取和使用不涉及国家安全的政府数据信息。此后，该联盟的成员国数量不断扩大。截至2016年6月，其成员国数量已达69个。根据万维网基金会于2015年发布的《开放数据晴雨表全球报告（第三版）》（ODB Global Report），目前全球政府数据开放程度最高的十个国家分别是英国、美国、法国、加拿大、丹麦、新西兰、荷兰、韩国、瑞典以及澳大利亚。[①]

随着政府数据开放运动在全球范围内的不断发展，打造开放、包容以及透明的政府逐渐成为全球认可的主流价值理念。可以预见的是，在这一理念的影响下，无论是一国内部还是整个国际社会将变得更加开放，公共部门数据资源的跨国流动和自由使用将成为可能。这里面既蕴藏着大量的机会，也有对传统价值观的挑战。就前者而言，大量原始数据资源的整合、披露与共享，一方面有利于政府部门借助大数据技术提升公共治理水平，改善民生[②]；而另一方面也有利于私人部门开发基于大数据技术的创新型商业模式[③]，从而推动"数字经济"等新经济业态的形成与发展。然而，硬币的另一面则是长期以来一直困扰数据共享乃至大数据技术全面普及的一个重要问题——隐私权尤其是公民个人隐私权的保护。[④] 看似破碎的数据信息经过大数据技术的挖掘和加工后，

---

① 根据该报告，中国的最新排名为第55名。

② KNUTSEN J. Uprooting Products of the Networked City [J]. International Journal of Design, 2014 (1).

③ OECD. Measuring the Digital Economy: A New Perspective [R]. OECD Report, Paris, 2014.

④ HARTZOG W. Chain – Link Confidentiality [J]. Georgia Law Review, 2011 (46): 657 – 704.

在理论上完全有可能部分甚至全部还原数据产生者的个人私密信息（如家庭住址、收入状况等）。^① 从美国的经验来看，数据开放与数据标准化过程需要考虑与现有法律体系尤其是隐私权保护相关法律的相容性问题。从全球范围来看，全球层面的隐私权保护将成为大数据时代全球治理领域面临的新问题。^②

第二，在经济领域，美国的大数据国家战略助推和引领了新一轮产业革命的浪潮。美国作为全球第一大经济体和技术强国，其大数据国家战略一经推出便引发了全球各国的广泛关注，尤其是其确定的传统制造业向数字化和智能化转型升级的战略方向得到了德国、中国等制造业大国的认同。因此，在美国的带动下，人类历史上的第四次产业革命拉开了帷幕并已经在全球范围内呈蓬勃发展之势。2013 年，德国政府联合业界和学术界提出了"工业 4.0"规划^③，即德国版第四次工业革命战略规划。该计划旨在通过深度应用信息通信技术（information communication technology）和网络物理系统（cyber‑physical systems）等手段，从根本上改变传统的工业生产方式和制造技术。具体而言，该计划主要是以智能工厂和智能生产为重点进行技术研发，提升产品的个性化程度以及产品性能，大幅降低加工制造业的生产成本，提高生产效率。"工业 4.0"规划作为一种全新的工业生产方式，通过网络技术与大数据分析力求实现客观物理世界和虚拟网络世界的融合，在本质上是一种对信息时代人机互动关系的深刻变革。因此，其数字化和智能化这一核心理念，与美国通用电气公司的工业互联网概念在内涵上是一脉相承的。2015 年 5 月，中国国务院发布了《中国制造 2025》，即中国版"工业 4.0"规划。《中国制造 2025》提出，要用十年的时间分三步，使中国跻身世界制造业强国的行列。该规划的核心同

① 关于大数据与隐私的研究，可参见 2014 年 5 月美国"总统科技咨询委员会"（PCAST）发布的《大数据与隐私：基于技术角度的分析》（www. whitehouse. gov/sites/default/files/microsites/ostp/PCAST/pcast_ big_ data_ and_ privacy_ ‑ may_ 2014. pdf）。

② MARTIN K E. Ethical Issues in the Big Data Industry [J]. MIS Quarterly Executive, June 2015.

③ 德国将人类史上的三次产业革命分别称为"工业 1.0"（以蒸汽机为代表的机械制造设备的应用）、"工业 2.0"（电气化的广泛应用）和"工业 3.0"（信息技术的大规模应用和普及）。

样在于以信息化和工业化深度融合的方式，带动和引领整个制造业的发展。其中，制造业创新中心建设工程、智能制造工程以及高端装备创新工程都是该规划的重要内容。

美国大数据国家战略所触发的第四次产业革命的重大意义是不言而喻的。2008 年国际金融危机爆发至今，全球经济尤其是主要发达经济体的经济增长低迷。尽管全球经济在美国量化宽松货币政策的刺激下，避免了二次危机，但是全球经济增长的低迷态势一直未能改观。在这一背景之下，一场由技术变革推动的产业革命无疑将为全球经济注入新的增长动力。基于大数据技术的科技创新与工业生产的流程再造将在全球范围内产生广泛的外溢效应，这对于推动全球经济彻底走出 2008 年金融危机的泥潭，从根本上实现长期、可持续增长都具有重大而深远的意义。

第三，在国际关系领域，美国的大数据国家战略进一步丰富了国家主权的战略内涵，并且使数字鸿沟（digital divide）① 和数据霸权（digital hegemony）问题日益突出。大数据如果仅仅作为一种科研理念或商业模式，其本身并不直接涉及国家利益或国家主权问题，而一旦大数据上升到国家意志或国家战略层面，则必然引发由量变到质变的过程。从某一国的角度来看，其数据资源作为一种重要的信息资源，蕴藏着能够反映该国经济发展、社会动态、文化前沿、科技创新乃至国家安全威胁的各种信息。因此，在大数据时代，数据主权无疑将成为主权国家竭力争取和维护的重要内容②。而一国政府的数据资源整合能力以及数据分析与决策能力也是衡量其综合国力的重要标准。从这个角度来看，大数据国家战略的推出无疑将进一步强化美国在信息技术领域的全球领先

①　这一概念最早由美国国家远程通信和信息管理局（NTIA）于 1999 年发布的题为《在网络中落伍：定义数字鸿沟》的报告中定义："数字鸿沟指在那些拥有信息时代工具的人和那些未曾拥有者之间存在的鸿沟。"后来，联合国等国际组织使用数字鸿沟描述信息通信技术的全球发展和应用造成或拉大国与国之间以及国家内部群体之间差距的现象。从世界范围看，数字鸿沟是由于发达国家经济水平及信息化程度与发展中国家之间所形成的信息不对称造成的。

②　ALBRECHT J P. Regaining Control and Sovereignty in the Digital Age [M]. In Enforcing Privacy, Volume 25 of the series Law, Governance and Technology Series, April 2016.

地位，并进一步巩固和提升美国的综合国力，由此可能带来两个方面的问题，即在全球范围内扩大数字鸿沟和强化美国的数据霸权地位。

众所周知，信息技术作为推动现代经济增长和优化公共治理的一项重要技术手段，在全球范围内的扩散与应用是极不均衡的。以美国等发达经济体为代表的一方，凭借其完备的信息基础设施、雄厚的信息技术储备、强大的研发创新能力以及高效的产业转化能力已经走在了第四次产业革命浪潮的前列；而以部分发展中经济体尤其是欠发达经济体为代表的另一方，则陷入了全球数字鸿沟的谷底。2016 年世界银行发展报告《数字红利》披露的数据显示，目前全球仅有 15% 的人能够访问宽带互联网；尽管手机已经普及到了全球 4/5 的人口并已经成为发展中国家人民访问互联网的主要渠道，但是全球仍有近 20 亿人未拥有手机；全球近 60% 的人尚未接入互联网；全球范围内底层 40% 收入的家庭中，有 21% 的家庭没有手机，有 71% 的家庭没有互联网连接；底层 40% 收入人口与上层 60% 收入人口之间、农村与城市人口之间应用互联网的差距在不断扩大①。由此可见，全球层面的数据鸿沟问题依然严峻。为此，如何使由大数据技术所引发的数据革命更加公平地惠及国际社会，在最大程度上消除数据鸿沟，将是现行全球治理面临的重大挑战。

与此相关的另一个问题则是美国的大数据国家战略会进一步强化其数据霸权地位，从而使美国在全球网络治理领域的主导地位得到进一步的巩固。美国拥有全球最为发达的互联网产业，不仅产业链条完整，而且相关企业的竞争力和影响力在全球范围内往往都占据着绝对的垄断地位。如谷歌（Google）、脸书（Facebook）等公司的存在，使美国能够以极低的成本获得全球数据。美国信息产业的"八大金刚"② 几乎对全球信息产业（包括大数据产业）形成了绝对的垄断。因此，美国是这场由其大数据国家战略所引发的全球数据开放运动的最大受益者，而其大数据国家战略本身也将继续巩固和强化美国的数据霸权

---

① 详情参见报告原文（www. worldbank. org/en/publication/wdr2016. ）。

② 指美国信息产业最具代表性的八家企业：思科（Cisco）、IBM、谷歌、高通（Qual-comm）、英特尔（Intel）、苹果（Apple）、甲骨文（Oracle）、微软（Microsoft）。

地位。美国将如何使用这种依托强大的技术优势建立起来的数据霸权对全球治理施加影响？美国引领这场大数据革命将会对广大发展中国家产生何种深远影响？后者又应该如何应对？这都将是短时期内无法给出确切答案因此需要我们持续关注的重要问题。

五、本章小结

美国大数据国家战略的出台有着深刻的历史背景、技术背景与产业背景。从历史层面来看，第二次世界大战结束以来美国历时近半个世纪的信息自由运动为当前席卷美国的政府数据开放奠定了法律基础和制度保障；自20世纪80年代初兴起的软件"开源"运动也起到了推波助澜的作用。从技术层面来看，美国信息基础设施的完善、技术创新的蓬勃发展，尤其是在普适计算和大数据领域所拥有的领先技术以及完备的产业链条，使美国先于各国进入大数据时代。而随着传统产业与社会经济活动信息化程度的提高，突破数据处理瓶颈、提升数据治理能力的重要性和紧迫性日益突出。从产业方面来看，国际金融危机后美国传统产业转型升级的压力陡然加大。依托大数据技术抢占未来科技创新的制高点成为美国制造业重塑全球竞争力的重要途径。然而，大数据国家战略不仅对美国具有十分重大的意义，而且其全球溢出效应也十分显著：在全球治理领域，政府数据开放运动既为改善全球公共治理提供了契机，也在全球范围内产生了诸多问题和挑战；在经济领域，其引领的第四次产业革命浪潮为全球经济注入了新的活力，有助于推动全球经济彻底走出2008年国际金融危机后的低速增长，实现长期、可持续增长；在国际关系领域，其进一步丰富了国家主权的战略内涵，但同时也使数字鸿沟和数据霸权问题更加突出。

美国于2012年推出的大数据国家战略与同时期乃至此前一个相当长时期内美国所出台的国家战略存在两个方面的显著差异：一方面，美国的大数据国家战略是一项由下而上而非由上而下形成的国家战略，因此其不仅仅是抽象意义上实现和维护美国国家利益的途径和工具，而且有着坚实的理论依据、严谨的科学判断、扎实的产业基础、合理的商业动机和基本一致的公众认可度。因此，与其说大数据国家战略是美国国家意志的体现，倒不如说其是美国各界在对未来发展趋势达成共识这一前提下开展的一致行动。所谓的国家战略其实是美国政府对这一趋势的因势利导。另一方面，大数据国家战略是美国政府作出的一项具有前瞻性的决策，是美国适应时代发展要求向数字化、智能化社会过渡的重要标志。其全球溢出效应十分巨大甚至在短时期内是无法准确估量的。这种全球影响不仅仅体现在地域范畴上，而且更多地体现在国际关系、全球治理乃至人类社会经济增长方式、商业模式、教育方式、文化交流与传承方式等众多维度。此外，大数据技术本身也处在不断的更新和发展进程中，2016 年以来，以区块链为代表的新一代大数据技术在全球范围内再次引发了广泛关注。这些不断涌现的新技术将对全球经济乃至人类社会产生何种影响，在很大程度上甚至是难以预知的。①

---

① DAVIDSON S, DEFILIPPI P, POTTS J. Economics of Blockchain [R/OL]. (2016 - 03 - 08) [2016 - 09 - 12] http: //ssrn. com/abstract = 2744751, 2016.

第七章　美国大数据监管的背景、原理与意义

英国学者维克托（Viktor Mayer - Schonberger）在《大数据时代》一书的开篇中指出，"大数据正在改变我们的生活以及理解世界的方式，成为新发明和新服务的源泉，而更多的改变正蓄势待发……"① 如我们所见，金融业作为一个典型的信息密集型产业部门，已经走在这场大数据浪潮的前沿。现代金融体系的运行每时每刻都在产生大量的微观金融数据。因此，收集和分析这些数据则成为维持这一体系稳定、高效运行的基础。近年来，国内外金融界一直在关注大数据技术可能对现代金融业带来的革命性变革，"大数据金融"（Big Data Finance）也由此成为一个炙手可热的研究领域。美国金融监管当局高度重视大数据方法在宏观经济金融管理特别是宏观审慎监管领域的运用，并为此进行了积极的探索。本章旨在论述大数据方法与宏观审慎监管结合的背景，介绍大数据监管的基本原理及其与传统金融监管的不同之处，并评述大数据监管的重要意义与发展前景。

一、全球金融业已全面进入大数据时代

金融业是一个典型的信息密集型产业部门，大量信息以种类各异的数据形式被记录、储存和交换。以银行业为例，海量的储户个人信息、申请贷款的企业的经营信息数据、银行自身的投资头寸以及动态变化的各类资产负债数据等，对这些数据的分析成为商业银行自身经营决策以及金融监管部门实施监管的基础。至于长周期、大样本的数据分析，更是商业银行内部评级法、信用卡管理、投资组合分析以及保险精算等金融业务的基础。在人类社会进入网络时

---

① 维克托·迈尔－舍恩伯格，尼思·库克耶. 大数据时代［M］. 盛杨燕，周涛译. 杭州：浙江人民出版社，2013：19.

代以前，金融机构开展数据分析的样本容量相对较为有限，且主要集中在数据结构相对简单一致的结构化数据上。从数据采集的方式上看，仍以纸质表格等传统方式为主。然而，20世纪90年代以来，以互联网为代表的电子信息技术极大地加速了传统金融业务的电子化和网络化，越来越多的金融业务尤其是个人金融业务可以通过网络平台甚至移动客户端开展，传统金融服务平台与服务模式日趋非实体化。客户通过网络平台办理金融业务会产生大量数据，如登录时间、登录地点、个人使用习惯与偏好、支付数据等。因此，传统金融机构的数据采集量呈显著的指数级增长。微观金融数据量的迅速扩张在客观上要求传统金融机构一方面不断加大对IT部门的投资，以应对数据存储和数据管理的客观需要；另一方面，也要求传统金融机构开发新的基于海量数据的分析方法，以从存量数据中挖掘商业价值，不断提升自身适应市场竞争的能力。

2012年，IBM商业价值研究院（IBM Institute for Business Value）联合英国牛津大学开展了一项全球大数据研究项目，其调查涵盖了全球96个国家和地区的1144家商业企业与IT公司，其中124家来自银行业和金融市场①。调查显示，71%的商业银行与金融公司认为，信息技术（包括大数据分析）对于提高自身竞争优势大有裨益，而这一比重在2010年仅为36%。在接受调查的商业银行与金融公司中，26%的公司尚处于探索和理解大数据分析的概念和基本逻辑的阶段，而47%的公司已经明确了大数据战略的路线图，27%的公司已经开始在开展金融业务的过程中实施大数据探索计划。更值得关注的是，IBM商业价值研究院的这一调研项目发现了全球金融业探索和应用大数据技术的四个重要结论。

首先，客户分析（customer analytics）是促使商业银行和非银行金融机构开展大数据分析的原动力。在90年代以来日趋加速的金融全球化和金融自由化浪潮下，全球各国尤其是主要发达国家的传统金融机构面临着越来越大的竞争压力。尤其是在移动互联网时代，网络金融基础设施的完善尤其是金融服务

---

①　TURNER D, SCHROECK M, SHOCKLEY R. Analytics：The Real – World Use of Big Data in Financial Services［R］. IBM Institute for Business Value Executive Report, 2012.

接口的移动化和便捷化，使客户尤其是个人客户对于单一金融机构的依赖性和忠诚度不断下降。在此背景下，传统金融机构的组织架构和业务模式普遍面临着转型的巨大压力，即由传统意义上的以金融产品（服务）为中心（product-centric）的业务模式转向以客户为中心（customer - centric）的业务模式。因此，只有更好地了解客户的真实需求，为客户提供更加个性化的金融服务，才能够提高客户体验和客户忠诚度，从而在激烈的市场竞争中获得更加稳定的市场份额与利润。显然，基于金融机构所积累的海量客户数据信息开展大数据分析是实现这一目的的重要前提和技术保障。在 IBM 商业价值研究院开展的调研项目中，55% 的金融机构认为提高客户分析能力是其开展大数据分析最为迫切的要求，23% 和 15% 的金融机构则分别将优化业务流程和改善风险管理作为开展大数据分析的首要目标。

其次，具备相当规模且可扩展的信息基础设施是金融机构利用大数据分析挖掘商业价值的前提条件。迅速增长的微观金融数据也具有典型的大数据"4V"特征，即数据体量大（Volume）、处理速度快（Velocity）、数据种类多（Variety）以及价值密度低（Value）。因此，金融大数据的商用必须依赖一个规模大、可扩展性强的信息基础设施。IBM 将这一信息基础设施细化为信息整合、信息存储设施、大容量数据仓库、数据安全与数据治理、脚本编辑与拓展工具、纵列数据库（columnar database）、复杂事件处理、工作优化与排序、数据分析加速、Hadoop 分布式系统基础架构、非关系型数据库（NOSQL）引擎以及流计算（stream computing）等 12 个指标。IBM 商业价值研究院的调研结果显示，将近 90% 的金融机构已经在信息存储设施建设方面取得了显著进展，50% 以上的受访金融机构在微观金融数据整合、大容量数据仓库建设以及数据安全与数据治理等方面着手改善大数据分析的信息基础条件。但是，在非关系型数据库引擎以及流计算等更为复杂的大数据分析技术方面，传统金融机构所取得的进展仍然较为有限。

再次，金融机构大数据的来源广泛，数据类型多样，在现有的技术条件下，传统金融机构所积累的海量内部数据是其开展大数据分析的重点。在互联网时代，传统金融机构大数据的来源非常广泛，既有从交易场景搜集的海量结构化数据，也有通过网络、电话、摄像头等渠道采集的大量非结构化数据（见图7-1）。一般而言，传统金融机构都采取了"重存量、轻流量"这一较为渐进、缓和的大数据战略，即首先集中力量挖掘现有的海量微观数据存量的商业价值而非更多地关注数据流量，50%以上的受访金融机构都采取了这一大数据策略。超过80%的传统金融机构表示，存储并分析客户交易数据与网络登录数据是其目前开展大数据分析的首要目标。然而，这些由电子计算机自动生成且在迅速增长的数据已经超出了很多传统金融机构进行数据存储和分析的能力边界。因此，这些经年累月存储下来的海量数据往往沉睡在金融机构的数据库里而难以被有效分析和利用。

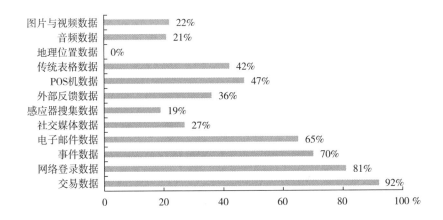

注：百分比表示关注该类数据处理技术的金融机构占 IBM 调研的全部金融机构的比重。

数据来源：TURNER D, SCHROECK M, SHOCKLEY R. Analytics: The Real－World Use of Big Data in Financial Services［R］. IBM Institute for Business Value Executive Report, 2012.

图7-1　传统金融机构大数据的来源以及各类数据受关注的程度

最后，传统金融机构已经开始积极利用更加先进的大数据分析技术提升其数据分析的能力，但上升空间仍然较大。需要指出的是，大数据本身并不产生价值，大数据只有与适当的分析方法相结合并用来解决商业问题才能发挥其作用。从 IBM 商业价值研究院的调研结果来看，大部分传统金融机构在利用查询与报告技术、数据挖掘技术、数据可视化技术以及预测性建模方法分析和处理结构化数据方面，已经取得了较为明显的效果。然而，传统金融机构采用更加高级和复杂的大数据分析技术处理非结构化数据的能力仍然有待提升。如仅有 18% 的金融机构开展了文本分析，而开展地理位置分析、流媒体分析、视频分析和音频分析的传统金融机构则分别占 7% 、6% 、7% 以及 10% 。

2015 年，全球知名的软件和技术服务供应商金仕达（SunGard）集团也对传统金融机构开展大数据探索情况进行了全球调研，并从十个方面对正在重塑全球金融业的大数据趋势进行了系统总结。[①]

第一，包含历史数据以及微观数据的大型市场数据库是金融机构预测金融市场变动以及分析交易风险的重要基础设施。

第二，从全球范围来看，各国的金融监管框架与监管规则越来越强调内部治理与风险评估的重要性，因此促使金融机构尤其是大型跨国金融集团不断提高数据采集与分析的深度与透明度。

第三，金融机构为了不断提高自身的透明度和稳健性，必须不断升级和改进其风险管理框架。在这一过程中，数据管理技术与策略正在发挥越来越重要的作用。

第四，尽管传统金融机构坐拥由不同渠道汇集而成的海量的客户数据，但是如何基于这些数据加强与客户的互动以及发掘客户行为信息背后所隐藏的商机，是传统金融机构面临的一项重要而紧迫的课题。

第五，在巴西、中国以及印度等新兴经济体，基于本土以及云端的数据基础设施投资力度不断加大，这将导致新兴经济体未来有利可图的商业机会超过欧洲以及北美发达经济体。

第六，大数据存储与处理方面的技术进步有助于金融机构不断挖掘自身数据存量的商业价值，降低运营成本并发现新的套利机会。

第七，数据仓库建设中日趋明显的中心化趋势，使传统的"抽取—转

---

① Gutierrez DD. Big Data for Finance［R/OL］. （2015 - 09 - 15）［2016 - 07 - 13］www. inside - bigdata. com.

换—装载"（ETL）① 这一数据规则需要进行调整，以处理不断增长的海量数据信息。

第八，基于大数据以及历史交易信息的预测性信贷风险模型已经被用来识别个人金融业务中的违约与犯罪风险。

第九，智能手机、平板电脑等移动互联终端以及移动应用程序的普及极大地拓展了数据基础设施的服务边界，并使传统金融机构疲于应对来自移动端口且迅速增长的结构化和非结构化数据。

第十，在大数据浪潮下，传统金融机构对于处理大数据的新算法有着强烈的需求。与此同时，维护数据安全以及在最大程度上减少大数据浪潮对现有业务格局的冲击也同样重要。

从 IBM 和金仕达集团的全球调研来看，全球金融业已进入大数据时代是一个不争的事实。应用大数据技术从存量数据中挖掘商业价值，从而更好地提供以客户为中心的金融服务，以便适应日益激烈的市场竞争，已经成为传统金融机构面临的一个重要而紧迫的任务。然而，不仅仅是传统金融机构需要对大数据作出积极应对和调整，各国金融监管部门也同样需要面对由迅猛的大数据浪潮所带来的挑战。对微观金融数据进行收集和分析是一国金融监管部门实施有效监管的前提。因此，金融监管部门在大数据时代面临的首要问题，是迅速增长的海量微观金融数据对其数据收集效率、数据存储方式以及数据分析方法都构成了严峻的挑战。尤其是 2008 年国际金融危机爆发后，主要发达国家的金融监管改革无一例外地将加强微观金融数据收集作为强化宏观审慎监管的重点。在这一背景之下，互联网时代种类繁多且不断迅猛增长的微观金融数据与各国相对传统低效的金融数据收集体系与数据分析能力之间的矛盾更加尖锐。为此，借助大数据分析方法加强对海量微观金融数据的收集、管理和分析，从而为实施宏观审慎监管提供数据支持，成为主要发达国家金融当局的当务

---

① ETL 是传统的商务智能（数据仓库）建设的重要步骤。抽取是指将数据从各种原始的业务系统中读取出来，这是所有工作的前提；转换是指按照预先设计好的规则将抽取出来的数据进行转换，使得原本结构不同的数据格式能够统一；装载是指将转换完的数据按照计划导入到数据仓库中。

之急。

英格兰银行在 2015 年发布的一份工作报告中对这一问题进行了深入细致的分析。① 该报告以英国为例，阐述了发达国家的传统金融统计体系与数据分析方法在大数据时代面临的窘境：长期以来，主要发达国家的金融监管部门主要依靠表格②填报的方式获取微观金融数据。因此，可以说各国金融数据统计体系是典型的以表格为核心的（forms – based）。微观金融数据的统计过程一般是首先由各层级、各部门的监管当局基于本部门实施监管的具体需要，制定出格式和统计内容各异的数据申报表格，然后要求被监管对象（主要是商业银行等各类金融机构）按照一定的要求定期申报。基层申报的表格数据再由监管当局按照一定的规则汇总，形成供其判断金融风险和实施监管的数据信息。这种以表格为核心的传统金融数据统计体系存在很多弊端。

一是数据统计的时效性较差，难以及时反映金融体系的动态变化。早期的金融统计报表大多是以年或半年为统计周期进行数据收集，并通过人工递送或邮件系统报送。因此，其统计数据只能被动地反映过去一段时间内金融体系已经发生的变化。20 世纪 90 年代以来，随着电子计算机和互联网的全面普及，金融数据的报送效率有所提升，但一般也是按照季度或者月度填写和报送数据表格。因此，也难以做到实时反映金融体系的动态变化。

二是数据报表的格式与统计表的各异，使不同监管部门的微观数据难以进行有效整合，"数据孤岛"与重复统计问题并存。尽管各国的监管体制千差万别，但金融数据统计体系存在的一个共同问题是，金融监管的政出多门直接导致不同监管当局制定的统计表格在数据格式和数据标准方面差异非常大，不同报表之间的重复统计问题十分突出。因此，微观金融数据的跨部门整合难度大、成本高。其结果往往是各监管部门只能根据自身获得的数据进行分头决策。

---

① BHOLATD. Modeling Metadata in Central Banks［R］. Working Draft of Bank of England, March, 2015.

② 传统意义上的表格是纸质的，在电子计算机出现后则演变为电子表格（如 Excel 报表）。

三是以表格为中心的统计体系所搜集的微观金融数据用途窄，可拓展性较差。传统统计表格在设计时，往往旨在通过搜集特定的结构化数据实现特定的政策目标（如微观金融机构经营的稳健性）。换言之，这种数据收集方式是为解决特定问题而"量身定做"的。如大多数微观金融数据都旨在反映金融机构的风险、利润等几个有限的方面。因此，难以从更多的方面和更为广阔、新颖的视角对传统数据进行深入挖掘，从而提炼有效的信息。

四是传统的微观金融数据统计体系需要大量的人工操作，不仅处理效率低、失误率高，而且面临着越来越高的人工成本。以表格为中心的传统金融统计体系的机器可读性较差，因此金融机构需要大量的人力资源进行数据的填写和报送，监管部门也需要指定专人负责每一类特定表格的收集和汇总等工作。随着经济金融形势的不断变化，监管部门往往需要不断更新或制定新的统计表格以满足金融监管的需要。然而，与这一过程相伴随的是监管部门往往需要雇用新的员工或对员工进行重新培训、重新制定或者修订统计说明乃至对原有的统计流程和IT系统进行升级改造以适应统计表格的变化。近年来，随着微观数据采集数量的迅速增长，各国监管部门需要处理的表格数量激增，从而使原本就紧张的人工预算更加捉襟见肘。

二、数据缺口催生金融监管理念与技术革新

大数据金融时代的到来仅仅是美国实施大数据监管的背景或者说必要条件。促使美国金融当局开展大数据监管尝试的直接原因则是2008年肇始于美国的国际金融危机。2008年国际金融危机的爆发，是传统金融统计体系与监管模式难以适应大数据时代全球金融业创新与发展趋势的典型例证。在2008年国际金融危机爆发前的数十年里，全球金融市场和金融体系发生了显著变化。在技术性因素（信息网络技术的普及）和制度性因素（金融自由化浪潮）的推动下，主要发达国家的金融创新活动层出不穷，金融交易特别是跨国金融交易的成本大幅下降，全球金融市场的深度和广度得到了前所未有的拓展。在金融全球化的大趋势下，各国原本相对独立的金融部门加速融合，一个彼此高

度关联和互动的真正意义上的全球金融体系得以形成。然而，硬币的另一面则是，主要专注于单一机构和单一部门的传统的微观审慎监管理念以及相应的监管框架和风险评估方法逐渐失效，金融监管的风险预测和防范功能也日趋弱化。众所周知，监控风险和实施有效监管的前提是能够获取高质量的、连续的微观聚合数据（aggregated granular data）。因此，导致微观审慎监管无法实现宏观审慎目标的一个重要原因是：长期以来，金融数据信息的统计体系如同微观审慎监管框架一样，按照国别、地域或业务领域等不同标准被制度性地割裂开来；不同国家乃至一国内部不同监管部门制定的信息标准差异很大，以至于跨部门以及跨国家的信息整合几乎不可能。然而，实现宏观审慎目标需要将一国乃至全球金融体系视为一个复杂的"自适应系统"（adaptive system），通过整合来自不同金融部门乃至不同国家的微观数据信息，从整个数据系统的层面分析金融风险。宏观审慎政策对数据信息整合的需求与统计零散、标准不一的现行微观金融统计体系之间的这一矛盾，被国际货币基金组织（IMF）和金融稳定委员会（FSB）称为"数据缺口"（data gap）或"信息缺口"（informa-tion gap）。[1]

需要指出的是，由数据缺口所导致的信息不对称破坏了金融市场有效运行的根基，在特定条件下会诱发由个体理性所导致的集体非理性行为，并使得金融监管当局无法及时、有效介入。这正是雷曼兄弟公司破产诱发 2008 年国际金融危机的重要原因。雷曼兄弟公司曾在全球 50 多个国家和地区拥有数千家有独立法人地位的子公司。然而，美国金融监管当局竟对这些子公司所从事的极其复杂的衍生交易无从知晓，甚至连其交易方的信息亦知之甚少。面对如此巨大的数据信息缺口，金融监管当局和市场都无法判断该公司的风险敞口。而当时许多金融机构正是出于对这种交易对手风险（counter - party risk）的顾

---

① 2009 年 10 月，国际货币基金组织和金融稳定委员会联合向二十国集团（G20）财政部长和央行行长会议提交了一份题为《金融危机与信息缺口》（*The Financial Crisis and Information Gaps*）的报告。在这份也被称为"二十国集团数据缺口协议"（G20 Data Gaps Initiative，DGI）的报告中，FSB 给出了改善国际金融数据统计体系的 20 条建议。详见报告原文（www.imf.org/external/np/g20/pdf/102909.pdf）。

虑，才大幅收紧流动性。从这个意义上说，是对未知的恐慌最终诱发了危机。因此，危机过后，加强微观金融数据的整合与分析，进而弥合数据缺口成为美国等主要发达国家强化宏观审慎监管的核心。

美国国会于 2010 年通过了具有里程碑意义的《多德—弗兰克华尔街改革与消费者保护法案》，明确授权美国财政部金融研究办公室（OFR）收集金融机构的微观交易与头寸数据；联邦证券交易委员会自 2010 年起要求大型货币基金必须提交月度交易数据，并要求场外衍生品必须统一同中央对手方清算并向数据中心（data repository）报备。在这一背景之下，种类庞杂、数量巨大的微观金融数据源源不断地汇集到美国金融监管当局①，由此决定了传统的数据管理与分析方法已经难以奏效。而大数据的理念和不断更新的技术手段，能够帮助金融监管当局从整个金融系统内体量巨大、类型庞杂且彼此关联的微观金融数据中提取有关系统性风险的信息。因此，开发宏观审慎监管的大数据方法成为近年来美国等主要发达国家探索系统性风险分析和应对之道的重要方式。

2009 年 10 月，金融稳定委员会和国际货币基金组织在《金融危机与信息缺口》这一报告中指出："事实上，此次（国际金融）危机再次证明了一条古训——无论是在一国层面还是在全球层面，优质的数据和分析是有效监管和政策反应的命脉"。② 全球金融体系的结构性变化在客观上要求转变传统的以机构、部门以及一国为着眼点的研究范式和分析方法，从复杂系统的层面理解和执行宏观审慎政策。而建立统一的、标准化的数据基础设施（data infrastructure），并在此基础上实施以大数据技术为依托的宏观审慎监管是实现这一转

---

① 2013 年 1 月，由美国证券交易委员会开发了 3 年之久的市场信息数据分析系统（Market Information Data Analytics System，MIDAS）正式上线。该系统每天从全美 13 家股票交易所收集约 10 亿条微秒量级的交易记录，并具备对数以千计的股票在过去 6 个月甚至 12 个月内的交易情况进行即时分析的能力，这意味着其需要同时处理 1000 亿条股票交易信息。数据引自 Securities and Exchange Commission. MIDAS Market Information Data Analytics System［R/OL］．（2013 - 09 - 12）［2016 - 07 - 17］http：//www. sec. gov/marketstructure/midas. html.

② FSB and IMF. The Financial Crisis and Information Gaps［R］．Report to the G - 20 Finance Ministers and Central Bank Governors，October 29，2009：4.

变的重要步骤。换言之，大数据监管的背后是美国的金融监管理念以及风险分析范式和方法的革命。从监管理念上看，基于复杂系统的宏观审慎监管强调使用高质量的微观聚合数据，以实现对风险分布状况的实时监控，并对系统性风险作出更加精准的预判，即强调更加积极的决策导向（judgment-led）或前瞻性（forward-looking）监管理念。[①] 从分析范式和方法上看，则强调以大数据技术为依托的量化监管方法[②]，将传统的微观金融信息转化为"机器可读"（machine readable）的标准化信息，使用数据挖掘技术和更加高级和复杂的数理模型及软件，对整个金融系统的微观数据进行整合和分析，挖掘风险信息，监控风险的动态变化。

三、大数据监管的原理及其与传统监管的比较

（一）传统研究方法的逻辑与特点

直至目前，系统性风险及其发生机制仍然是难以洞察的"黑匣子"。各国业界、监管当局以及国内外学术界尚未对系统性风险的定义达成共识，因此度量系统性风险的角度和方法也存在相当大的差异。Crockett（2000）和 Borio（2003）等人的早期研究将系统性风险分为时间维度（time dimension）和截面维度（cross-sectional dimension）；美国财政部金融研究办公室（OFR）从监管、研究和数据三个层面系统总结归纳了目前量化系统性风险的 31 种方法，并将其分为宏观经济度量法、微观组织与网络度量法、前瞻性风险度量法、压力测试度量法、部门交叉度量法以及流动性与清偿危机度量法六大类（参见表 7-1）。[③]

[①]　英国倡导的一种新的监管理念，强调对风险的预判。详情参见英国《金融服务法草案》第 188 款和第 190 款的解释（www.publications.parliament.uk/pa/jt201012/jtselect/jt-draftfin/236/23607.htm）以及 LASTRAR M. Defining Forward Looking, Judgement-Based Supervision [J]. Journal of Banking Regulation, 2013, 14 (3-4): 221-227.

[②]　BENNET M. The Financial Industry Business Ontology: Best Practice for Big Data [J]. Journal of Banking Regulation, 2013, 14 (3-4): 255-268.

[③]　还可参见 Billio 等人（2010）以及 Blancher 等人（2013）对系统性风险研究方法的总结。

表 7 – 1 主要的系统性风险研究方法及其分类

宏观经济度量法
资产价格泡沫/破灭循环分析法
房产价格、股票价格以及信贷缺口指标分析法
宏观审慎分析法
微观组织与网络度量法
违约密度模型分析法
网络分析与系统性金融关联分析法
信贷情景分析法
信贷与融资冲击情景分析法
格兰杰因果网络分析法
银行融资风险与冲击传递分析法
市值计价会计与流动性定价分析法
前瞻性风险度量法
或有债权分析法
马氏距离分析法
iPoD 期权分析法
多变量密度估计指标法
家庭部门模拟分析法
消费信贷分析法
主成分分析法
压力测试度量法
GDP 压力测试法
SCAP 经验分析法
多维分析法
部门交叉度量法
CoVaR 方法
困境保险溢价分析法
Co – Risk 分析法
边际与系统性 ES 风险分析法

续表

流动性与清偿危机度量法
风险谱系分析法
杠杆周期分析法
流动性噪音信息分析法
货币基金集中交易分析法
资本市场流动性冻结分析法
对冲基金收益的序列相关与流动性冻结分析法
广义的对冲基金系统性风险度量法

资料来源：BISIASD, FLOOD M, LOA W, VALAVANIS S. A Survey of Systemic Risk Analytics [R]. Office of Financial Research Working Paper #0001, January 5, 2012.

这些既有的研究和度量方法，都是基于传统的经济学量化分析的逻辑展开的。其典型特征是：

第一，对系统性风险的发生机制做事前的理论假定，然后按照这一理论假定设计模型、拟合数据并进行预测。当然，很多学术研究也是根据数据的可得性修订其理论假定的。这是传统的经济学和统计学研究的基本范式。在这一过程中，无论是数理模型还是计量或统计模型，往往被设计得相当简化和精致，因为过多的变量会使数理模型的推演复杂化甚至无法求出均衡解，或者因为数据不可得或数据质量低下而无法进行实证检验。因此，这是一种典型的"理论（经验）驱动数据"的逻辑。这种研究范式在大量数据不可得的情况下，是研究和解释现实世界复杂的经济运行机制的一种高效和可行的方式。然而，其缺陷也很明显。以系统性风险研究为例，事实上我们很难准确判断系统性风险会按照预先设定的方式发生，因此基于某一特定的理论视角、使用部分数据所进行的经验分析尽管能够在一定程度上解释已经发生的危机，但是很难被用来预测下一次危机的发生。

第二，现行的大多数经验分析方法对于数据质量的要求都比较高——必须是便于处理的结构化数据[①]，样本数据的连续性和完整性往往是进行计量分析

---

① 一般而言，结构化数据是指那些能够用数字或统一的结构加以表示的信息，如数字、符号；而无法用数字或统一的结构表示的信息，如文本、图像、声音、网页等，则被称为非结构化数据。

和统计分析的前提条件。事实上，在相对有限的样本容量下，只有高质量的数据才有可能确保估计的准确性和可靠性。

第三，探求因果关系。对因果关系的探求是不断推动包括经济学在内的社会科学发展的重要力量。我们的研究总是试图找到经济变量之间的因果关系，进而通过控制"因"而影响"果"。如在宏观审慎监管研究中，我们的目标是找出并控制系统性风险的诱因，进而实现对系统性风险的预防。然而，事实证明，因果关系往往非常复杂且常常随着时间和条件的改变而发生变化，从而使揭示系统性风险的形成机理变得非常困难。

（二）大数据方法的基本原理

使用大数据的理念和方法实施宏观审慎监管的基本原理可以概括为：在可获得的全部微观金融数据（包括现行金融统计体系内的结构化数据以及这一体系外的大量能够反映金融体系运行情况的非结构化数据）的基础上，使用数据挖掘、机器学习、数据可视化分析等大数据技术，对系统性风险进行量化，并通过寻找和监测与系统性风险高度相关的指标这一方法，实现对系统性风险的预测和审慎监管。与传统研究相比，大数据方法在数据方面强调整体性和混杂性，在逻辑方面强调相关关系。

具体而言，第一，大数据方法不要求事前对系统性风险的形成机制做理论假定，而是通过对可获得的全部微观金融数据而非部分样本数据进行即时和动态分析，做到"让数据说话"（let data talk）。尽管这种海量数据分析得出的结论可能符合既有的解释危机爆发的理论，也可能与其相悖甚至一时令人难以理解，但是这种分析结果是复杂的金融系统运行机制的最快且最全面的反映，它有助于修正既有的理论或经验并且在预测未来趋势时比传统方法更具优势。[1]显然，大数据方法的内在逻辑是"数据驱动理论"而非相反。

第二，大数据方法在强调数据整体性的同时，大大放松了对数据质量和数

---

① 这样的例子在很多领域都屡见不鲜。最常被人们提及的案例是谷歌公司利用大数据技术，成功地发现了某地区搜索"流感"词条的数量与该地区流感爆发概率之间的相关关系，从而使美国卫生部门能够更加快速、准确地预测流感爆发。

据类型的要求。在海量的微观数据面前，少量劣质数据的存在将不会影响最终的分析结果。随着大数据技术的不断完善，能够处理非结构化数据的技术方法不断涌现。因此，大数据方法能够从海量的结构化数据和非结构化数据相混合的复杂类型数据中捕捉传统分析方法无法获取的有用信息。

第三，大数据方法更多地强调变量之间的相关性而非因果关系。大数据方法重在通过技术手段发现与系统性风险高度相关的变量，进而实现对系统性风险的监测与预判。这种通过"让数据说话"而非事前理论设定而获得的变量指标，可能与系统性风险的爆发仅仅是相关关系而并非是因果关系。尽管其可能无助于我们解释危机为何会爆发，但却有利于我们预判危机何时会爆发。[①]

四、美国大数据监管的主要目标与重大意义

宏观审慎监管的大数据方法有两个核心：其一是建立一个完整、开放以及包容性强的数据基础设施（data infrastructure）[②]，以收集能够体现金融体系整体运行状况的覆盖面广、数据量大、数据类型多的微观金融数据；其二是在此基础上开发能够深入挖掘和解析海量微观金融数据背后蕴藏的系统性风险信息的大数据方法。二者相辅相成，缺一不可。大数据方法很好地契合了主要发达国家乃至全球金融体系发生的结构性变化，以及这种结构性变化对各国监管当局提出的重视微观金融数据分析这一客观要求。因此，以美国为代表的主要发达国家都非常重视宏观审慎监管的大数据方法研究和探索，并旨在以此达成以下三个目标：

第一，加强截面维度的宏观审慎监管。已有研究通常将系统性风险划分为时间维度和截面维度。[③] 前者指系统性风险在时间轴的动态变化，即系统性风

---

① 正如检索"流感"这一词条不一定是流感爆发的原因（检索者可能仅仅是想了解相关知识而并非因为其自身感染了流感），但在大数据条件下，谷歌通过对5000多个数学模型的监测发现，短时间内这一词条检索数量的激增与该地区爆发流感这一事件高度相关。因此，这一指标能够帮助防疫部门更好地预判哪个地区爆发了大规模流感。

② 如明确统一的微观金融数据标准、信息报送准则、数据共享机制以及隐私保护等相关法律法规。

③ CROCKETT AD. Marrying the Microand Macroprudential Dimensions of Financial Stability [R]. BIS Speeches, 21 September, 2000.

险如何通过金融体系内部及金融体系和实体经济之间的相互作用而扩大的过程；而后者指特定时期风险在金融体系中各金融机构之间的分布状况和相互作用。① 相应地，时间维度的宏观审慎监管侧重于纠正金融体系的顺周期性问题，政策工具比较明确具体，组合也相对较多，如逆周期资本缓冲机制，动态拨备制度，嵌入逆周期因素的会计准则和薪酬制度②，对流动性、期限错配和杠杆率的特殊监管等。③ 截面维度的宏观审慎监管主要关注特定时间内金融机构共同的且相互关联的风险敞口。然而，在支离破碎的数据标准和彼此分割的监管框架下，其度量难度相当大。因此，截面维度的宏观审慎政策工具较为匮乏，除了针对"大而不倒"（too big to fail）的系统重要性金融机构的监管措施（如附加资本要求、沃尔克规则、"生前遗嘱"以及征收庇古税等）以外，缺乏识别金融系统截面风险的有效工具和方法。为此，在大数据监管框架下，构建一个开放、统一的微观金融数据统计体系，对金融机构、金融交易以及金融产品进行数字化识别和实时跟踪，能够极大地提高对金融体系截面风险的监控和预测能力。

第二，覆盖监管盲区，提高市场透明度。国际金融危机过后，加强对影子银行体系的监管成为各国金融监管改革的焦点。如何将机构繁杂、产品多样、创新活跃的影子银行体系纳入现行的监管框架，是一个比较棘手的问题。④ 由于大数据监管并不是针对哪个特定的部门或市场，而是通过制度化和技术化的方式，全方位地获取和分析所有参与金融市场交易的法人机构、金融交易（合约）以及全部金融产品的数据信息，因此能够覆盖传统金融监管的盲区，极大地拓展金融监管网络的边界。⑤ 此外，提高金融体系特别是金融交易的透

① BORIOC. Towards a Macroprudential Framework for Financial Supervision and Regulation [R]. BIS Working Papers, No. 128, February, 2003.

② 史建平，高宇. 宏观审慎监管理论研究综述［J］. 国际金融研究，2011（8）：66－74.

③ 张健华，贾彦东. 宏观审慎政策的理论与实践进展［J］. 金融研究，2012（1）：20－35.

④ 王达. 论美国影子银行体系的发展、运作、影响及监管［J］. 国际金融研究，2012（1）：35－43.

⑤ 即金融稳定委员会一直以来所强调的对于影子银行监管的全局性（macro - mapping）原则。该委员会在其发布的《2014 年全球影子银行监测报告》中强调了微观金融数据整合（data aggregation）对于影子银行监管的重要意义。

明度，是美欧国家金融监管当局实施大数据监管的一个重要目标。在大数据监管框架下，传统的微观金融数据体系将被重构进而形成一个高度开放的新微观金融数据体系，从而使监管机构和金融市场的所有参与者都能够以适当的方式获取其中标准化的微观金融信息。显然，良好的信息披露和共享机制，能够提升金融机构管理交易对手风险的能力，避免由于个体理性而导致的资产"火线销售"（fire sale）等集体非理性行为，从而大大提高金融市场的有效性。

第三，降低金融机构的数据成本和操作风险。进入信息时代后，金融交易在技术层面上主要表现为交易方、价格、数量、交割条件等金融信息的交换和处理（如资本市场的集合竞价）。为了提高金融交易和清算效率，金融机构一般都设有独立的信息技术（IT）或数据管理部门，负责收集和处理金融交易中涉及的大量数据信息（据统计，2012 年，全球金融机构在 IT 方面的总投资已达到1733 亿美元，并以超过 3% 的速度逐年递增）。① 随着全球金融市场规模的不断扩大，金融交易所涉及的微观数据量呈几何级数增长。相应地，发达国家金融机构数据管理部门的压力也越来越大。不同国家、不同金融部门乃至不同机构之间数据标准的不统一，导致跨机构的数据交换变得非常困难。每年全球金融机构不得不投入大量的人力、物力进行复杂的数据清洗工作②，以便提升数据质量并在此基础上开展相关业务（包括向不同的监管部门上报格式各异、标准不一的统计数据）。在大数据监管模式下，构建统一的微观金融数据体系能够极大地降低金融机构的数据管理成本。此外，大量研究表明，数据质量与金融机构的操作风险之间有着显著的相关性。③ 因此，数据质量的改善不仅能提高金融机构应对

---

① LODGE G, ZHANG H, JEGHER J. IT Spending in Banking: A Global Perspective [R]. Celent Report, 2012.

② 在 2007—2010 年期间，全球金融机构在这方面的年均总支出高达 17.5 亿美元并以大约 3.5% 的速度逐年递增。参见 THAKURR. Reference Data and Its Role in Operational Risk Management [R]. Capgemini Research Report, 2012. 而另一些研究则认为，标准化的数据体系每年能够为全球金融业节约超过 100 亿美元的数据管理成本。参见 CHAN K K, MILNE A. The Global Legal Entity Identifier System: Will It Deliver [R/OL]. (2013–08–12) [2016–09–15] http://ssrn.com/abstract=2325889.

③ GRODY A D, HARMANTZIS F C, KAPLE G J. Operational Risk and Reference Data: Exploring Costs, Capital Requirements and Risk Mitigation [J]. Journal of Operational Risk, 2006, 1 (3).

操作风险的能力，而且还能起到降低操作风险的资本计提进而节约资本的作用。

美国的大数据监管实践无疑具有极其重大的理论与现实意义。

首先，作为传统分析方法的"逆向思维"，"数据驱动理论"的基本逻辑以及大数据的技术方法为破解系统性风险的形成机制这一"黑匣子"提供了新的视角和分析工具。这不仅有利于学术界基于大数据思维方式和海量微观金融数据开展对于系统性风险的研究，从而夯实宏观审慎监管的理论基础，而且还有利于美国金融监管当局更有效地监测和预判系统性风险的演变态势，从而采取应对措施以维护金融体系的稳定与有效运行。

其次，大数据方法能够打通宏观审慎监管与微观审慎监管之间的界限，这不仅有利于维护金融体系的安全与稳定，而且还将极大地提高金融市场的有效性。大数据的理念和方法既可以用于评估整个金融体系的风险，也同样可以用于分析某一家金融机构的风险状况。一旦完善的微观金融数据基础设施得以建立，金融机构也可以利用开放的数据平台和大数据方法，提高风险管理能力（如更好地管理交易对手风险）、更有效地拓展业务和维护客户关系以及更有针对性地开展金融创新等。因此，无论是数据基础设施还是大数据技术本身，都将在金融体系内产生巨大的溢出效应，从而对美国金融体系和金融市场的发展产生重大而深远的影响。

最后，美国的大数据监管将引领新一轮国际金融监管改革，并对广大发展中经济体产生复杂的影响。纵观 20 世纪 80 年代以来国际金融监管改革的历史，美国始终是引领改革的"领头羊"。国际金融监管改革主要体现了以美国为代表的主要发达国家监管改革的需要，即美国凭借其发达的金融市场和在国际金融体系中的影响力，始终牢牢掌控着国际金融监管改革的方向。① 本轮美国的大数据监管改革也必将深刻影响和改变现行的国际金融监管规则，并对广

---

① 20 世纪 80 年代初由美联储前主席保罗·沃尔克提出的资本监管理念最终演绎为全球银行业监管的"神圣公约"这一历史是对美国金融领导力的最好注解。详情参见王达．美国主导下的现行国际金融监管框架：演进、缺陷与重构［J］．国际金融研究，2013（10）：33－44.

大发展中经济体和新兴经济体产生复杂的影响。[①]

五、本章小结

全球金融业全面进入大数据时代已是不争的事实。应用大数据技术从存量数据中挖掘商业价值，从而更好地提供以客户为中心的金融服务，以便适应日益激烈的市场竞争，已经成为传统金融机构面临的一个重要而紧迫的任务。然而，各国金融监管部门也同样需要应对迅速增长的海量微观金融数据对其数据收集效率、数据存储方式以及数据分析方法构成的严峻挑战。大数据金融时代的到来仅仅是美国实施大数据监管的背景或者说必要条件。促使美国金融当局开展大数据监管尝试的直接原因则是肇始于美国的2008年国际金融危机。由数据缺口所导致的信息不对称破坏了金融市场有效运行的根基，在特定条件下会诱发由个体理性所导致的集体非理性行为，并使得金融监管当局无法及时介入。因此，危机过后，加强微观金融数据的整合与分析，进而弥合数据缺口成为美国等主要发达国家强化宏观审慎监管的核心。

使用大数据的理念和方法实施宏观审慎监管的基本原理可以概括为：在可获得的全部微观金融数据的基础上，使用数据挖掘、机器学习、数据可视化分析等大数据技术对系统性风险进行量化，并通过寻找和监测与系统性风险高度相关的指标这一方法，实现对系统性风险的预测和审慎监管。与传统研究相比，大数据方法在数据方面强调整体性和混杂性，在逻辑方面强调相关关系。宏观审慎监管的大数据方法有两个核心：其一是建立一个完整、开放以及包容性强的数据基础设施，以收集能够体现金融体系整体运行状况的覆盖面广、数据量大、数据类型多的微观金融数据；其二是在此基础上开发能够深入挖掘和解析海量微观金融数据背后蕴藏的系统性风险信息的大数据方法。二者相辅相

---

①　金融稳定委员会在2012年6月19日发布的一份调查报告中指出，国际金融危机爆发以来，由美国等主要发达国家主导的国际金融监管改革对金融体系相对欠发达的广大发展中国家产生了一系列"意外的后果"（unintended consequences），主要包括在国际金融监管规则的制定和执行过程中可能产生的溢出效应（spillovers）、域外效应（extraterritorial effects）、跨境效应（cross‐border effects）以及母国歧视（home bias）等。

成，缺一不可。大数据监管的主要目标在于加强截面维度的宏观审慎监管，覆盖监管盲区，提高市场透明度，以及降低金融机构的数据成本和操作风险。美国的大数据监管实践具有极其重大的理论与现实意义：首先，作为传统分析方法的"逆向思维"，"数据驱动理论"的基本逻辑以及大数据的技术方法为破解系统性风险的形成机制这一"黑匣子"提供了新的视角和分析工具。其次，大数据方法能够打通宏观审慎监管和微观审慎监管的界限，这不仅有利于维护金融体系的安全与稳定，而且还将极大地提高金融市场的有效性。最后，美国的大数据监管将引领新一轮国际金融监管改革，并对广大发展中经济体产生复杂的影响。

第八章 美国大数据监管的技术路线与实践探索

大数据监管在以美国为主导的主要发达国家的兴起有两个重要的背景：第一，全球金融业已经进入大数据时代，海量的数据存储与处理需求客观上要求金融机构和监管当局对其数据管理与分析方法进行升级；第二，2008 年席卷全球的金融危机暴露出数据缺口问题的严重性，美国必须率先在完善金融数据统计体系的基础上，开发更加有效地应对系统性风险的技术手段。因此，大数据监管可谓正当其时。美国在这一领域进行了大量的研究和探索。从美国的实践来看，大数据监管在实际应用过程中面临两个方面的问题：一方面，微观金融数据统计体系的碎片化尤其是数据标准的不一致，是制约金融业广泛应用大数据技术的首要因素。应用大数据技术的前提是数据标准的一致性（consistency）和机器可读性（machine-readable），前者意味着不同来源的数据是可以合并（integrated）和比较（compared）的，后者则确保更加高级和复杂的大数据模型和算法（big data algorithm）能够在电子计算机和网络技术的辅助下广泛应用于金融风险识别和管理领域，从而提高金融监管的有效性。然而，无论是从美国还是从其他主要发达国家来看，大部分金融信息都未标准化，而且传统的以表格为核心的金融统计体系的机器可读性非常差。另一方面，金融业的大量微观数据是文字（如现场检查和风险评估报告）、音频（如信用卡中心的客户来电录音）、视频（客户办理业务的录像）等非结构化数据，如何从海量的非结构化数据中提取风险信息，是金融监管当局实施大数据监管需要解决的重要问题。

大数据监管面临的上述两方面问题从性质上来看，是截然不同的。后一类问题基本上是所有传统行业在大数据时代都面临的一个技术性问题，其解决需要依靠大数据技术本身的进步与突破。然而，前一类问题则相对复杂和棘手，其既是一个技术性问题，也是一个制度性乃至社会性问题。具体而言，如何制定能够有效对接各类微观数据来源且具有良好的机器可读性的技术标准，是一个典型的技术性问题；而如何选择不同范式的技术标准并在一国乃至全球范围内应用和推广该标准，则涉及沉淀成本补偿、监管框架调整、相关制度乃至法律修订等诸多复杂问题。因此，这类问题的解决面临相当多的困难和挑战。国际金融危机爆发以来，美国围绕着如何解决这两类问题对大数据监管的技术路线与实践操作进行了卓有成效的尝试，尤其是在第一类问题即微观金融数据的标准化方面进行了大量的研究和实践①。有些改革（如金融机构身份信息的标准化）已经在美国乃至全球范围内取得了显著进展，而有些改革（如金融产品与金融交易数据的标准化）则仍处于构想和酝酿阶段。本章将对美国在这一领域的前沿研究和探索进行详细论述和深入分析。

一、金融市场法人识别码系统的建立与推广

（一）美国提出建设金融市场法人识别码系统的背景

国际金融危机过后，作为危机源头的美国成为金融监管改革的先锋。2010年7月，美国通过了被认为是自20世纪30年代"大萧条"以来最为严苛、影响也最为深远的《多德—弗兰克华尔街改革与消费者保护法案》（以下简称《多德—弗兰克法案》）。依照该法案，美国大刀阔斧地进行了一系列金融改革：第一，加强宏观审慎监管。成立了金融稳定监督委员会（FSOC）并赋予美联储加强宏观审慎监管的职能。第二，实施"沃尔克规则"（Volcker Rule），全面加强对商业银行自营业务和投机活动的监管，限制杠杆扩张。第三，落实逆周期监管原则，并通过"生前遗嘱"和单独资本监管等方式，提

---

① 金融稳定委员会顾问尼格尔·詹金森（Nigel Jenkinson）认为，一个能够支撑宏观审慎分析和政策实施的良好的微观金融数据体系至少应包含三个标准化的模块：第一，金融机构识别，即使用标准化的数字编码在复杂的金融网络中识别真正参与金融交易的法人机构；第二，金融工具（合约）识别，即对全部金融工具进行分类和标准化定义，明确每类金融工具的本质及其风险和收益等特性；第三，金融产品识别，即对金融市场上交易的金融产品进行数字化编码，从而提高金融风险监控的及时性和精度。事实上，这也正是美国探索微观金融数据标准化的三个重要方向（Jenkinson and Leonova, 2013）。

高对系统重要性金融机构的监管标准。第四，成立消费者金融保护局（CF-PB），加强金融消费者保护。第五，成立金融研究办公室（OFR），加强对系统性风险的分析和监测，提高金融体系的透明度。美国金融监管改革的动向一直为全球所关注，大部分改革理念（如加强宏观审慎监管）已经成为全球的共识。从各国金融监管改革的实践来看，上述前四项改革基本上都得到了落实。然而，包括美国在内的主要发达国家在提高金融体系透明度方面的改革进展则相对缓慢。

事实上，提高金融系统的透明度是美国金融监管改革的一项重要内容。美国之所以强调提高金融体系的透明度并将其写入《多德—弗兰克法案》中，源于其对 2008 年国际金融危机的反思。2008 年 9 月 15 日，美国雷曼兄弟公司的倒闭成为国际金融危机的导火索。一家系统重要性金融机构的倒闭之所以会引发美国乃至全球金融系统的崩溃，其根本原因在于，美国的金融市场特别是场外金融衍生市场极度不透明，各种创新型金融工具的定价和交易机制高度复杂，金融产品的衍生链条过长，交易方过多，而绝大部分金融衍生交易未纳入现行的监管框架。因此，美国监管当局无法掌握包括场外衍生交易（OTC）在内的众多微观金融数据信息。这一方面导致参与金融交易的相关方无法及时、准确判断自身的风险敞口（risk exposures），管理交易对手风险（counter party risk）变得非常困难；另一方面，金融监管当局无法监控不同金融部门之间的资产、负债关系，进而难以有效防范系统性风险。①以雷曼兄弟公司为例，其破产前在全球 50 多个国家和地区拥有近 3000 家有独立法人地位的子公司。Bowley（2010）指出，由于该公司所从事的金融衍生交易过于隐秘和复杂，以至于在其申请破产保护后，至少需要 20 年的时间才能够厘清其全部交易方。

---

①　这一问题在美国金融监管机构对影子银行体系的监管过程中暴露无遗。众所周知，美国的影子银行体系在 2008 年国际金融危机的爆发中扮演了十分重要的角色。然而，令人尴尬的是，美国的金融监管机构在危机过后竟然无法给出美国影子银行体系市场规模的准确数据。一时间，美国的影子银行体系成为"无准确定义、无详细统计、无明确监管"的盲区。关于美国影子银行体系的相关问题，参见王达. 论美国影子银行体系的发展、运作、影响及监管［J］. 国际金融研究，2012（1）：35－43.

于是，如我们所见，该公司的破产倒闭诱发了市场恐慌。因为无论是美国各级监管当局还是金融市场的交易方，都对雷曼兄弟公司破产可能引发的交易对手风险一无所知，即无人知晓谁将会步雷曼兄弟公司的后尘。对于未知的恐惧导致金融市场的流动性在短时间内迅速冻结，融资变得异常困难，进而诱发了金融资产的"火线销售"和急剧的去杠杆化，最终导致金融危机的全面爆发。美国金融当局认识到金融市场特别是场外金融衍生交易缺乏透明度是危机的重要原因。① 因此，如何从制度设计和监管手段方面着手，提高金融市场的透明度以杜绝类似情况再次发生，成为后危机时代美国金融监管改革的重要目标（Grody，2011）。美国金融当局认为，强化微观金融数据的搜集、整合与分析，应当成为这一改革的突破口。美国财政部在《多德—弗兰克法案》的授权下成立了金融研究办公室并授权其开展微观金融数据与相关信息的采集和分析，以协助金融稳定监督委员会全面加强宏观审慎金融监管。在这一背景之下，金融研究办公室于2010年底提出了建立"金融市场法人识别码"（Legal Entity I-dentifier，LEI）系统这一倡议。

（二）美国构建LEI系统的设想与战略

美国金融研究办公室于2010年11月23日在《关于金融合约中的法人识别问题的声明》②（以下简称《声明》）中，首次提出了为美国的金融市场构建一个统一的、标准化的LEI系统的设想，并就此向各界征求意见。具体而言，美国金融当局拟通过构建一个LEI系统为每一家参与金融交易的法人实体分配一个单独的数字化身份识别码，并在此基础上制定一套标准化的数据报送准则；在美国境内参与金融交易的各方须严格按照这一准则及时向LEI系统提供并更新其信息。与此同时，LEI系统面向全体交易方开放，即

---

① 换言之，假定金融信息是高度透明的，即雷曼兄弟公司的交易对手信息是可得的，那么其破产就不会诱发市场信心的崩溃，因为金融市场和金融当局会明确地知晓哪家公司会因雷曼兄弟公司的破产而遭受损失。因此，市场参与者不会过度反应，因而也就不会诱发金融动荡乃至金融危机。

② Office of Financial Research. Statement on Legal Entity Identification for Financial Contracts［R/OL］.（2010 – 11 – 23）［2016 – 08 – 18］www. treasury. gov/initiatives/Documents/OFR – LEI_ Policy_ Statement – FINAL. PDF.

无论是金融监管部门还是各金融交易主体，均可随时以适当的方式进入该系统查询相关交易方的信息。美国金融当局提出构建 LEI 系统的设想，主要基于以下两点考虑：

首先，构建一个开放的、采用标准化数据报送准则的 LEI 系统，能够有效降低金融机构的信息处理成本，从而提高美国金融体系的效率。一方面，在此前的多头金融监管体制下，美国金融市场的交易主体通常需要分别向联邦储备委员会、财政部、证券交易委员会以及联邦存款保险公司等金融监管部门提交内容相似但格式各异的数据和信息，这无疑增加了其负担；另一方面，各金融交易主体，尤其是大型商业银行、投资银行以及机构投资者，出于加强风险管理、维护客户关系以及促进市场开发等目的，通常拥有独立的客户识别和管理系统，但这些系统的数据标准不一，彼此之间的兼容性很差，进而导致市场主体很难开展跨系统查询和跟踪调查。为此，在金融部门建立一个统一、开放的 LEI 系统，能够有效解决上述问题，从而提高整个金融体系的效率。

其次，构建 LEI 系统不仅有利于金融监管部门更好地监控和识别系统性风险，而且有利于各微观金融主体加强风险管理，尤其是防范和应对交易对手风险，进而降低个别金融风险演变为系统性金融风险的概率。LEI 系统数据采集的集中性，可以使美国财政部金融研究办公室在整合全部微观数据的基础上，从宏观层面对整个金融体系进行有效的分析和监控，进而提高对系统性风险的预警能力；而该系统的开放性，又可以使每一个金融交易主体都能够及时了解和掌握其交易对手的相关信息，进而提高其管理交易对手风险的能力，并极大地增强金融交易和金融系统的透明度。

值得注意的是，美国金融当局率先提出为金融部门构建 LEI 系统的这一设想，还隐藏着更深一层的战略目的，即首先在美国完成 LEI 系统的构建并试运行，而后凭借美国在国际金融体系中的影响力将这一系统全球化，届时"美国标准"便可顺理成章地成为制定"国际标准"的蓝本；而美国则可借此引领并主导国际金融监管框架的改革，并进一步强化其在全球金融体系中的领导地位。事实上，美国财政部金融研究办公室在其发布的《声明》中已经为此埋下了伏笔。如《声明》中明确提出，美国拟建立的 LEI 系统及其数据采集准则应由一个"自愿的并获得一致认可的国际标准机构"（如国际标准化组织即 ISO）参与开发与运营。此外，该系统应当有能力成为识别金融部门法人实体的"唯一的国际标准"。该《声明》作为一份征求意见稿，在发布后引发了美国各界的广泛关注和热烈讨论。美国财政部金融研究办公室在 2011 年上半年陆续收到了数十份来自不同机构和国际组织的反馈意见。

然而，出人意料的是，该办公室在综合考量各方面的意见之后，于 2011 年 8 月改变了此前"先美国，后全球"这一推进 LEI 系统建设的战略，即首先争取国际社会对构建全球 LEI 系统的认同与支持，然后在此基础上，寻求一个由美国主导、全球主要国家参与的构建全球 LEI 系统的平台，以此推动 LEI 系统的全球化。① 美国金融当局态度的这一微妙变化，是十分耐人寻味的。事实上，这主要是基于以下两个原因：

第一，由于美国的金融市场已经高度国际化，因此美国构建的本土 LEI 系统无疑将成为全球金融市场的公共产品。在此情况下，监管套利的存在将使得跨国金融机构很容易成为"搭便车"者，从而既能够获得开放查询全部的美国金融机构信息的好处，又可以规避向系统上报数据和接受监管的责任。事实上，在金融交易和金融市场已经高度全球化的今天，任何一个国家都没有足够的激励来提供这一全球性的公共产品。为此，只有通过各国的集体行动，构建一个真正意义上的全球化 LEI 系统，从制度层面消除监管套利和"搭便车"的可能性，才能有效解决这一问题。

第二，美国金融市场参与主体的广泛性和多样性决定了 LEI 系统的构建已经远远超出了金融监管机构的职权范围。换言之，单凭美国财政部金融研究办

---

① 美国财政部金融研究办公室于 2011 年 8 月 12 日在其发表的一份简短的声明中，调整了其此前提出的拟在 2011 年 7 月 15 日启动 LEI 系统的计划，并明确提出应当强化构建 LEI 系统的"全球倡议"（global initiative）和"国际共识"（international consensus）。详情参见美国财政部金融研究办公室网站（www. treasury. gov/press – center/press – releases/Pages/tg1275. aspx）。

公室难以组建和协调这一庞大、复杂的体系。① 因此，只有从国家层面入手，即由联邦政府出面协调，才能够在最大程度上整合资源、减少阻力。一旦构建 LEI 系统的提议获得广泛的国际认可，并通过全球治理平台（如 G20）形成决议，那么这不仅有利于美国 LEI 系统的构建，而且还能够在全球层面走出集体行动的困境并有效解决市场激励不足的问题，从而推进全球 LEI 系统的构建。

（三）G20 框架下美国构建全球金融市场 LEI 系统的努力

国际金融危机爆发后，G20 在美国的主导下，在加强国际合作与协调、应对危机冲击以及刺激全球经济复苏的过程中发挥了十分重要的作用。目前，该集团无疑是最有影响力的全球经济合作与治理平台。其下属的金融稳定委员会自 2009 年成立以来，一直致力于在全球范围内制定和推广统一的金融监管标准。为此，在 G20 框架下通过金融稳定委员会推动全球金融市场 LEI 系统的构建，成为美国的首选。2011 年 9 月底，在美国的提议下，金融稳定委员会就如何在全球范围内构建 LEI 系统举行了首场研讨会。随后，在同年 11 月的 G20 夏纳峰会上，美国力主通过了构建全球金融市场 LEI 系统的决议。峰会要求金融稳定委员会成立专家组对此展开调研，并于 2012 年 6 月向 G20 洛斯卡沃斯峰会提交构建全球金融市场 LEI 系统的政策建议报告。在这一背景之下，金融稳定委员会于 2012 年年初分别成立了专家组以及由私人部门代表组成的"行业咨询小组"（Industry Advisory Panel）。经过半年多的调研和讨论后，该委员会于 2012 年 6 月 8 日发布了题为《一个全球性的金融市场法人实体识别码》的报告。

从内容上看，这份代表全球金融市场 LEI 系统构建的最新进展的报告基本上是美国在此前发布的《声明》的"扩展版"。报告阐述了建立全球金融市场 LEI 系统的重要意义，分析了当前建立全球性的 LEI 系统面临的主要问题与挑

---

① 2011 年 7 月 14 日，美国商务部在向众议院金融服务委员会监督与调查小组委员会（Subcommittee on Oversight and Investigations）所做的听证中明确指出，美国财政部金融研究办公室提出的构建 LEI 系统的设想"僭越"（overreach）了《多德—弗兰克法案》赋予其的权限，并建议该委员会对此进行审查和评估。详情参见美国众议院金融服务委员会网站（http：//financialservices. house. gov/UploadedFiles/071411uscc. pdf）。

战，并在此基础上提出了建立该系统的基本方略以及 35 项具体建议。金融稳定委员会建议采纳国际标准化组织于 2012 年 5 月 30 日发布的 ISO17442：2012 作为全球金融市场 LEI 系统的标准，即为全球每一家参与金融市场交易的法人实体分配一个由阿拉伯数字和英文字母组成的 20 位的身份识别码，作为在全球金融交易以及国际金融监管中识别其身份的唯一编码。与此同时，所有获得身份识别码的法人实体应当向 LEI 系统提交有关"参考数据"（reference data），如正式名称、总部地址、法律形式、获得识别码的时间、最后更新信息的时间、识别码失效时间（可选）、工商注册信息（可选）、识别码的号码以及公司治理与所有权结构信息①，这些数据将通过 LEI 系统在全球范围内共享。

尤为值得关注的是，金融稳定委员会本着开放、灵活以及可行的基本原则，为这一将在未来国际金融监管框架中占据重要地位的系统设计了一个"联邦式"的三级治理架构（见图 8 - 1）。这一治理架构主要由监管监察委员会（Regulatory Oversight Committee）、中央执行体（Central Operating Unit）以及由全球各国分别组建的本土运行体（Local Operating Unit）组成。金融稳定委员会在报告中提出了构建全球金融市场 LEI 系统的最高准则（high level principles），于 2012 年 11 月完成并通过了《全球监管监察委员会章程》（以下简称《章程》）。监管监察委员会原则上面向所有支持最高准则和《章程》的各国金融当局开放，其常设职能机构是由委员会全体大会遴选和任命的执行委员会。中央执行体为全球金融市场 LEI 系统的运行中枢（pivotal operational arm），其主要职责是在该系统内实施全球统一的操作标准与规章制度、实现全体成员国数据资源的无缝链接与整合、汇集并向全球用户提供高质量的信息与数据以及为各本土运行体提供必要的支持与帮助。2014 年 6 月，全球 LEI 基金会（Global LEI Foundation）正式成立，开始履行中央执行体的职能。本

---

①　相对于其他信息而言，公司所有权结构的信息较为敏感。因此，金融稳定委员会将其单列为第二层级（tier 2）信息，并且在全球 LEI 系统建立和推广初期对此不做明确要求。2016 年 3 月，监管监察委员会发布了要求提交法人机构最终控股方（ultimate parents）数据的指南。详情参见监管监察委员会网站（http：//www. leiroc. org/publications/gls/lou_20161003 - 1. pdf）。

土运行体由各成员国分别组建，其主要负责在所辖范围内向各金融法人实体提供系统服务，如接受和登记身份识别码申请，收集、验证和存储相关数据与信息，维护本土数据信息的安全以及开发本土语言服务系统等。

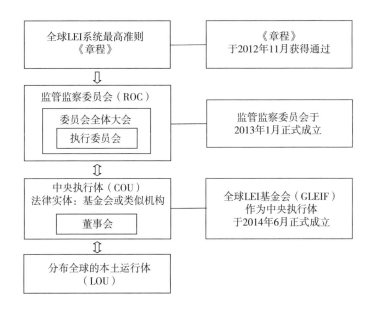

图 8 - 1　全球金融市场 LEI 系统的治理架构

全球金融市场 LEI 系统的特点可以概括为以下几个方面：

第一，全球化。如前文所述，美国最初的设想是率先在本国建成这一系统。但是实践证明，由于各国的金融市场和金融交易已经高度全球化，因此 LEI 系统作为一种公共产品，只有实现对参与全球金融交易的法人机构的全覆盖，才能够真正发挥身份识别和监测系统性风险的作用。因此，2012 年以来，美国利用 G20 平台大力推动全球金融市场 LEI 系统的建设。经过数年的发展，目前 LEI 系统已经成为一个真正意义上的全球金融信息收集和分享平台。

第二，一体化。由于任何参与金融市场交易的法人实体都将被纳入 LEI 系统，因此该系统打破了银行、证券、基金以及保险等这一传统金融的各个子部门之间的界限。这将使得跨部门的风险管理在技术上变得可行。如在 LEI 系统下，一家商业银行可以准确地计算自身在不同金融部门以及和不同交易对手的风险敞口（Powell 等人，2011）。而金融监管部门也能够比较清楚地评估不同子部门之间的资产、负债关系，并对系统重要性金融机构单独实施审慎监管。

第三，公开化。LEI 系统的一个显著特点是其公开性和透明性，即任何获得 LEI 编码的法人机构都可以通过该系统获取其交易对手的相关信息，如公司名称、地址、工商注册信息特别是所有权结构[①]等（Chan 和 Milne，2013）。公开性和透明性确保 LEI 系统成为一项重要的金融公共基础设施，而不会成为某国或某个私人组织谋取私利的工具。

建设全球金融市场 LEI 系统最为重大的意义在于提高全球金融体系的透明度，从而避免雷曼兄弟事件再次发生。一般来说，LEI 系统的正面效应主要体现在以下两个方面：

第一，便于各国金融当局监控和预警系统性风险，进而强化宏观审慎监管。加强宏观审慎监管是后危机时代全球金融监管改革的主旋律，但是如何将宏观审慎监管落到实处，从制度上和技术上为提高金融当局的宏观审慎监管能力提供保障，则是一个比较棘手的问题。而构建金融市场 LEI 系统能够从强化微观金融数据的收集、披露与整合入手，提高金融当局获取微观金融信息的效率。从技术层面看，由于所有参与金融交易的法人机构都在 LEI 系统的范畴内，所以金融监管部门能够在系统整合此前被割裂的不同金融子部门的微观信息的基础上，开发更加高级的大数据风险识别模型，从而实现对于不同子部门之间风险敞口的实时监测；同理，也能够通过监测系统重要性金融机构的风险敞口和交易网络，评估和预测金融体系面临的潜在风险，从而杜绝雷曼兄弟事件的发生。

第二，降低金融机构的运营成本，提高其经营效率和管理交易对手风险的能力。事实上，由于此前各国金融体系普遍缺少一个类似 LEI 系统的统一的机构识别系统，各金融机构为了识别交易对手风险以及维护客户关系，不得不自行开发相应的数据信息系统并使用自行编制的客户代码，或者从第三方机构

---

① 需要指出的是，目前各方对于 LEI 系统应当如何收集和分享所有权结构这一敏感信息存在较大争议。因此，目前的信息报送准则尚不包含所有权结构信息。但从长期来看，该问题的解决是 LEI 系统最终发挥作用的关键因素之一。

（如标普等信用评级机构）购买相关的客户信息服务。由于前者需要投入大量的人力资源和成本，因此多为资金实力雄厚的大型金融机构所采用，而中小金融机构多采用后者。据 Chan 和 Milne（2013）的估计，目前全球金融业每年的内部数据管理成本在 100 亿美元以上；而 SWIFT 的测算则表明，这一成本早在 2002 年便高达 120 亿美元。此外，每年都有大量的金融交易由于不同金融机构内部数据之间的不匹配或不完整问题而最终导致交易失败（trade failure）。显然，全球金融市场 LEI 系统能够极大地降低上述成本，并提高金融机构的经营效率。与此同时，一个开放的 LEI 系统能够使金融机构以极低的成本便利地获取交易对手的信息，从而提高管理交易对手风险的能力。

（四）全球 LEI 系统建设的最新进展与面临的问题

无论是从监管理论还是从风险管理的实践来看，美国提出的全球金融市场 LEI 系统的设计理念与全球金融市场的发展以及国际金融监管改革的方向是契合的。在金融创新日益活跃、金融产品日益复杂、金融交易日益全球化的大背景下，强化微观金融数据的整合与分析，提高金融市场的透明度，是强化宏观审慎监管和提高微观金融主体风险管理水平的基础。因此，由美国提出并主导的全球金融市场 LEI 系统建设得到了其他主要发达经济体的支持。

从总体上看，全球金融市场 LEI 系统的发展呈现出架构建设、渠道建立、监管应用和标准扩展四线同步推进的态势。从架构建设方面来看，目前，全球 LEI 系统建设的主导力量已经由监管监察委员会过渡到了全球 LEI 基金会。在该基金会的指导下，中央运行体的各项筹备工作不断得以完善，最终将与各国的本土运行体对接，实现数据信息的全球共享。从渠道建立方面来看，各成员国都在加快拓展本国的发码渠道，以取得信息注册主导权和数据收集管理权。截至 2015 年 10 月，全球共有 27 个国家建成了本地运行体，其中 21 个通过了国际互认，全球发码总量近 40 万个。相比较而言，美欧主要发达国家由于金融基础设施较为完善，金融监管改革较为迫切，因此其 LEI 系统建设和发码速度较快，而亚洲国家则相对较慢。目前，包括日本、韩国、印度和中国在内的亚洲国家共发放了 3000 余个 LEI 编码（全球主要国家或地区 LEI 编码发放情况见表 8 - 1）。从监管应用方面来看，美欧主要发达国家已经开始在相关领域的金融监管中推广 LEI 编码的应用（详见表 8 - 2），新加坡、日本以及中国香港也在酝酿类似的制度安排。进一步扩大 LEI 编码的应用将是未来国际金融监管领域的重点工作。从标准拓展方面来看，国际标准化组织（ISO）于 2012 年正式发布的 ISO17442 标准已被金融稳定委员会确定为 LEI 编码的国际标准。目前，包括机构正式名称、工商注册信息等基本内容的第一层参考数据已建立并将实现全球共享。为更有效地识别金融风险，金融稳定委员会以及监管监察委员会正在着手建立反映法人机构实际控股方信息的第二层参考数据标准。[1]

表 8 - 1　　　　　全球主要国家或地区 LEI 编码发放情况　　　单位：个,%

国家	发码数量	全球占比	国家	发码数量	全球占比
美国	111835	24.62	瑞士	3201	0.70
德国	45548	10.03	芬兰	3080	0.68
意大利	43431	9.56	葡萄牙	1868	0.41
法国	30159	6.64	新加坡	1759	0.39
英国	25187	5.54	英属维尔京群岛	1713	0.38
卢森堡	21415	4.71	泽西岛	1483	0.33
加拿大	19373	4.26	中国香港	1342	0.30
荷兰	19111	4.21	斯洛伐克	1314	0.29
西班牙	17395	3.83	百慕大	1268	0.28
开曼群岛	11954	2.63	挪威	1266	0.28
瑞典	9899	2.18	罗马尼亚	1197	0.26
爱尔兰	9358	2.06	墨西哥	1091	0.24

---

　　[1]　LEI 编码及其数据准则面临着如何在全球范围内特别是在私人部门推广的问题。如果仅仅依靠市场力量，那么对私人部门（如某一家商业银行）而言，只有当使用该系统的收益大于其此前使用的内部信息系统的成本和收益时，其才有动力去使用新的 LEI 系统。而网络效应的存在使得只有 LEI 系统的用户数量足够多时才能够做到这一点。因此，目前只有通过各国的监管当局以行政手段予以推广。当 LEI 系统的用户数量突破临界容量后，私人部门的用户便会主动使用和推广这一系统。

国家	发码数量	全球占比	国家	发码数量	全球占比
比利时	8383	1.85	巴西	1035	0.23
波兰	7697	1.69	根西岛	966	0.21
丹麦	7322	1.61	希腊	912	0.20
奥地利	7308	1.61	塞浦路斯	881	0.19
捷克	6819	1.50	俄罗斯	840	0.18
澳大利亚	5145	1.13	马耳他	827	0.18
日本	4977	1.10	保加利亚	650	0.14
匈牙利	4643	1.02	中国	612	0.13

注：全部统计数据截至 2016 年 7 月 28 日。

数据来源：全球 LEI 基金会网站（www. gleif. org/en/lei – data/global – lei – index/lei – statistics#）。

表 8 – 2　　　　　主要发达经济体 LEI 系统建设的进展

	监管当局	生效日期	监管目标
明确要求使用 LEI 编码	美联储	2014 年 11 月 3 日	美国和外国金融控股公司向美联储提交的年度报告和组织结构变动报告
	美国保险监督官协会（NAIC）	2013 年 3 月 31 日	美国保险公司提交的季度和年度投资报告
	美国商品期货交易委员会（CFTC）	2012 年 3 月 13 日	所有向数据中心（Trade Repository）报备的互换交易记录
	欧洲保险与职业养老金管理局（EIOPA）	2014 年 12 月 31 日	向该机构提供的全部报告
	欧洲证券与市场管理局（ESMA）	2014 年 2 月 12 日	所有向数据中心报备的互换交易记录
		2014 年 1 月 1 日	另类投资基金（AIF）提交的年度报告
	加拿大证券管理委员会（CSA）	2014 年 10 月 31 日	所有向数据中心报备的互换交易记录
	澳大利亚证券和投资委员会（ASIC）	2013 年 10 月 1 日	所有向数据中心报备的互换交易记录
	新加坡金管局（MAS）	2013 年 10 月 31 日	所有向数据中心报备的互换交易记录

续表

	监管当局	生效日期	监管目标
建议使用LEI编码	美国证券交易委员会（SEC）	2015 年 6 月 15 日	信用评级机构的信息披露报告
		2014 年 10 月 14 日	货币市场基金提交的月度 N – MFP 报告
		2012 年 3 月 31 日	私募基金提交的季度和年度报告
		2011 年 9 月 19 日	投资咨询公司提交的 ADV 年度报告
	美国市政证券规则制定委员会（MSRB）	2014 年 8 月 10 日	市政证券相关交易方提交的 A – 12 注册报表
	美国商品期货交易委员会	2012 年 6 月 26 日	商品期货交易相关方提交的年度报告
		2012 年 3 月 31 日	私募基金提交的季度和年度 PQR 报告
		2014 年 2 月 18 日	期货交易的清算商、各清算方以及外国经纪商提交的所有权结构报表
	欧洲银行管理局（EBA）	2014 年 1 月 29 日	所有欧盟国家的银行提交的监管报告
即将推广	欧洲证券与市场管理局	—	信用评级公司提交的报告
		—	市场交易数据报告
	美国消费者金融保护局（CFPB）	—	依据《住房抵押贷款信息披露法案》提交的相关材料
	美国证券交易委员会	—	所有向数据中心报备的互换交易记录

资料来源：根据各国金融监管当局官方网站提供的资料整理。

从主要发达经济体推进 LEI 系统建设的实践中可以发现，当前该系统的建设和推广面临的主要问题包括以下几个方面：

第一，LEI 系统与现有金融监管框架的整合。LEI 系统的建设和推广是对现有金融监管框架的有益补充而非颠覆。因此，如何将该体系嵌入现行的监管框架，从而实现二者的无缝对接和资源整合，是各国金融当局在实践中面临的一个主要问题。美国的做法是由新成立的财政部金融研究办公室负责与美国各级金融监管部门进行沟通协调。欧盟的情况比较复杂，在欧债危机的影响下，当前欧洲金融监管改革正处于一个动态调整的过程中，因此 LEI 系统的建设主要依托欧洲银行管理局（EBA）、欧洲保险与职业养老金管理局（EIOPA）以及欧洲证券与市场管理局（ESMA）这三家新成立的泛欧监管机构开展。

第二，LEI 系统数据标准的推广和使用。LEI 系统只有实现对金融市场交易主体的全覆盖，才能够发挥其风险管理的功效。美欧金融当局的一个普遍做法是，在尚无明确监管规则特别是数据报送准则的场外金融衍生交易（OTC）市场率先推广 LEI 系统，即明确要求场外金融衍生交易的各方须使用 LEI 编码并按照统一的规则向监管当局报送相关数据，从而提高场外金融衍生交易的透明度。而在传统的银行、保险和证券市场领域，则采取了渐进过渡的方法，即通过建议和引导的方式，逐步要求微观金融主体按照 LEI 系统规则报送和分享数据。此外，LEI 数据标准如何与各监管当局原有的大量微观金融数据库进行有效对接，也是一个在技术层面富有挑战性的任务。①

第三，与 LEI 系统配套的分析工具的开发。金融市场 LEI 系统属于金融基础设施建设的范畴。作为一个微观数据系统，其本身并不能发挥宏观审慎监管和风险管理的职能。只有在这一数据系统的基础上开发出更为高级和先进的风险分析工具，才能够真正发挥其作用。目前，美欧主要发达国家的金融当局在推进 LEI 系统建设的同时，都在同步开发基于这一数据系统的风险管理框架和分析工具。有许多建设性的提议和最新的研究进展值得我们密切关注并进行跟踪研究。

二、可视化分析技术的开发与应用

（一）可视化分析技术概述

大数据分析是大数据研究领域的核心内容之一。谷歌公司首席经济学家范

---

① 2016 年初，美国财政部金融研究办公室与美国国家标准与技术研究所（National Institutes of Standards and Technology，NIST）联合成立了一个项目研究小组，深入研究如何将 LEI 数据系统与已有的三个微观金融数据系统进行有效对接。这三个数据系统分别是联邦金融机构检查委员会（FFIEC）的金融机构经营状况与收入报告（FFIEC Call Reports）数据库、联邦证券交易委员会（SEC）的公司信息数据库以及联邦住房贷款银行（Federal Home Loan Banks）成员数据库。

里安（Hal R. Varian）曾指出："数据正在变得无处不在、触手可及；而数据创造的真正价值在于我们能否提供稀缺的附加服务，这种增值服务就是数据分析"。① 大数据作为具有潜在价值的原始数据资产，只有通过深入分析才能挖掘出所需的信息和知识。因此，大数据分析是人们获取信息和进行决策的重要前提。大数据分析是一个机器和人相互协作、优势互补的过程（任磊，2014）。因此，从这一立足点出发，大数据分析的理论和方法研究可以从两个维度展开：一个维度是从机器或计算机的角度出发，强调机器的计算能力和人工智能，以各种高性能处理算法、分布式处理技术、智能搜索与挖掘算法等为主要研究内容，例如基于谷歌公司 Hadoop 和 MapReduce 框架的大数据处理方法以及各类面向大数据的机器学习和数据挖掘方法等②；另一个维度则是从人作为分析主体和需求主体的角度出发，强调基于人机交互③的、符合人的认知规律的分析方法，意图将人所具备的而机器并不擅长的认知能力融入分析过程中，这一研究分支主要以可视化分析（visual analytics）为主要代表。④

当大数据以直观的可视化的图形形式展示在分析者面前时，分析者往往能够一眼洞悉数据背后隐藏的信息并转化为可行动的知识（actionable knowledge），正所谓"一图胜千言"。因此，可视化分析是大数据分析不可或缺的重要手段和工具。任永功、于戈（2014）指出，随着计算机技术的迅猛发展，人类产生与获取数据的能力呈指数级增加。面对海量的数据，通过人工分析这些数据从而深刻地理解并进一步形成正确的概念和看法几乎是不可能的。因此，人们需要新的技术来帮助理解大数据的信息含义。在此背景下，数据可视

---

① COHENJ et al. MAD skills：New Analysis Practices for Big Data［J］. Proceedings of Very Large Data Bases，20092（2）：1481－1492.

② ZIKOPOULOS P，EATON C. Understanding Big Data：Analytics for Enterprise Class Hadoop and Streaming Data［M］. New York：McGraw－Hill Osborne Media，2011.

③ 人机交互（human－computer interaction）是指人与系统之间通过某种对话语言，在一定的交互方式和技术支持下的信息交换过程。其中的系统既可以是各类机器，也可以是计算机和软件。用户界面（user interface）或人机界面指的是人机交互所依托的介质和对话接口，通常包含硬件和软件系统（Preece et al. ，1994）。

④ KEIM D，QU H，MA K L. Big－Data Visualization［J］. IEEE Computer Graphics and Applications，2013，33（4）.

化技术获得了迅速发展。数据可视化是可视化技术在非空间数据领域的应用，使人们不再局限于通过关系数据表示和分析数据，而能够以更直观的方式看到数据及其结构。数据可视化技术凭借计算机的强大处理能力、计算机图像和图形学基本算法以及可视化算法，把海量的数据转换为静态或动态的图像呈现在研究者面前，并允许人们通过交互手段控制数据的抽取和画面的显示，使隐含于数据之中不可见的现象成为可见现象，为人们分析和理解数据、形成概念进而找出规律提供更为有效的手段。

可视化分析是科学计算可视化、人机交互、认知科学、数据挖掘、信息论、决策理论等研究领域的交叉融合所产生的新的研究领域。Card 等人（1999）将信息可视化（information visualization）定义为对抽象数据使用计算机支持的、人机交互的、可视化的表示形式以增强人的认知能力。与传统计算机图形学以及科学可视化研究不同，信息可视化的研究重点更加侧重于通过可视化图形呈现数据中隐含的信息和规律，所研究的创新性可视化表征旨在建立符合人的认知规律的心理映像（mental image）。Thomas 和 Cook（2005）则认为，可视化分析是一种通过交互式可视化界面来辅助用户对大规模复杂数据集进行分析推理的技术。事实上，在科学计算可视化领域以及传统的商业智能（business intelligence）领域，可视化分析一直是重要的方法和手段。[①] 然而，这些研究领域并未深入地结合人机交互的理论和技术，因此难以全面地支持可视分析的人机交互过程。同时，大数据本身的新特点也对可视分析提出了更为迫切的需求与更加严峻的挑战。传统的科学计算可视化与新兴的数据可视化的区别参见表 8 - 3。

表 8 - 3　　　　　　科学计算可视化与数据可视化的比较

对比项	科学计算可视化	数据可视化
目标任务	深入理解自然界中实际存在的科学现象	搜索、发现数据之间的关系和数据中隐藏的模式
数据来源	计算和工作测量中的数值数据	大型数据库中的数据

① KEIM D, KONLHAMMER J, ELLIS G, MANSMANN F. Mastering the Information Age: Solving Problems with Visual Analytics ［R］. Goslar: Eruographics Association, 2010.

续表

对比项	科学计算可视化	数据可视化
数据类型	具有物理、几何属性的结构化数据、仿真数据等	非结构化数据、各种没有几何属性的抽象数据
处理过程	数据预处理—映射（建模）—绘制与显示图形	数据挖掘与获取—数据可视化结构转换与显示—数据可视化交互与分析
研究重点	如何将具有几何属性的科学数据真实地展现在计算机屏幕上，主要涉及计算机图形、图像等问题，图形质量是其核心问题	如何绘制所关注对象的可视化属性，核心问题是把非空间抽象的数据映射为有效的可视化形式，寻找合适的可视化隐喻
主要方法	线状图、直方图、等值线（面）等技术	几何技术、基于图标的技术、面向像素的技术、分级技术
面向用户	高层次的、训练有素的专家	非技术人员、普通用户
应用领域	医学、地质、气象、流体学等	信息管理、商业、金融、军事、研究等

资料来源：刘芳. 信息可视化技术及应用研究［D］. 浙江大学博士学位论文，2013.

数据可视化分析的过程可看做是一个由数据到知识再到数据的循环过程（参见图 8-2）。近年来，可视化分析已经逐渐从一个新兴的交叉学科发展成为一个独立的研究分支，其研究目标主要是大规模、动态、模糊或者常常不一致的数据集，利用支持信息可视化的用户界面以及支持分析过程的人机交互方式与技术，有效融合计算机的计算能力和人的认知能力，以获得对于大规模复杂数据集的洞察力。可视化分析研究逐渐被应用在大数据的热点领域，如互联网、社会网络、城市交通、商业智能、气象变化、安全反恐、经济与金融等。①

———————————

① 数据可视化是专业的大数据分析技术之一。本节对于可视化技术的介绍主要参考了刘芳（2013）、任磊（2014）以及任永功、于戈（2014）等几篇专业文献。数据可视化的更多技术细节，请参见文献原文。

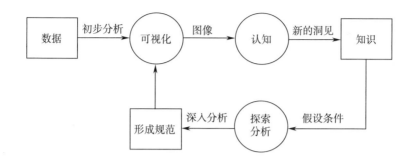

资料来源：Flood 等人（2014）。

图 8 - 2　可视化分析的"数据—知识"循环

（二）可视化分析在宏观审慎监管领域的应用

由于可视化分析技术能够对不同维度、不同属性的非结构化数据在二维平面上以图形的形式进行直观、有效的展示，因此其非常适合用来描述和研究系统性风险问题。如前文所述，金融体系的系统性风险具有一个十分突出的特征，即风险形成机制的复杂性和多面性。换言之，度量系统性风险的视角并非是固定的。也正因为如此，才会有大量基于不同研究视角和不同维度数据来衡量系统性风险的工具和方法。[①]　如果利用可视化分析技术将度量金融体系系统性风险不同维度的数据以图像的形式表现出来，往往能够更加深刻地揭示系统性风险的程度以及不同因素之间的内在联系，从而为金融当局实施宏观审慎监管提供决策参考。特别是当微观金融数据的数量十分巨大时，可视化分析技术相对于传统的统计分析方法而言的优势尤其明显。

因此，可视化分析技术一直以来都是美国等主要发达国家金融监管当局分析宏观经济金融风险的工具之一。然而，在 2008 年国际金融危机爆发之前相当长的一段时间里，相对于回归分析等传统的风险分析方法而言，可视化分析仅仅是一种辅助性的工具和手段。这主要是因为，一方面，金融监管仍然以传统的维护单一金融机构稳健性的微观审慎监管为主，以整合全部微观金融数据为基础的宏观审慎监管尚未成为金融监管的主旋律；另一方面，由于监管部门

———————————

①　对于这些不同研究方法的总结参见表 7 - 1。

所采集的微观金融数据的样本容量相对有限，数据结构和维度特征相对简单，因此金融风险管理对于更加复杂的数据可视化分析技术的需求并不高。然而，2008 年国际金融危机爆发后，美国对危机的教训进行了深刻的反思，将金融监管当局未能有效预测和防范此次危机的原因之一归结为数据缺口[①]问题。因此，美国国会在 2010 年通过《多德—弗兰克法案》，全面强化了监管机构对微观金融数据的搜集。如成立财政部金融研究办公室专司微观金融数据的搜集、整合与分析工作，要求联邦证券交易委员会全面加强证券交易层面（transaction – level）数据的搜集与分析，乃至全部的场外金融衍生交易都必须同中央对手方结算并向数据中心报备交易数据等。强化微观金融数据搜集的上述法案和监管新规极大地加强了美国金融监管当局获取微观金融交易数据的能力。然而，与之相对应的则是美国金融监管部门获取的微观数据量迅速增长，尤其是大量的微观交易层面的数据（很多都是非结构化的数据）。这对于金融监管当局的数据处理能力提出了更高的要求。美国金融当局需要突破传统研究方法的局限，采取更加有效的方法提高从海量微观金融数据中提取金融风险信息的能力。于是，可视化分析技术得到了重视和普遍应用。如美国财政部金融研究办公室开发了以颜色的深浅标识金融风险程度的系统性风险可视化度量工具（参见图 8 – 3）。国际货币基金组织在其定期发布的《全球金融稳定报告》（*Global Financial Stability Report*）中，也使用全球金融稳定地图[②]描述全球金融体系面临的系统性风险的程度（参见图 8 – 4 以及表 8 – 4）。

---

① 详情参见本书第七章第二部分对数据缺口问题的阐述。

② IMF 全球金融稳定风险地图的技术细节，参见 DATTELS P，MCCAUGHRIN R，MIYAJIMA K，PUIG J. Can You Map Global Financial Stability［R］. IMF Working Paper WP/10/145，June 2010.

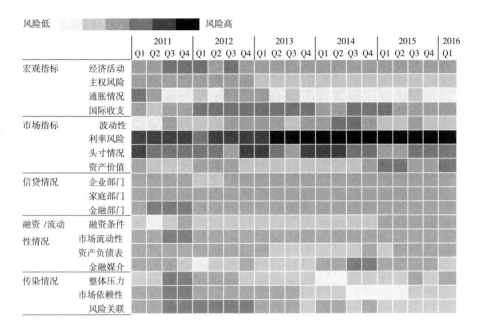

资料来源：美国财政部金融研究办公室官方网站（www. financialresearch. gov/financial – stability – monitor）。

图 8 – 3　美国财政部金融研究办公室开发的金融风险可视化度量工具

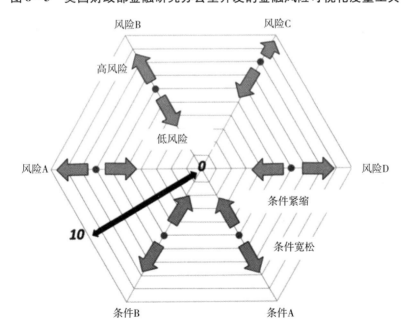

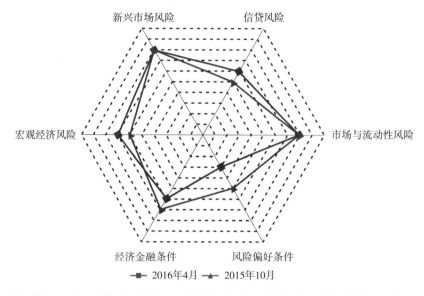

注：距离地图中心点越远意味着金融风险越高、货币金融环境越宽松或者风险偏好越高。

资料来源：IMF. Global Financial Stability Report：Potent Policies for a Successful Normalization［R］. April，2016.

图 8－4　IMF 的全球金融稳定地图：风险与环境

表 8－4　　　IMF 金融全球金融稳定地图的指标构成情况

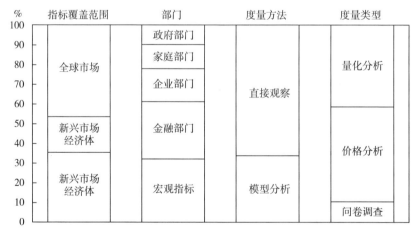

资料来源：DATTELS P，MCCAUGHRIN R，MIYAJIMA K，PUIG J. Can You Map Global Financial Stability［R］. IMF Working Paper WP/10/145，June 2010.

　　Sarlin（2013）较为详细地回顾和总结了宏观审慎监管的过程与政策工具，并将可视化分析在这一过程中能够发挥的作用进行了明确的界定，即提高系统

性风险的预警能力和为监管当局提供更加及时、有效的政策建议（参见图 8 -
5）。然而，尽管国际金融危机爆发后，以美国为代表的主要发达国家的监管
当局加强了对可视化分析技术的重视，但目前可视化分析技术在系统性风险分
析和宏观审慎监管领域的应用仍然是较为初级和简单的，具有良好的人机交互
性能的、更加高级的可视化分析工具并未得到普遍应用。按照 Flood 等人
（2014）对可视化分析技术的分类方法，目前用于系统性风险分析的大多数可视
化分析技术都属于静态的、人机交互性弱的简单类型，而动态的、人机交互性强
的可视化分析工具尚有待开发和广泛应用（参见表 8 - 5）。需要指出的是，人机
交互性在系统性风险分析领域的具体含义是指能够使得研究人员或者监管当局根
据风险监测的客观需要，对海量的微观数据进行过滤、筛选、缩放、组合等自由
操作；而计算机系统和可视化的算法模型能够对上述操作进行即时的反应，并在
其输出的可视化图形中进行动态的调整和改变，从而使研究人员能够在第一时间
洞察其特定的数据操作在系统性风险层面产生的影响或者动态变化。

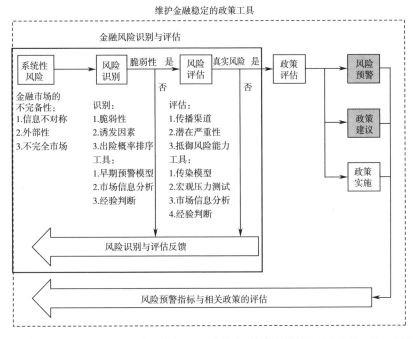

注：黑色框线表明维护金融稳定的特定工具；实线表示传统的维护金融稳定的工具；虚线表示
待开发的新型工具，其中灰色方框（风险预警与政策建议）表示可以应用可视化分析工具。

资料来源：根据 ECB（2010）以及 Sarlin（2013）整理。

图 8 -5　宏观审慎监管的过程与政策工具以及可视化分析技术的应用

表 8 – 5   可视化分析技术的分类情况

	人机交互性弱	人机交互性强
静态	用户一次性输入数据后无人机交互，可视化分析输出的是静止不变的图像，例如报纸、杂志图片。	用户可以持续地输入数据，可视化分析输出的图像是动态可调整的，但两次数据输入之间的图像是不变的，例如 X 光检查的图片。
动态	用户一次性输入数据后无人机交互，但可视化分析输出的图像是动态可变的，例如 GIF 格式的动画。	用户可以持续地输入数据，可视化分析输出的图像是动态可调整的，两次数据输入之间的图像也是动态变化的，例如视频游戏。

具体而言，可视化分析技术主要在宏观审慎监管的以下三个方面得到了一定程度的应用：

第一，系统性风险的集中度（concentrated exposures）分析。一般而言，或有负债（contingent debt）或者真实债务的总规模常常被用来衡量系统性风险的集中度。然而，系统性风险的集中度并非是一个明确统一的概念。银行、证券、保险乃至企业部门和公共部门所面临的特定风险都有可能成为度量系统性风险集中度的指标。可视化分析在度量系统性风险集中度方面有着十分突出的优势。因此，美国金融当局很早就注重利用可视化分析技术进行一些相对简单的、静态的风险分析。最为典型的例子是关于美国银行业危机地理位置分布的可视化分析（参见图 8 – 6 和图 8 – 7）。如果从传统的分析视角来看，发生危机的商业银行的地理位置数据不过是一条条由城市名和街道名称构成的地址信息，似乎无法为改善宏观审慎监管提供有价值的分析。然而，如果将全部的位置数据信息在地图上标示清楚，进而形成一张"银行业危机地图"，则能够十分清晰地观察到，在 1921—1929 年期间，美国发生的 5611 次银行业危机都主要集中在中部地区以及东南部的南卡罗来纳州、佐治亚州和佛罗里达州；然而，仅在 1931 年这一年便有 1804 家州银行和信托公司陷入危机，而且明显地表现出银行业危机由中西部地区向金融发展水平较高的东部沿海地区蔓延的趋势。通过可视化分析，银行业危机扩散的路径变得一目了然。因此，从危机应对层面来看，更多的救助资源应该向中西部地区和东部地区倾斜，而相关州的金融监管也应该加强。

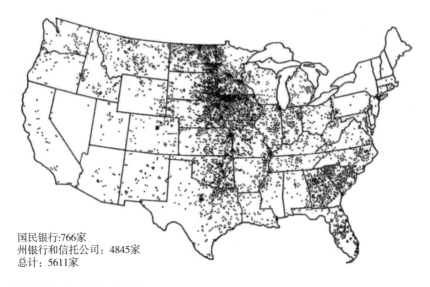

国民银行:766家
州银行和信托公司：4845家
总计：5611家

资料来源：Flood 等人（2014）。

图 8 - 6 1921—1929 年美国银行业危机的地理分布情况

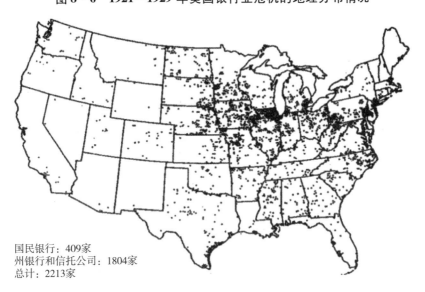

国民银行：409家
州银行和信托公司：1804家
总计：2213家

资料来源：Flood 等人（2014）。

图 8 - 7 1931 年美国银行业危机的地理分布情况

第二，系统性风险的关联度（systemic interconnectedness）分析。早在国际金融危机爆发前，网络分析（network analysis）便成为系统性风险研究的一个重要领域。网络分析主要从金融风险的关联度这一视角出发，研究系统性风险的形成与扩散机制。事实证明，系统重要性金融机构的倒闭之所以会引发系统性风险，一个重要原因是系统重要性金融机构往往是金融交易网络的重要节点甚至是核心，即大多数金融机构都会与系统重要性金融机构发生交易关联。因此，一旦系统重要性金融机构陷入危机，会在第一时间冲击金融体系中众多与之有交易关联的金融机构，从而迅速扩大其个体危机的外部负效应。同样，如果将金融产品视为节点，将金融机构持有某一种金融产品视为该机构与特定节点发生关联，则事实将会证明，如果金融机构大量持有某种或某类相似的金融产品，即大量金融机构与某个产品节点发生关联，则可能会出现诸如"火线销售"①的市场失灵，从而成为系统性风险的导火索。因此，金融机构之间的关联度越集中，则中心节点危机诱发系统性风险的概率就越大。可视化分析技术也非常适合描述金融体系的风险关联度。

Soramäki 等人（2007）在研究美国商业银行支付网络的拓扑结构时，使用可视化分析法展示了 6600 余家商业银行之间的超过 70000 对支付清算关系。如图 8-8 所示，每家银行为一个节点，银行之间的支付清算关系以连线表示，清算额的大小以线条的粗细衡量；随后，其以支付清算额为标准，过滤掉了清算额最小的 25% 的支付清算交易，结果发现只剩下 66 个节点和181 对连线，其中 25 个节点显著地位于该网络的中心。显然，由这 25 个节点所代表的商业银行构成了全国支付清算系统的核心。该方法为我们分析系统性风险的网络效应（network effects）提供了启示。当然，由支付清算关系

---

① "火线销售"是导致 2008 年国际金融危机迅速扩散的重要原因之一。当大量金融机构持有类似的资产（或资产价格正相关程度非常高的资产）时，一旦有某家金融机构（尤其是系统重要性金融机构）出于某种原因（如回收流动性）开始出售该资产，那么其他金融机构可能出于对价格下降的顾虑，加入资产抛售的行列，这种竞争性的资产出售行为将迅速引发该类资产价格的雪崩式下跌，从而最终使持有该资产的全部金融机构都遭受重大损失。

形成的网络与由资产负债联系形成的网络相比，虽然二者的系统重要性是截然不同的，但是其所揭示的原理则是相同的。国际金融危机爆发后，诸多研究试图从金融机构之间的交易网络这一视角分析系统性风险的发生机制。然而，由于难以获得真实的微观金融交易数据，已有研究只能沿用传统范式，即首先对网络效应的发生机制做理论推断，然后使用格兰杰因果检验等统计方法和既有数据（如股票收益率）进行实证检验。然而，正如 Mankad 等人（2014）所指出的，主观推断的网络效应和金融机构之间真实的网络联系及其作用机制是存在差异的，不准确的理论推断和实证研究将导致对危机发生机制的误判以及无效的政策应对。

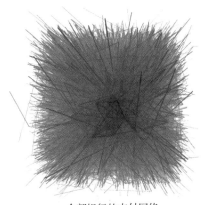
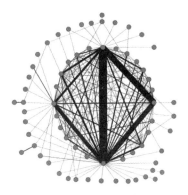

全部银行的支付网络   数据过滤后的支付网络

资料来源：Soramäki 等人（2007）。

图 8 - 8　美国商业银行的支付网络

第三，系统性风险随时间累积的失衡程度（accumulating imbalances over time）分析。从一个较长的时间维度来看，流动性的宽松程度、主要经济指标的波动性、金融机构共同风险敞口以及关联程度、宏观经济的失衡状况乃至商业周期等诸多因素，都是度量系统性风险的重要因素。换言之，从时间维度来看，系统性风险可能是某些因素在时间轴缓慢累积和作用直至最终发生的，而并非仅仅是在某个时间点上在一系列因素的作用下集中爆发的。Durden（2010）将 1990 年 2 月至 2012 年 5 月期间美国不同期限国债收益率的整体走势在三维坐标系里表示了出来（见图8-9），从而展示了美国金融资产收益率随时间的变动趋势及其与系统性风险之间可能的联系。由于美国国债收益率和美国联邦基金利率共同构成了美国金融体系中的利率锚，因此，不同期限的美国国债收益率可以被看作是美国经济金融周期性景气波动的重要指标。从图8-9中可知，波峰代表美国经济的上行阶段，此时需要高企的利率水平抑制通胀；而波谷则代表美国经济的下行阶段，此时需要较低的锚定利率释放流动性。一张图清晰、直观地展示了美国经济和金融市场20余年来景气波动的全景，尤其是2001年以来美国国债收益率的大幅波动与金融危机爆发之间的关系，可视化分析的效果十分明显。

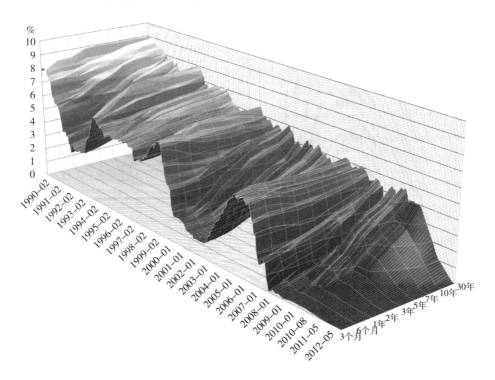

资料来源：Durden（2010）。

图8-9　1990年2月至2012年5月期间美国不同期限国债收益率的整体走势

（三）美国金融当局对可视化分析技术的前沿探索

近年来，美国财政部金融研究办公室等监管部门加大了对可视化分析技术的研究和探索力度，旨在充分利用可视化分析技术加强系统性风险的大数据分析，从而提高宏观审慎监管的效果。2010 年《多德—弗兰克法案》颁布后，美国金融监管当局全面加强了微观金融数据的收集工作——以货币市场基金的交易头寸以及信用违约互换（CDS）等金融衍生交易数据为代表的大量微观金融数据通过联邦证券交易委员会和负责中央清算的数据中心得以收集。这在客观上为使用可视化分析技术研究金融机构之间真实的交易网络以及系统性风险的发生机制创造了条件。与此前对可视化分析技术的应用所不同的是，近年来美国金融监管当局更加注重对于具有良好的人机交互性能的、更加高级的可视化分析工具的开发与应用，即更加强调可视化分析工具的综合性、动态性和人机交互性能。

图 8－10 是美国财政部金融研究办公室基于联邦存款保险公司的数据库进行的一项美国银行业危机可视化分析。与此前静态的银行业危机地图所不同的是，该项研究将 2000—2014 年期间美国发生的 519 次银行业危机以一个综合的"仪表盘"（dashboard）形式展示了出来。图 8－10 不仅包含了陷入危机的银行的地理位置信息，而且整合了危机发生的时间以及危机的系统重要性（以陷入危机的银行的资产总额衡量）等更多维度的危机信息，从而能够更加全面地展现历次危机的特征与影响。更为重要的是，这一可视化分析具有一定的人机交互性。如当研究者在计算机显示屏幕上用鼠标点击图 8－10 上半部分美国地图上各州的相应位置时，计算机系统便会立即对下方左侧的饼图作出调整，给出该州所发生的全部银行业危机的可视化分析（每家陷入危机的商业银行对应一个圆饼，圆饼的大小表示相应银行的资产规模）。尽管这是一种非常简单的人机交互功能，但是已经能够令数据使用者出于不同的目的对可视化分析结果进行自由操作，并即时获得个性化的显示结果。图 8－11 是同样基于联邦存款保险公司的数据库开发的一款可视化分析工具。该款可视化分析工具具有更强的人机交互性，如数据使用者可以按照银行危机发生的时间、所在城市、所在州以及最终收购方等四个标准对数据进行自由筛选和分类，并即时获取可视化分析结果。与此同时，其可视化分析所涵盖的不同维度的危机信息也比较丰富，如不同州以及不同年度爆发危机数量的排序等。

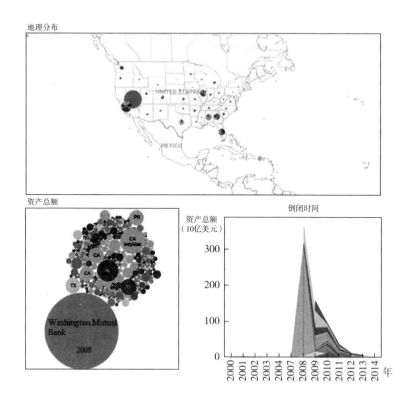

资料来源: Flood 等人 (2014)。

图 8 - 10　2000—2014 年美国银行业危机"仪表盘"

另一个比较突出的案例是财政部金融研究办公室在 2014 年使用联邦证券交易委员会的月度交易数据以及信用违约互换合约的微观交易数据,对美国大型基金的交易网络进行了大数据分析,并采用可视化分析技术展现了这一分析结果(如图 8 - 12 所示)。连线的粗细代表两家基金的交易规模。通过可视化分析,可以清楚地看到排名最靠前的十大货币基金之间的交易网络。为了更加清楚地识别风险集中度,该项分析允许研究人员对数据进行过滤和筛选。数据使用者可以便捷地获得每家基金与其他基金之间的交易情况,从而厘清任何一只基金的交易对手方以及交易金额。显然,从微观层面来看,这有利于金融机构管理交易对手风险;从宏观层面来看,则有利于监管当局识别系统重要性金融机构,从而提高宏观审慎监管的针对性和有效性。

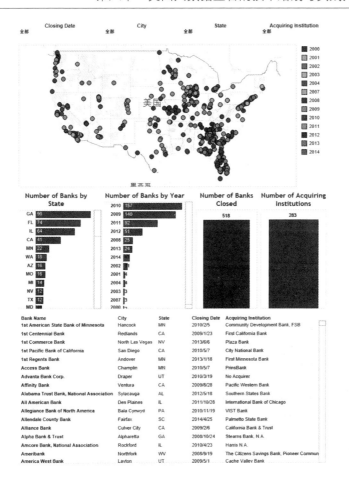

资料来源：Flood 等人（2014）。

图 8 – 11　美国银行业危机可视化分析工具

（四）可视化分析技术的局限与应用前景

可视化分析是近年来兴起的一个交叉研究领域。目前，可视化分析技术已经成为大数据分析不可或缺的重要手段和工具。数据可视化技术凭借计算机的强大处理能力、计算机图像和图形学基本算法以及可视化算法，能够将数量庞大、种类各异的数据转换为直观的图像呈现在研究者面前，并允许人们通过交互手段控制数据的抽取和画面的显示，从而使隐含于数据之中不可见的现象成为可供人们直观感受和理解的知识，从而为人们分析海量数据、形成概念进而找出规律提供一种更为有效的手段。因此，从技术层面来看，可视化分析技术

货币市场债务工具发行方　　　　　美国前十大货币基金即债务工具购买方

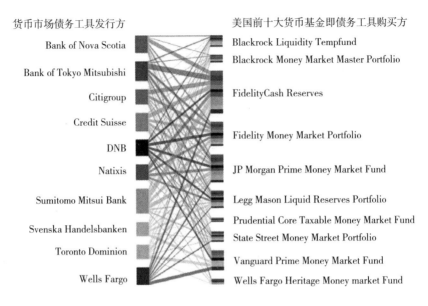

资料来源：王达（2015）。

图 8 - 12　2014 年 7 月美国前十大货币基金的债务工具交易网络

的确为系统性风险的分析与监测提供了一种新的工具，尤其是在基于海量微观金融数据的风险分析领域，可视化分析技术有明显优于统计回归分析等传统分析方法的独特优势，使金融监管当局能够真正从宏观层面，对系统性风险的形成与演进有更为深入和及时的了解和掌控。因此，国际金融危机之后，美国金融监管当局在反思危机教训和全面加强宏观审慎监管的过程中，一方面更加强调微观金融数据的搜集与整合，另一方面则注重对可视化分析等大数据分析技术的开发和应用，并且取得了一定的成效。然而，任何事物都具有两面性，可视化分析技术也同样如此。可视化分析作为一门新兴的大数据分析技术，其在宏观审慎监管领域的应用仍然面临一定的问题和局限性。

　　首先，我们应当清楚地认识到，现代金融体系的复杂性与系统性风险形成机制的多面性使可视化分析技术仍然难以从根本上解决系统性风险的识别与预测问题。现代金融体系可以被视为一个典型的复杂系统（complex system），这一系统是由不同的子系统（sub - system）组成的，如银行部门、证券部门、保险部门、企业部门、家庭部门、政府部门以及外国相关机构和部门都是一国金融体系的重要组成部分（Sundström 和 Hollnagel，2011）。如果就全球金融体系而言，其复杂程度则更高。金融体系的每一个子系统都有着特定的组织形态、分工结构、运行机制与风险特征，不同子系统之间通过货币金融联系不断进行着互动与交流。由于现代金融体系内的各个子系统之间的联系已经如此之紧密，事实上任何一个子系统的功能失灵都可能会导致整个金融体系的瘫痪和崩溃，即诱发所谓的系统性风险。现代金融体系的高度复杂性决定了系统性风险的形成机制具有随机性和多面性，因此非常难以准确预测，以至于目前系统性风险尚未形成一个被普遍认可和接受的定义。尽管可视化分析技术作为一种新兴的大数据分析工具，能够在一定程度上弥补传统风险分析与研究方法的不足，例如不对系统性风险的发生机制做事前假设、扩大样本数据的容量、能够处理非结构化数据等，但可视化分析技术仍然只能从有限的几个维度对系统性风险进行可视化度量，而难以真正全面覆盖系统性风险的全部诱因①，而且就可视化分析技术自身而言，其所度量的微观数据的种类越多，可视化模型算法就越复杂，而可视化图形就越抽象，即直观可理解性就越差。因此，目前可视化分析在实际应用中，往往也只是从一两个维度（如系统性风险的集中度、关联度或随时间累积的失衡程度等）对系统性风险进行可视化度量。

其次，微观金融数据的质量可能成为影响可视化分析技术实际应用的一个瓶颈因素。可视化分析作为一种大数据分析技术，其与传统的基于小样本抽样的统计与回归分析方法相比，对数据类型和数据质量的要求均有所降低，但这并非意味着数据质量在可视化分析中无足轻重。事实上，微观金融数据的类型与质量对于可视化分析结果的准确性有着至关重要的影响。微观金融数据的质量可能涉及两个方面的问题：第一，数据标准的不一致问题。数据标准不一致是制约大数据分析方法应用的首要问题。在现行的金融数据统计体系下，不同金融监管机构往往出于特定的监管目的而各自独立地开展数据的搜集与分析，不同监管部门在统计数据标准的制定方面往往缺乏有效协同，由此导致不同来源的微观金融统计数据的整合非常困难。这无疑制约了包括可视化分析技术在内的大数据分析方法的应用和推广。由于

---

① 事实上，至少从目前来看，这在理论上也几乎是不可能的。

美国采取的是典型的多头金融监管体制，因此这一问题在美国尤为突出。第二，微观数据缺失问题。2008 年国际金融危机的事实证明，美国金融体系的复杂性已经远远超出了其现行金融统计体系的计量范畴，影子银行体系便是最为典型的例证。无可否认的是，美国疏于对影子银行体系的监管是导致危机的重要原因。然而，直至目前，关于影子银行体系仍未形成一个被广泛接受和认可的定义。尽管包括金融稳定委员会和国际清算银行在内的众多国际金融监管机构纷纷呼吁各国金融监管部门重视和强化对于影子银行体系的监管，但在具体的统计标准制定方面尚无法达成一致的标准。在这样的情况下，可视化分析技术在度量影子银行体系风险方面无疑面临着"巧妇难为无米之炊"的尴尬。

最后，可视化分析技术本身仍存在继续改进和提高的空间。可视化分析作为一项新兴的大数据分析技术，在宏观审慎监管领域具有较大的应用潜力。然而，目前大多数数据可视化分析工具普遍缺乏简单易行的、以用户为中心的系统设计与开发方法论、框架以及工具。因此，数据可视化分析方法的使用仍然局限于一小部分数据专家，而难以大规模地在学术研究和金融机构风险管理领域普及。大量对金融风险分析有着切实需求的微观主体往往难以理解和直接运用看似艰深的可视化和人机交互技术。使用户快捷方便地、自助式地应用大数据可视分析系统满足个性化的风险分析需求，将是可视化分析技术在金融风险管理领域大范围应用并充分发挥价值的关键。此外，一些特定的技术因素也是阻碍可视化分析技术应用的瓶颈（任磊等，2014）。如大数据的数据规模目前已经呈现爆炸式增长，数据量的无限积累与数据的持续演化，导致普通计算机的处理能力难以达到理想的范围。同时，主流显示设备的像素数往往也难以跟上大数据增长的脚步，以至于成像像素的总和还不如要可视化的数据多（Shneiderman，2008）；而且，大量在较小的数据规模下可行的可视化技术在面临极端大规模数据时可能将无能为力。因此，如何对于超高维数据降维以降低数据规模、如何结合大规模并行处理方法与超级计算机、如何将目前有价值的可视化算法和人机交互技术提升和拓展到大数据领域，将是未来最严峻的挑战。

然而，尽管可视化分析技术在宏观审慎监管领域的应用面临着一定的局限性和问题，但是从总体上看，可视化分析技术仍然丰富了系统性风险分析的视角与工具，并且在一定程度上弥补了传统分析方法的不足，有利于监管当局深化对系统性风险的认识从而更好地制定与执行宏观审慎监管政策。从本质上看，可视化分析技术是一种最大限度发挥人和计算机各自优势的人机交互与最优化协作求解方式。具体而言，人具有机器所不具备的视觉系统以及强大的感知、认知能力，并且具有非逻辑理性的直觉判断和分析解读能力；而计算机拥有巨大的存储系统和强大的数据处理能力，能够根据数据挖掘模型在短时间内完成大规模的计算量。因此，数据可视化分析的过程就是充分利用各自优势并且紧密协作的过程。在系统性风险分析和宏观审慎监管领域，可视化分析作为一种辅助监管当局进行宏观经济金融风险管理的重要工具，具有良好的应用前景，因此值得我们密切关注和研究。

三、构建通用房屋抵押贷款识别码计划

（一）通用房屋抵押贷款识别码的背景与意义

美国私人部门的房地产抵押贷款业作为 2008 年国际金融危机的策源地，成为后危机时期美国加强金融监管的重点。2010 年美国国会通过《多德—弗兰克法案》，明确要求各级金融监管当局针对如何有效识别各种类型的金融机构和金融产品（尤其是房屋抵押贷款）制定细则。该法案的第 1094 款还对美国《房屋抵押贷款信息披露法》（HMDA）进行了修订，并责成新成立的消费者金融保护局（CFPB）以适当的方式，要求储蓄贷款机构在披露其房屋抵押贷款信息时使用"统一的贷款识别码"（universal loan identifier）。为此，美国财政部金融研究办公室以及与房屋抵押贷款相关的各级监管部门和行业自律组织纷纷开始探索对贷款合约统一编码和识别的可行性与具体方案。比较有代表性的方案包括美国证券化论坛（American Securitization Forum）与标准普尔公司联合开发的"贷款识别数字编码"（Loan Identification Number Code）[1] 以及美国房屋抵押

---

[1]　American Securitization Forum. ASF Loan Identification Number Code（ASF LINC™）for Securitized Loans Developed by ASF and Standard & Poor's FIRMS［R/OL］.（2009 - 09 - 24）［2016 - 08 - 15］http：//www. sifma. org/news/news. aspx？id = 13216

贷款行业标准维护组织（Mortgage Industry Standards Maintenance Organization，MISMO）制定的"唯一贷款识别码"（Unique Loan Identifier）方案。①

2013 年 12 月，美国财政部金融研究办公室以工作论文的形式提出了构建一个"通用房屋抵押贷款识别码"（Universal Mortgage Identifier，UMID）方案（McCormick 和 Calahan，2013）。该方案提出，住房抵押贷款市场在美国金融体系中具有特殊而重要的地位，其一端为美国家庭部门约 70% 的负债——原生的房地产抵押贷款，另一端则为证券化后各种类型的金融衍生产品。为这一市场构建一个通用的、"从摇篮到坟墓"（Cradle to Grave）式的识别码系统，将原生信贷合约与各级衍生金融产品——对接起来，能够极大地提高该市场的透明度，从而有助于金融监管当局和各类机构识别和管理金融风险。

事实上，国际金融危机爆发前，美国金融业界就开始探索金融工具（产品）的编码与识别的可行性和具体方案。众所周知，条形码等标准化编码技术早已被成功地运用在物流管理和企业质量监控等众多领域。从理论上说，如果能够建立一个统一的、标准化的金融机构和金融产品编码系统，那么就能够在金融市场中描绘出一幅金融机构之间相互联系的网络；同理，也能够在极其复杂的衍生金融链条中，使用更加先进的大数据技术，追踪金融衍生产品的原生资产，从而实现对金融风险的跨行业乃至跨国的监控和动态管理，进一步提高金融市场的透明度和有效性。② 2007 年美国次级抵押贷款危机已经证明，极其复杂的金融创新活动不仅拉长了房屋抵押贷款的支付链条，而且极大地削弱了各方（金融监管当局、发放抵押贷款银行以及证券化资产的购买方）对于资产证券化过程的知情权。构建住房抵押贷款识别码的初衷正是有效解决这一问题，即通过数字化编码提高金融创新链条的透明度，从而起到维护金融体系稳定和保护金融消费者利益的目的。

---

① Mortgage Industry Standards Maintenance Organization（MISMO）. Unique Loan Identifier Development Workgroup White Paper［R］. September 25, 2013.

② MILNE A. The Rise and Success of the Barcode：Some Lessons for Financial Services［J］. Journal of Banking Regulation, 2013, 14（3-4）：241-254.

（二）美国的房地产金融系统及其监管情况

美国的房地产金融系统比较复杂。该系统不仅包括发放住房抵押贷款的商业银行和专业金融机构，而且还涉及种类繁多的提供各种中介服务的第三方机构，尤其是大量的金融中介都参与了住房抵押贷款的证券化过程。因此，美国房地产金融系统的监管是典型的多头监管，各个监管方都掌握着一定的数据信息，而这些关于房屋抵押贷款的数据信息却往往是不完备的。

在消费者购房和申请住房抵押贷款阶段，个人消费者既可以向商业银行提出住房抵押贷款申请，也可以向房屋经纪商（brokers）提出贷款申请。有权发放住房抵押贷款的机构须在州银行业监管会议（Conference of State Bank Supervisors）的全国房屋抵押贷款许可系统（Nationwide Mortgage Licensing System）注册登记并接受监管。根据《多德—弗兰克法案》的规定，发放住房抵押贷款的机构必须同时接受联邦层面的银行业监管部门以及消费者金融保护局（CFPB）的监管，并向其提交住房抵押贷款申请的详细数据。目前，联邦金融机构检查委员会（Federal Financial Institutions Examination Council）作为联邦层面的监管机构，负责收集住房抵押贷款的数据。在住房抵押贷款的申请阶段，还有众多的中间服务商提供必要的金融服务。如贷款发放机构需要从个人信用调查机构获取贷款申请人的个人信用信息。美国的个人信用调查机构均由消费者金融保护局以及联邦贸易委员会（Federal Trade Commission）监管。此外，还需要在联邦注册的第三方机构对房产价值进行评估（某些州甚至还规定需要有专门的机构负责对房屋开展现场勘查）。

在住房抵押贷款的发放阶段，会产生一系列具有法律效力的文件：记录住房所在土地的基本情况与所有人信息的地契（deed）、由贷款人签名的期票（promissory note）、住房抵押贷款合约（mortgage）以及一系列保险合约（如洪水保险、贷款人的道德风险保险等）。这些与住房抵押贷款有关的法律文件由最终代理方（closing agent）统一收集和保管。抵押贷款的最终代理方往往也是下一阶段的服务提供商（service provider）。服务提供商既可以是发放抵押贷款的银行或机构，也可以是独立的第三方机构。其主要在住房抵押贷款合约生效后，负责按照贷款合约的规定定期向贷款人收缴本息、处理贷款合约的修改以及在特定情况下处理贷款违约事宜。住房抵押贷款服务商也必须同时接受联邦以及各州相关监管当局的监管。

在住房抵押贷款合约签订后，商业银行可以选择将其留在资产负债表内，以作为向联邦住房贷款银行（Federal Home Loan Banks）① 申请再融资贷款的抵押品，并接受银行业监管当局的监管。但是，大多数商业银行选择以资产证券化的方式将其销售"出表"，从而加速贷款资金的回笼。住房抵押贷款证券化的渠道主要有三种。

第一，由退伍军人事务部（Department of Veterans Affairs）、联邦住房管理局（Federal Housing Administration）以及农业部（Department of Agriculture）提供保险的住房抵押贷款，可以由私人部门的经纪商（private broker）进行资产组合并直接证券化，但是私人部门经纪商必须获得国民抵押贷款协会（Government National Mortgage Association，GNMA）的担保。2012 年，美国大约有20% 的住房抵押贷款以这种方式被证券化。

第二，符合一定条件的住房抵押贷款可以出售给联邦住宅贷款抵押公司（Freddie Mac，即房地美）和联邦国民抵押贷款协会（Fannie Mae，即房利美）这两家政府支持企业，再由这两家企业进行资产打包、重组、担保并在二级市场销售。房地美和房利美均接受联邦住房金融局（FHFA）的监管。2012 年，美国有近70% 的房屋抵押贷款以这种方式被间接证券化。

第三，住房抵押贷款也可以直接由私人部门经纪商进行证券化，而不经任何政府部门机构的担保。这种证券化方式在次贷危机爆发前比较普遍。2005—2006 年以这种方式证券化的住房抵押贷款占比曾高达36%。但次贷危机过后，这种证券化方式逐渐式微，目前占比不足1%。

无论哪一种证券化方式，只要通过公开发行（public offerings）销售证券的，证券经纪商就必须在联邦证券交易委员会（SEC）登记备案，按照其规定披露证券

---

① 联邦住房贷款银行负责为美国的房屋抵押贷款一级市场提供流动性支持，并接受美国联邦住房金融局（Federal Housing Finance Agency）的监管。

信息并接受其监管。美国房地产金融系统的上述运转情况参见图 8 – 13。在住房抵押贷款合约的生成阶段，有个人信用调查机构、保险公司等大量的第三方金融服务方参与。这些提供金融服务的机构有着各自独立的数据信息处理系统，对于同一个贷款合约的识别方法也各不相同。发放住房抵押贷款的金融机构在整合这些零散数据信息的基础上，完成贷款合约的签署与发放。这些第三方金融机构所使用的识别该贷款合约的数据信息在后续的证券化过程中往往被分拆和遗漏，以至于在经过多层证券化后，该笔证券资产的购买方很难通过"按图索骥"的方式追溯和查询到该笔原生贷款资产的初始信息。如果在这一过程中，存在一个连贯的、标准化的识别码，作为识别房屋抵押贷款的工具以及连接各方信息的载体，无疑将提高数据整合的效率以及住房抵押贷款证券化过程的透明度。

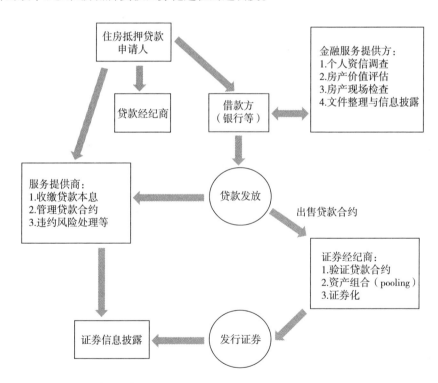

注：箭头代表贷款合约以及相关数据信息的流动方向。

图 8 – 13　美国房地产金融系统的运转与数据信息流动情况

（三）美国的各类住房抵押贷款数据库与识别码

美国联邦层面的众多监管机构都有关于住房抵押贷款的数据系统。这些数据系统主要为监管部门对相关机构实施审慎监管提供数据支持，同时确保开展住房抵押贷款业务的金融机构没有侵犯金融消费者利益，从而维护公平竞争的环境以及促进房地产市场的健康、可持续发展。与此同时，这些分散的数据系统大多数是有限开放的，以满足学术研究和相关市场主体了解房地产市场运行情况的需要（参见表8-6）。然而，这些分别由不同监管部门搜集和保存的数据系统之间存在严重的重复统计问题。同一份住房抵押贷款的数据信息往往在众多数据库中都有所记载。在住房抵押贷款冗长复杂的证券化链条之中，关于住房抵押贷款本身的数据信息不断被增加、修改、传递和流转。由于缺乏一个被全部金融中介所普遍接受的贷款合约识别码，因此不同监管部门在不同环节收集的关于同一份住房抵押贷款合约的数据信息往往难以进行直接整合。从宏观审慎监管层面来看，分散的处于"数据孤岛"状态的数据库在分析和预测系统性风险方面的作用无疑大打折扣。

表8-6　　　美国多头监管模式下的住房抵押贷款数据库

监管机构	数据库	数据来源	数据库说明
消费者金融保护局（CFPB）、美国联邦金融机构检查委员会（FFIEC）	HMDA数据库	公众参与者	该数据库包括住房抵押贷款申请者的以下信息：种族、民族、性别和收入，贷款目的、利率、留置权情况、贷款审核通过或拒绝，财产类型、位置以及居住情况
联邦住宅管理局（FHA）	FHA担保的抵押贷款证券组合数据库		该数据库包括房产地址、类型和价值，贷款目的、待偿还本金余额（UPB）和还款条款、借款人收入、借款人债务收入比率（DTI）、信用评分、抵押保险情况、其他数据
联邦住房金融局（FHFA）	企业经济适用房目标（EAHG）数据	企业管理层面数据	该数据库包括由房利美和房地美提供融资的贷款数量和抵押品的地理位置以及住户统计情况

续表

监管机构	数据库	数据来源	数据库说明
联邦住房金融局（FHFA）	用于 HPI 统计的数据	来源于企业、FHA、纽约联邦住房贷款银行的管理层面数据	来源于房利美和房地美持有的证券投资组合和资产证券化中的所有贷款数据，包括房产地址、贷款目的、贷款数额、贷款财产价值比、评估价值。来源于 FHA 的数据，包括房产街道地址、贷款类型、销售价格信息。来源于纽约联邦住房贷款银行的所有未偿还贷款和特定时期贷款的数据，包括房产街道地址、估值、售价等信息
联邦住房金融局（FHFA）	企业持有的有担保的住房抵押贷款证券投资组合数据	企业管理层面数据	房利美和房地美持有或担保的贷款的原始和服务数据，包含信用评分、HMDA 数据、绩效数据、贷款笔数的原始数据以及持续执行的数据，但不包括地址或其他能够识别房产信息的数据
联邦住房金融局（FHFA）	联邦住房贷款银行获得的成员资产数据	相关金融服务方向联邦住房贷款银行的报告	文件包含在纽约联邦住房贷款银行的 AMA 项目下购买的每笔贷款的数据以及每半年的进展报告。数据包括购入时的贷款特征和更新的贷款状况信息
联邦住房金融局（FHFA）	一般家庭非农住房抵押贷款利率与贷款条款月度调查数据库	贷款发起方的样本数据	该数据组含每月最后 5 个交易日的贷款数据，包括房产地理位置和购买价格，以及贷款条款。贷方 ID 和贷款 ID 都须向 FHFA 报告
联邦住房金融局（FHFA）、消费者金融保护局（CFPB）	全国住房抵押贷款数据库	企业管理层面数据、征信数据以及 HMDA 数据的合并	基于信用报告数据和其他数据组信息，以拥有优先留置权的单个家庭抵押贷款的 5% 为全国典型样本。该组数据包含房产特征、地理位置、借款者家庭人口统计和信用状况等详细信息

续表

监管机构	数据库	数据来源	数据库说明
联邦储备银行（FRB）	美联储 FR Y-14M 统计报表	资产规模在 500 亿美元以上的银行控股公司通过借款人业务处理系统（LPS）提交的数据	这一月度数据库包括商业银行所拥有的发放住房抵押贷款的原始数据以及相关金融服务数据。该数据库使用房产地址进行数据匹配
政府国民抵押贷款协会（GNMA）	GNMA 抵押贷款支持资产池数据库		在 GNMA 抵押贷款支持资产池进行贷款证券化的原始和服务数据。这些数据包括房产的街道地址，借款人信用评分信息以及贷款特征等数据
美国货币监理署（OCC）	大型银行的住房抵押贷款数据库	金融服务机构向大型银行提供的报告	从大型机构收集的零售抵押贷款服务信息，包括每一笔抵押贷款的 103 项数据、每一笔次级住房抵押贷款的 76 项数据、关于房产信息的 12 项数据（匹配优先留置权和次级留置权住房贷款）、30 项家庭股票资产（收益和损失）数据
联邦证券交易委员会（SEC）	住房抵押贷款支持证券公开发行的资料以及定期报告数据库	MBS 发行报告	证券公开发行的数据资料中包括的贷款信息。进展报告可能提供关于预付账款、违约以及条款修订等贷款数据
财政部（Department of the Treasury）	HAMP 数据库	金融服务方提交给房利美的数据	根据美国财政部的附加指令 09-01，金融服务方作为 HAMP 项目的管理者，需定期向房利美提供 HAMP 贷款级别数据。HAMP 文件包含条款修订和随后发展情况数据、从借款者收集到的净现值计算数据以及一笔贷款是否批准用于条款修订

续表

监管机构	数据库	数据来源	数据库说明
退伍军人事务部（VA）	退伍军人事务部担保的住房抵押贷款证券投资组合数据库		包括房产地址、类型和价值，贷款目的、待偿还本金余额和还款条款、借款人收入、借款人债务收入比率和信用评分、抵押保险情况及其他数据

资料来源：McCormick and Calahan（2013）。

目前，美国住房金融体系内存在多种住房抵押贷款识别码系统。这些识别码由监管当局、相关政府机构以及发放住房抵押贷款的机构分别发放和管理，不同识别码系统的市场覆盖率和使用目标存在很大差异，大体上可以将现行的识别码系统分为三类。

第一，监管报告类识别码（Regulatory Reporting IDs）。根据美国《住房抵押贷款信息披露法》（HMDA）的要求，金融监管部门须收集美国境内发放的住房抵押贷款的原始数据。开展住房抵押贷款业务的金融机构每年都要向联邦金融机构检查委员会（FFIEC）等监管部门提交年度报告，该报告会使用一个由阿拉伯数字和英文字母组成的25位的识别码来标识不同的房屋抵押贷款合约。《住房抵押贷款信息披露法》规定，这些识别码必须具有唯一识别性，同时强烈建议识别码不包含贷款人姓名以及社会安全号码等个人身份信息。[①] 然而，由于这仅仅是一项不具有法律效力的建议，因此并非所有发放贷款的机构都遵从这一规则，识别码中包含贷款人姓名或者社会安全号码的现象时有发生。联邦证券交易委员会（SEC）从2010年开始明确要求，资产支持证券（ABS）的发行方须提交拟发行证券所对应的原生贷款资产的数据信息，而且必须为资产池中每一项具体的贷款资产分配一个唯一的编码。然而，联邦证券交易委员会并未提出编码的具体规则，而仅仅是笼统地要求信息披露报告中所使用的编码应当与其他在证券发行过程中需要提交的报告中所用的编码保持一

---

① 详情参见 www. ffiec. gov/hmda/guide. htm。

致。美国货币监理署（OCC）和美联储也分别搜集房屋抵押贷款合约识别码，二者所使用的识别码系统有一定的重复和交叉。前者将其用于房屋抵押贷款情况季度报告（Quarterly Mortgage Metrics Report）的分析①，而后者则将其作为 FRY – 14M 资金评估和压力测试报告的一部分。美联储所使用的识别码是一串由希腊字母和数字组成的 32 位代码。② 两家监管机构均未对识别码的编制规则作出明确规定。

第二，政府商业目的识别码（Government Business Purpose IDs）。众多承担住房融资职能的政府机构也在内部数据管理和维护过程中使用住房抵押贷款识别码系统。联邦住宅管理局（FHA）、美国退伍军人事务部（VA）以及美国农业部都有各自不同的识别码系统。金融机构登录美国联邦住宅管理局的网站信息系统，在输入贷款人和房产信息并通过验证后，便会自动获得一个 10 位数字的识别码用于申请贷款合约保险。退伍军人事务部则在贷款保险申请生效的第一时间为该笔贷款合约分配一个 12 位数字的识别码，而美国政府国民抵押贷款协会（GNMA）所使用的住房抵押贷款识别码则仅包含 9 位数字。

第三，特定交易目的识别码（Proprietary Business Purpose IDs）。除了以上被使用的识别码系统之外，美国房地产金融体系中还有两种被广泛使用的特定识别码系统：一种是在美国住房抵押贷款电子注册系统（MERS）使用的抵押贷款识别码（MIN），另一种是美国证券化论坛（ASF）开发的贷款识别数字编码（LINC）。MIN 为 18 位数字编码，主要用来在房屋抵押贷款合约流转过程中记录和识别房屋产权信息。该识别码包含一个特定的居民组织机构代码和一个验证码，其余部分则既可以由信息系统软件自动生成，也可以由发放住房抵押贷款的机构自行设定。目前，联邦住宅贷款抵押公司和联邦国民抵押贷款协会都要求其购买的住房抵押贷款合约在 MERS 注册并拥有 MIN 识别码。因此，该识别码的市场使用率较高。而 LINC 编码是由美国证券化论坛和美国标

---

① www. occ. treas. gov/publications/publications – by – type/other – publications – reports/mortgage – metrics – q4 – 2008/loan – level – data – field – defin – q4 – 2008. pdf.

② 参见美联储网站对 FRY – 14M 的介绍（www. federalreserve. gov/reportforms/forms/FR _ Y – 14M20130331 _ f. zip）。

准普尔公司的固定收益风险管理服务部（FIRMS）联合开发的 16 位识别码，主要用来识别住房抵押贷款、汽车贷款、信用卡贷款以及学生助学贷款合约。LINC 编码所包含的信息主要有贷款类型、贷款日期以及国家代码等①，但该识别码的使用范围仍然较为有限。

（四）通用住房抵押贷款识别码的特征与作用

2013 年 12 月，美国财政部金融研究办公室在其发布的题为《共同的基础：通用住房抵押贷款识别码的必要性》的工作论文中，对拟构建的通用住房抵押贷款识别码（UMID）的特征进行了比较详细的说明。

第一，从识别码覆盖的范围上来看，通用住房抵押贷款识别码应当覆盖全部居民住房抵押贷款合约，而且应当在居民提出贷款申请的第一时间（无论该笔贷款获批与否）介入，从而确保完整标识和记录全部流程的数据信息。

第二，从识别码的内容和结构上来看，通用住房抵押贷款识别码应当具有唯一识别性、连续性、扩展性、中立性、可靠性以及开放性。唯一识别性是指住房抵押贷款合约只能被唯一的识别码所标识，而每个通用住房抵押贷款识别码也只能够识别唯一的住房抵押贷款合约，即识别码与其所标识的抵押贷款合约之间是彼此一一对应的关系。连续性是指通用住房抵押贷款识别码一旦被分配和使用，则其将贯穿其所标识的抵押贷款合约流转的全过程，直至该笔贷款合约在法律意义上得以终止。扩展性是指为保证识别码的唯一识别性，通用识别码不能够重复使用。因此，通用住房抵押贷款识别码的数量必须能够持续地增加和扩展。中立性是指通用住房抵押贷款识别码的内容中不应包含特定的信息（如贷款申请人的姓名、住房所在地的邮政编码等）。一方面，一旦特定信息失效（如贷款人变更），识别码的有效性和唯一识别性便会受到影响；另一方面，包含特定信息的识别码的扩展性会大大下降。可靠性是指作为一个将被众多市场主体统一使用的识别码，通用住房抵押贷款识别码不能与已有的识别码系统重复或相冲突，其发行和管理必须稳健可靠。开放性是指通用住房抵押

---

① 参见美国证券化论坛网站对 LINC 编码的介绍（www.americansecuritization. com/up-loadedFiles/ASF_ LINC. pdf）。

贷款识别码须基于开放的、能够达成普遍共识的技术标准。

第三，通用住房抵押贷款识别码是能够公开获得的。通用住房抵押贷款识别码的使用不应当有特定的限制，金融监管当局、从事住房抵押贷款业务的各个市场主体以及学术研究机构都能够自由使用这一通用住房抵押贷款识别码系统。当然，这并不意味着通用住房抵押贷款识别码的注册和使用是完全免费的。

第四，通用住房抵押贷款识别码应当有效保护贷款申请人的个人隐私，即不能够被用来识别贷款人的身份信息，从而确保贷款人的身份信息不被非法使用。

第五，通用住房抵押贷款识别码应当具备足够的激励相容性。通用住房抵押贷款识别码系统应当确保相关市场主体在使用该系统开展常规业务时获得效率提升，从而确保其有足够的激励使用该系统。主要监管当局之间达成的关于推广通用住房抵押贷款识别码的监管协议将有助于提升该系统的使用率。

第六，通用住房抵押贷款识别码的注册程序应当在贷款申请阶段启动并完成，以确保不对市场主体开展相关业务产生干扰。

第七，在住房抵押贷款尤其是其证券化业务流程中，数据错误问题往往在所难免。为确保通用住房抵押贷款识别码所记录数据的连续性、完整性和可靠性，应当采取必要的质量监控措施，如定期的数据检查校验与良好的数据治理结构等。

从通用住房抵押贷款识别码的设计理念和主要特征中不难发现，其主要作用将体现在以下三个方面：

首先，提高监管效率，促进政策研究。无论是联邦层面的监管当局还是各州的独立监管机构都能够利用通用住房抵押贷款识别码对原本被分散收集和储存的抵押贷款数据库进行数据整合（data aggregation），而且数据整合的效率和准确率都将大大提升，这无疑将极大地提升金融监管的有效性。从消费者金融保护层面来看，通用住房抵押贷款识别码系统使金融监管当局能够更加全面深入地掌握住房抵押贷款发放的各个环节的数据信息，从而在金融机构信息披露和公平信贷等方面更好地履行监管职责。从宏观审慎监管层面来看，通用住房抵押贷款识别码事实上在美国家庭部门的存量负债与种类繁多、风险各异的海量金融资产之间建立起了直接联系，这对于监管当局从宏观层面洞察和分析金融风险的形成与跨部门传递机制是大有裨益的。此外，从政策研究层面来看，数据质量与数据覆盖范围的大幅提升也有利于监管当局更加及时地接收相关政策的市场反馈，便于研究人员更加深入地考察政策的实际效果，从而提高政策制定的有效性。

其次，便于数据文件整理归档，改善金融机构风险管理。如前文所述，在美国住房抵押贷款复杂的业务流程中，涉及大量的数据信息传递与重要文件的整理归档。如果这些由不同金融机构或第三方服务商整理和提供的数据信息使用的是各自不同的识别系统，那么各个环节的数据和文件整理归档工作出现错误与遗漏的可能性会比较大。如果使用通用住房抵押贷款识别码将关于同一份住房抵押贷款合约的全部数据文件统一标识，那么无疑将极大地降低数据文件整理归档的出错概率。与此同时，也将大大降低金融机构的操作风险，从而改善金融机构的风险管理。更为重要的是，通用住房抵押贷款识别码的使用将提升相关业务处理的自动化和数字化程度，如将全部数据和文件资料转换为电子文件，并由可供计算机识别和处理的通用房屋抵押贷款识别码进行统一管理。这就为应用基于大数据技术的信息提取与风险分析方法奠定了基础。数据传播与分享将带来显著的正向溢出效应，金融监管的效率也将由此大幅提升。

最后，保护住房抵押贷款申请人的个人隐私。众所周知，美国是非常强调个人隐私权保护的国家。隐私权作为一项重要的人权，受到美国司法体系的严密保护。因此，如何保护住房抵押贷款人的个人隐私，确保其"可识别身份的信息"（Personally‐identifiable Information, PII）[①] 不被泄露和滥用，不仅仅

---

① "可识别身份的信息"在美国是一个特定术语，特指"能够被单独用来识别或追踪个人身份的信息（如姓名、社会安全号码以及生物信息记录等）或者与其他个人信息（如出生时间与地点、母亲婚前姓名等）相结合后能够被用来识别或追踪个人身份的信息"。

是通用住房抵押贷款识别码系统应当解决的一个技术性问题，而且是事关这一识别码系统能否通过司法审查而最终得以顺利实施的根本性问题。一方面，从技术层面来看，通用住房抵押贷款识别码标识了全部的与住房抵押贷款合约相关的数据信息，因此其在公开使用过程中的确存在泄露贷款人 PII 的可能性；而另一方面，在住房抵押贷款合约的二级市场，衍生证券资产的潜在投资者既具有强烈的动机也具有合法的理由了解房屋抵押贷款人的实际偿付能力，如调阅其个人信用评级报告，这也可能成为贷款人 PII 泄露的渠道。为此，通用住房抵押贷款识别码系统将从技术层面和制度层面多管齐下，确保贷款人的 PII 与其他数据信息相隔离，并在最大程度上保证贷款人 PII 的安全性。

四、基于语义网技术的金融业务本体模型

（一）本体与语义网等技术范式简述

金融业务本体（Financial Industry Business Ontology，FIBO）是国际金融危机爆发后，美国金融业界出于统一支离破碎的微观金融数据统计体系、降低数据管理成本、提高风险分析能力而提出的一项行业动议。近年来，这一动议得到了广泛的关注和支持，美国和英国金融当局都在积极参与 FIBO 方案的制定与讨论，其全球影响力不断扩大。由于 FIBO 建立在"本体"（ontology）这一人工智能概念以及语义网（semantic web）技术的基础上，因此，为了清楚阐述 FIBO 的内涵与本质，尤其是其强化系统性金融风险监测的基本原理与重大意义，有必要首先对本体与语义引擎等相关技术范式进行简要介绍。

本体最初是一个典型的哲学概念。哲学意义上的本体论起源于古希腊的哲学家对于万物本原的探究与追问，是从柏拉图到黑格尔的西方传统哲学的主干或"第一哲学"。本体论是各个哲学分支的理论基础，因此被视为理论中的理论、哲学中的哲学。其他哲学问题都是围绕着建设、应用、怀疑或者反对本体论而展开的。德国哲学家克里斯蒂安·沃尔夫（Christian Wolff）认为，本体论论述各种抽象的、完全普遍的哲学范畴，在这个抽象的形而上学中产生出偶性、实体、因果现象等范畴。因此，本体论是靠从概念到概念的推演构筑起来

的先天的原理系统。①

20 世纪下半叶以来，电子计算机技术迅速发展。本体这一哲学概念被一些计算机科学家借用以研究可供计算机理解的知识表述方法。Neches 等人（1993）提出了人工智能领域首个本体的定义，即本体是指对相关领域的基本术语和逻辑关系的明确定义，而且该定义还包含对这些术语外延规则的明确界定。同年，美国斯坦福大学知识系统实验室（KSL）的 Gruber 在该定义的基础上，给出了在信息科学领域被广泛接受的本体的定义，即本体是概念模型的明确的规范说明（Gruber，1993）。Studer 等人（1998）在总结上述定义的基础上，认为本体是共享概念模型的明确的形式化规范说明，并进一步解释了本体这一概念所包含的四层含义：概念模型（conceptualization）、明确（explicit）、形式化（formal）以及共享（share）。概念模型指通过抽象出客观世界中一些现象的相关概念而得到的模型，其所表现的含义独立于具体的环境状态；明确指所使用的概念及使用这些概念的约束都有明确的定义；形式化指本体是计算机可读的（machine-readable），即能被计算机读取和处理；共享指本体中体现的是共同认可的知识，反映的是相关领域中公认的概念集，即本体针对的是团体而非个体的共识。总而言之，构建本体的目标是捕获相关领域的公共知识，提供对该领域知识的共同理解，确定该领域内共同认可的词汇，并从不同层次上给出可供计算机理解和处理的这些词汇（术语）和词汇间相互逻辑关系的明确定义。②

由于本体的研究和开发是在不同层次上进行的，因此本体大体上可以分为以下几类：第一，顶层（top-level）本体。其主要描述最为通用的概念及概念之间的关系，如空间、时间、事件、行为等，完全独立于特定的问题和领域，其他本体都是该类本体的特例，因此可以说顶层本体可以在一个很大的范围内共享。第二，领域（domain）本体。它描述的是特定领域（医学、生物

---

① 赵波，陶跃华. 本体论及本体论在计算机科学技术中的应用［J］. 云南师范大学学报（自然科学版），2002（6）.

② 邓志鸿等. Ontology 研究综述［J］. 北京大学学报（自然科学版），2002（5）.

学、教育、金融、地理等）中的概念及概念之间的相互关系。第三，任务（task）本体。它描述的是特定任务或行为（如医学诊断）中的概念及概念之间的关系。它们都可应用顶层本体中定义的术语来描述自身的术语。任务本体和领域本体处在同一个研究和开发层次。第四，应用（application）本体。它描述的是依赖于特定领域和任务的概念及概念之间的关系（韩立炜，2009）。

　　本体的构建方法直接决定了本体对知识的表示和逻辑推理能力。出于对各学科领域知识的差异和对工程实践的不同考虑，构建本体的过程也各不相同。目前尚未形成一套标准的本体构建方法。人们普遍认为，本体的构建应符合以下几个基本原则：第一，明确性和客观性。本体用自然语言对术语给出明确、客观的语义定义。第二，完整性。所给出的定义是完整的，能表达特定术语的含义。第三，一致性。知识推理产生的结论与术语本身的含义不产生矛盾。第四，可扩展性。向本体中添加通用或专用的术语时，通常不需要修改已有的内容。第五，最少约束。对待建模对象应尽可能少地列出限定约束条件。①　构建本体的一般流程参见图8-14。

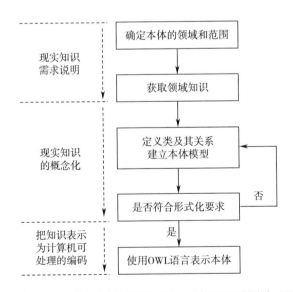

资料来源：韩韧等．OWL本体构建方法的研究［J］．计算机工程与设计，2008（6）.

图8-14　本体模型的构建流程

---

①　韩韧等．OWL本体构建方法的研究［J］．计算机工程与设计，2008（6）.

　　需要指出的是，计算机科学之所以需要借鉴哲学领域的本体概念，其主要原因在于，计算机技术日新月异的发展以及电子计算机的普及，使人类进入数字化时代的步伐不断加快。一方面，人类历史上积累下来的海量的知识与数据信息得以被数字化，即以电子数据的形式被保存和传播①；而另一方面，互联网等信息技术开启了真正意义上的大数据时代，人类社会的新增数据量正在以几何级数倍增。随之而来的问题是：如何在数字化时代有效管理和组织人类的知识与数据？面对浩瀚的存量知识与数据，如何最有效地查询和获取某一特定的知识点或者数据集？计算机作为具有超强数据存储和计算能力的辅助性工具，本应成为协助人类有效解决这一问题的利器。然而，长期以来，一个重要的因素始终制约着计算机与人类互动的效果——计算机是基于二进制编码的计算系统，因此只能理解和处理基于二进制的结构化数据；而人类大量的知识和信息都是以自然语言、图片、音频、视频等非结构化数据记录和表述的。这种差异成为制约电子计算机人工智能技术发展的天然屏障。因此，将人类能够理解的知识与逻辑转化为电子计算机能够认知和处理的语言就显得至关重要。本体正是在这个意义上被引入到计算机科学领域的。换言之，可以将本体简单地理解为一种人类与计算机进行交流互动的"翻译器"，其主要目的在于将人类在某一领域的知识系统地转化为可供计算机理解和处理的标准化语言，从而使计算机能够帮助人类更加智能化地搜索和管理知识信息，甚至像人类一样具有一些简单的逻辑推理与演绎能力。因此，基于本体的人工智能技术是电子计算机帮助人们解决大数据难题的重要工具。目前，本体论已经广泛应用于软件工程、自然语言理解、多问题求解等许多领域，成为知识表示、知识管理、知识共享、知识复用的主流技术之一，并成为自然语言处理、网络信息检索、数据库和知识库的管理、异构数据集成等研究领域共同关注的核心问题。

　　本体论在互联网上的应用导致了语义网技术的诞生。语义网的主要目的在于解决网络信息共享时的语义问题。如前文所述，在互联网时代，如何在海量

---

　　①　以谷歌图书为例，谷歌公司计划将人类历史上已经出版的全部图书扫描成电子文件。这无疑将极大地激活人类知识的存量。

数据中检索和获取特定信息是一项至关重要的课题。提高网络信息检索的效率大体上有两个渠道：一是根据现有的数据资源设计研发更好的检索技术；二是为网络上的资源附加计算机可以理解的内容，从而便于计算机更好地执行检索等智能化任务，即设计一种计算机能够理解的表示现有数据资源的方式（邓志鸿等，2002）。针对后一种情况，万维网（World Wide Web）的发明人伯纳斯·李（Tim Berners-Lee）于2000年正式提出了语义网的概念与技术架构（见表8-7），其目标是使互联网上的信息具有计算机可以理解的语义，从而满足智能软件代理对万维网上异构和分布信息的有效访问和搜索。①

表8-7　　　　　　　　　　　　　语义网的结构

	层数	名称	功能描述
低 ⇕ 高	第一层	Unicode 和 URI	语义网的基础；Unicode 是处理资源的编码，URI 负责标识资源
	第二层	XML + NS + XML Schema	用于表示数据的内容和结构
	第三层	RDF + RDF Schema	用于描述网络上的资源及其类型
	第四层	Ontology vocabulary	描述各类资源及资源之间的关系
	第五层	Logic	在 1~4 层的基础上进行逻辑推理操作
	第六层	Proof	根据逻辑陈述进行验证以得出结论
	第七层	Trust	在用户间建立信任关系

资料来源：李洁，丁颖. 语义网关键技术概述［J］. 计算机工程与设计，2007（8）.

根据伯纳斯·李的设计，语义网技术架构的底层为 Unicode 与 URI，二者是构成语义网的基本要素。Unicode 是基于通用字符集标准开发出来的业界通用的一种字符编码方式，其使得电子计算机能够呈现世界上数十种语言文字；而 URI（Unified Resource Identifier）即统一资源标识符，是语义网中每个数据资源的唯一名称。第二层，XML（Extensible Markup Language）即可扩展标记语言，是一种计算机能够理解的信息符号，通过这种标记，计算机之间可以处理和交换包含各种非结构化数据的信息。而 XML Schema 则规范了结构化文档

①　TIM BERNERS-LEE. Semantic web XML2000［EB/OL］.（2007-05-23）［2016-07-09］http：//www.w3.org/2000/Talks/1206-xml2k-tbl.

的语法格式。NS（Name Space）即名字空间，其旨在确保各个可扩展标记语言文档之间的同名信息在文档合并时不发生冲突。第三层，RDF（Resource Description Framework）即资源描述框架是基本的数据模型，也是一个处理元数据（Meta Data）的可扩展标记语言应用。所谓元数据，是指"描述数据的数据"或者"描述信息的信息"。资源描述框架用于对网络对象的简单描述，它不依赖于可扩展标记语言，但拥有基于可扩展标记语言的语法；RDF Schema 为按层次组织的网络对象提供建模原语，主要的原语包括类、属性、子类和子属性关系、阈值和范围约束。可扩展标记语言与资源描述框架这二者构成了人工智能意义上的语义网络的主体，可以进行一定层次的逻辑推理。第四层，为了明确网络资源的精确含义，并使计算机之间能够精准地理解彼此的内容，需要在网络资源之间建立一套语义明确的概念体系，这个概念体系就是本体。① 本体由网络本体语言（Web Ontology Language，OWL）来描述网络资源之间的关系以及不同资源的属性。网络本体语言比资源描述框架更加适合描述复杂的逻辑关系，因此能够更精确地表示网络资源。第五层逻辑层是由网络本体语言或者资源描述框架提供足够的逻辑推理保证。再往上的证明层和信任层则旨在保证信息是可信赖的，即提供安全方面的保证（韩立炜，2009）。

因此，正如李善平等（2004）所指出的，语义网建立在资源描述框架等标准语言的基础上，旨在对网络上的数据资源进行一种抽象的表示。语义网所指的"语义"是"机器可处理的"语义，而并非是自然语言语义和人的推理等目前计算机尚无法处理的信息。从技术层面来看，语义网需要提供足够而又

---

① 需要指出的是，可扩展标记语言（XML）作为一种资源描述语言，具有良好的可扩展性和灵活性，适合于表示各种信息，是互联网上数据交换的重要标准。然而，从方便信息搜索的角度看来，仅有 XML 是不够的，因为 XML 页面中往往包含大量图片、音频资源、视频资源和说明性文字等非结构化数据信息，而这些非结构化数据信息很难被智能软件代理识别和处理。因此，需要提供描述 XML 资源的元数据。RDF 是国际万维网联盟（W3C）推荐的用于描述和处理元数据的标准语言，能为网络上的应用程序之间的交互提供机器能理解的信息。尽管可扩展标记语言与资源描述框架都能够为所描述的资源提供一定的语义，但却无法解决自然语言中存在的"一词多义"（homonyms）与"一义多词"（synonyms）问题。因此，只有借助本体对概念以及概念之间逻辑关系的严格定义予以解决。详情参见邓志鸿等. Ontology 研究综述［J］. 北京大学学报（自然科学版），2002（5）.

恰当的语义描述机制，而从应用层面来看，语义网要实现的则是知识的共享和语义上的互操作性，这需要信息系统之间有一个语义上的"共同理解"。在此背景下，本体自然地成为指导语义网发展的理论基础。因此，语义网是在本体理论基础之上对网络进行的扩展，其目标是使网络上的信息具有计算机可以理解的语义，从而在本体的支持下实现不同信息系统间语义上的互操作性以及对网络资源的智能访问和检索。①

（二）金融业务本体（FIBO）：背景、内容与进展

2008 年肇始于美国的国际金融危机已经证明，金融监管当局不能仅仅从单一部门或某个具体的金融市场视角出发评估金融风险，而必须从整个金融体系的高度关注系统性风险可能的发生和传导机制。客观上，大数据时代的到来也要求美国金融监管当局和金融机构在信息管理和数据分析方面加大投入和创新的力度。因此，无论是从反思 2008 年金融危机教训的层面来看，还是从适应金融业大数据时代的历史趋势来看，美国传统的金融数据信息的收集、存储、分析和使用模式都亟待转型。这正是 2010 年美国国会通过的具有里程碑意义的《多德—弗兰克法案》授权美国财政部成立金融研究办公室的首要目的。在美国金融监管当局探索金融数据改革的同时，美国金融业界也在积极酝酿新的金融数据标准与大数据方法的应用和推广。

在这一背景之下，企业数据管理委员会（Enterprise Data Management Council）于 2008 年提出了开发金融业务本体的设想。金融业务本体是由企业数据管理委员会的成员机构共同开发的业务概念本体（Business Conceptual Ontology）②，旨在为金融工具、金融机构以及金融交易提供明确、标准的定义，

---

① 李善平等．本体论研究综述［J］．计算机研究与发展，2004（7）．

② 与概念本体相对应的则是操作本体（Operational Ontology）。二者的区别主要在于，概念本体是对某一业务领域内的通用术语和概念赋予逻辑上的语义，旨在为该业务领域的数据信息交换提供一种通用语言，因此其不针对某一具体应用。而操作本体则是专门针对语义网技术应用而开发的本体。其主要是基于某个特定目的（如对特定商业主体或数据样本的定向分析）而开发的本体模型。因此，其往往会有比较具体的约束条件以及数学模型的支持。详情参见 Fouque J P, Langsam J A. Handbook on Systemic Risk［M］．Publisher：Cambridge University Press, 2013.

尤其是清晰地界定金融工具与金融机构的内部结构以及金融交易各方的合约责任（contractual obligations）。金融业务本体能够为不同微观金融数据系统的数据整合提供一种通用语言，从而有利于金融风险的分析并提高金融业务处理的自动化程度。在技术标准的设定方面，其同时采用了可供计算机理解和处理的语义网技术（RDF/OWL）和可供人阅读和修改的统一标识语言（Unified Markup Language）。① 根据企业数据管理委员会于 2016 年 6 月发布的最新版金融业务本体基础性文件（FIBO Foundations Version 1.1 – Beta 2），金融业务本体是一个对金融概念的正式的模块化的模型。这些金融概念由被广泛应用在金融合约、金融产品（服务）说明、金融治理以及金融监管等各类文件中的金融术语所表现。而金融业也是指广义上的金融行业，其涵盖一切与货币经营相关的组织机构，如信贷联盟（credit unions）、商业银行、信用卡公司、保险公司、消费金融公司、股票经纪公司、投资基金以及政府出资型金融企业等。②

成立于 2005 年的企业数据管理委员会是一家在美国注册的非营利性的金融行业数据标准制定组织，其成员方涵盖了美国联邦储备委员会（FRBG）、美国财政部金融研究办公室（OFR）、联邦存款保险公司（FDIC）、美国商品期货交易委员会（CFTC）、美国证券托管结算公司（DTCC）以及美国联邦储备银行纽约分行等美国主要的金融监管机构，以及全球主要大型商业银行集团、投资银行等众多金融机构。此外，企业数据管理委员会也是美国财政部金融研究办公室金融研究咨询委员会（Financial Research Advisory Committee）的成员机构，并主持数据与技术分委会（Data & Technology Subcommittee）的研究工作。此外，该委员会也是美国商品期货交易委员会下属的技术咨询委员会（Technical Advisory Committee）以及全球金融稳定委员会（FSB）下属的公共部门咨询委员会（Public Sector Advisory Committee）的成员机构。企业数据管理委员会虽然名义上是一家致力于推动全球金融数据管理尤其是金融数据标准统一的机构，但是从其董事会的构成来看，其首席执行官以及绝大多数董事成员均供职于美国的金融

---

① 参见企业数据管理委员会网站（www.edmcouncil.org/financialbusiness）。

② 参见 http：//www.omg.org/spec/EDMC–FIBO/FND/1.1/Beta2/PDF/index.htm。

机构（见表8-8）。因此，企业数据管理委员会更类似于一家与美国金融监管当局保持密切联系并具有广泛影响力的美国金融业行业协会。

表8-8 企业数据管理委员会董事会成员

董事会成员	所属机构	所属国家
John Randles*	美国彭博资讯公司（Bloomberg PolarLake）	美国
John Eley*	金源公司（GoldenSource Corporation）	美国
Colin Hall**	瑞士瑞信银行（Credit Suisse）	瑞士
Ron Jordan**	美国证券托管结算公司（DTCC）	美国
Dave Weaver	美国银行（Bank of America）	美国
Amy Harkins	美国纽约银行梅隆公司（Bank of New York Mellon）	美国
Mark Loftus	巴克莱财富和投资管理公司（Barclays Wealth & Investment Management）	美国
Eleanor Drew	花旗集团（Citigroup）	美国
Thomas Dunlap	高盛公司（Goldman Sachs & Co.）	美国
Keith Bear	国际商业机器公司（IBM）	美国
David Gleason	摩根大通（JP Morgan）	美国
Ranjana Young	北方信托（Northern Trust）	美国
Scott Preiss	标准普尔（Standard & Poor's）	美国
Genevy Dimitrion	美国道富银行（State Street）	美国
Holly Rollefson	富国银行（Wells Fargo & Company）	美国
Peter Serenita	汇丰集团（HSBC Group）	英国
Spyros Soukeras	德意志银行（Deutsche Bank）	德国
Preetham Kamesh	凯捷咨询公司（Capgemini）	法国
Julian Dorado	M&G 资产管理公司（M&G Asset Management）	英国
Peter Lunding	瑞典北欧联合银行（Nordea Bank AB）	瑞典
Donna Rudnicki	RBC 资本（RBC Capital Markets）	加拿大
Tim Lind	汤森路透（Thomson Reuters）	加拿大
Christophe Tummers	瑞士联合银行集团（UBS）	瑞士

注：*指首席执行官（chief executive officer），**指首席数据官（chief data officer）。

资料来源：企业数据管理委员会网站（www.edmcouncil.org/board）。

企业数据管理委员会旨在通过构建金融业务本体实现以下几个目标：

第一，为全部金融术语给出标准、统一的语义内涵。长期以来，传统的微观金融数据统计体系碎片化的原因之一是金融术语的名称及其内涵的高度差异化，这也是导致不同监管部门和不同金融机构之间在统计口径方面存在差异的重要原因。从术语名称上来看，"多词同义"和"一词多义"现象在金融部门的数据统计中非常普遍。耳熟能详的例子包括，能够表示"股本"这一概念的常用英文词汇便有"stock"、"share""capital"等几个，而"credit"一词则在不同语境和统计背景下可以分别表示"信用"、"贷款"以及"贷记"（或会计术语"贷方"）等不同的含义。而即使是"同词同义"的金融术语，不同监管部门和金融机构对其内涵的界定往往也存在显著差异。如流动性资产、表外资产、金融衍生工具此类的名词，不同监管机构以及不同金融机构之间对其内涵和统计范畴的界定往往差异很大，进而导致不同监管机构的数据库系统之间的重复统计和交叉统计现象非常普遍。这一问题在采取多头监管体制的美国尤为突出，由此产生的直接后果便是跨部门的数据调取与数据整合的难度很大。企业数据管理委员会旨在通过本体建模的方法，从根本上解决由于金融术语的语义不清所导致的数据统计差异问题。如前文所述，如果能够建立一个完整的金融业务本体模型，使用严谨的逻辑严格界定清楚每一类金融产品、金融交易等术语的内涵和外延，无异于为金融业制定了一套通用的数据标准，这将极大地降低金融部门的数据管理成本，提高数据分析和使用的效率，其正向的外溢效应将十分巨大。

第二，通过语义建模的方式为现有的微观金融数据添加"元数据"，以便于数据的汇聚与整合。在传统的微观金融数据统计体系下，各监管部门以及各个金融机构自身的数据库基本上处于相互隔绝的状态。因此，对于处于孤立状态的单一数据系统而言，数据采集的背景信息（如数据出于何种目的被采集、数据采集的对象、数据的格式与频率等）往往并不重要，因为这些数据的使用目的都较为单一，基本上都是出于某一类固定用途而被"量身定做"（采集）的。然而，在大数据监管模式下，原本彼此隔绝的微观金融数据系统之间涉及交互和对接问题。因此，只有充分了解不同数据系统的背景信息，才有可能对不同来源的数据进行汇聚和整合。显然，语义网技术在这方面有着独特的优势，即可以通过为微观金融数据添加"元数据"的方式，为不同数据系统的数据添加可供机器识别的"注解"，从而提高数据整合的效率。

第三，使用语义网技术提高金融数据信息的机器可读性。大数据监管的前提是对海量数据进行处理。由于数据处理的计算量巨大而且对处理效率有很高要求，单纯的人工操作以及对人工操作依赖程度较高的传统统计分析软件往往难以胜任。因此，大数据监管需要使用计算能力更强而且更加智能化的计算机系统代替人进行对计算能力要求很高但在逻辑上并不复杂的操作，如基于海量数据的查询检索、聚类合并等，从而提高数据分析的效率。然而，前提条件是必须确保全部金融数据可供计算机理解和处理。根据企业数据管理委员会的规划，金融业务本体的设计基于可扩展标记语言与资源描述框架这一语义网的基本技术范式，以确保金融数据具有良好的机器可读性，并且可以通过语义网技术在网络上分享。因此，在理想状态下，金融业务本体模式下全部的微观金融数据可以分别存储在其所属的信息系统的服务器中，而任意一家联邦或者州层面的监管机构都可以通过分布式处理技术，随时从散落保存在全美国各个服务器中的微观金融数据库中调取所需要的数据，并进行高效分析和处理，从而提高对系统性风险的监测能力。

企业数据管理委员会早在2008年便启动了"语义仓库"（semantic repository）项目，并针对有价证券（securities）开展本体建模研究，其后该委员会陆续开始对金融产品的分类、金融机构的识别、金融衍生产品与交易的界定等诸多问题进行了本体建模的探索。2011年，该委员会正式提出了构建金融业务本体计划，旨在将本体建模覆盖至全部的金融业务范畴。企业数据管理委员会在开发金融业务本体的过程中借鉴和参考了目前金融业正在使用的大量数据标准和本体模型，并对其进行了系统的"逆向开发"（reverse engineering），以求在最大程度上兼容已有的数据标准（见表8-9）。

表 8 – 9   金融业务本体"逆向开发"的数据标准与本体模型

开发目标: ISO20022 金融业务信息模型（Financial Industry Business Information Model, FIBIM）

开发目的: 有价证券的本体建模

目标简介: ISO20022 是国际标准化组织（ISO）制定的金融机构电子数据传输的国际标准。该标准定义了金融数据传输中"元数据仓库"（metadata repository，即对所传输的信息与金融业务的描述）的格式与标准。元数据仓库包含大量可共享的标准化的金融服务元数据，并且以统一标记语言（UML）格式存储。该标准在欧洲金融业得到了广泛应用；日本、新加坡、南非、印度等国正在加快该标准的推广与使用。2015 年，美联储明确表示将加快推进该标准在美国的普及[①]。

开发目标: ISO10962 金融工具分类编码（Classification of Financial Instruments Code）

开发目的: 对金融工具进行分类

目标简介: ISO10962 是国际标准化组织制定的金融工具分类编码。该编码系统对全部金融工具按照其内在性质和特点进行明确分类，并以六位英文字母进行标识。每位字母都具有特定含义，首字母代表该金融工具所属的大类，如 E 代表股票（Equities）、D 代表债务工具（Debt instruments）等；第二位字母代表该金融工具所属的子类别，如普通股或优先股；第三至第六位字母代表该类别金融工具最为重要的特征，如是否具有投票权、转让限制情况、支付情况等。

开发目标: 金融市场法人识别码（Legal Entity Identifier, LEI）

开发目的: 金融业务本体模型中对金融机构的身份识别

目标简介: 金融市场法人识别码是美国财政部金融研究办公室于 2010 年底提出的用于识别拥有法人地位的金融机构的数字编码系统。2012 年，金融稳定委员会（FSB）将国际标准化组织于 2012 年 5 月发布的 ISO 17442: 2012 作为全球金融市场 LEI 系统的标准，即为全球每一家参与金融市场交易的法人实体分配一个由阿拉伯数字和英文字母组成的 20 位的身份识别码，作为在全球金融交易以及国际金融监管中识别其身份的唯一编码。与此同时，所有获得身份识别码的法人实体应当向 LEI 系统提交有关"参考数据"（Reference Data）: 正式名称、总部地址、法律形式、获得识别码的时间、最后更新信息的时间、识别码失效时间（可选）、工商注册信息（可选）以及识别码的号码。这些数据将通过 LEI 系统在全球范围内共享。企业数据管理委员会认为，法人这一表述并不准确，无法包含具有缔结金融合约的能力但不具有法人资格的机构或个人。因此，该委员会在 LEI 系统的基础上提出了"能力合约方"（Contractually Capable Entity）的概念（Bennett, 2013）。

开发目标: 金融产品标记语言（Financial product Markup Language, FpML）

开发目的: 构建场外市场金融业务本体模型

续表

目标简介：金融产品标记语言是 1999 年由 JP 摩根集团和普华永道国际会计师事务所联合开发，并于 2001 年成为国际掉期与衍生品协会（ISDA）用于记录场外市场（OTC）金融交易数据的标准。金融产品标记语言是基于可扩展标记语言（XML）的商业信息交换标准，OTC 交易的各方可以使用金融产品标记语言通过互联网交换商业信息，尤其是传递和确认高度个性化的衍生金融合约的细节（由于 OTC 合同是非标准化的，因此在金融产品标记语言出现之前，有效地在线传输 OTC 合同是不可能的）。金融产品标记语言的使用是免费且开放的，其既具有良好的机器可读性，也能够直接供人阅读。金融产品标记语言适用于货币互换、利率互换、远期利率协议（FRA）等各种场外衍生金融交易的信息传递与共享，可扩展性很强。
开发目标："资源—事件—主体"（Resource – Event – Agent，REA）本体 开发目的：构建场外市场金融业务本体模型 目标简介：REA 本体最初是 1982 年由威廉·麦卡锡（William E. McCarthy）提出的一项通用会计模型，后来逐渐发展成为一套更加适用于计算机会计（亦称会计电算化）的会计账务系统。其账务设计的理念完全不同于现行的复式记账法，即其并非按照借方、贷方以及众多复式记账法下的分类账户记录经济活动，而是将会计系统完全视为对真实经济交易行为的模拟和真实再现，以至于"资产"、"负债"、"商誉"等抽象的会计概念并不包含在 REA 会计模型中。因此，从计算机科学视角来看，REA 是一个典型的本体模型。在该本体模型中，商品、服务以及货币被定义为"资源"，能够影响资源配置的商业交易或者合约被定义为"事件"，而参与交易的人或交易方则被定义为"主体"。但该本体模型并非基于网络本体语言开发，因此企业数据管理委员会对其进行了系统的重建与改造。
开发目标：可扩展商业报告语言（eXtensible Business Reporting Language，XBRL） 开发目的：定义金融业务本体中每种金融合约的特殊属性 目标简介：可扩展商业报告语言是一种 XML 格式的标记语言，用于商业和财务信息的定义和交换。可扩展商业报告语言标准的制定和管理由可扩展商业报告语言国际联合会（XBRL International）负责。可扩展商业报告语言最初称为"可扩展金融报告语言"（XML based Financial Report Mark – up Language），即基于 XML 的会计报表标记语言，主要为投资方和交易方披露财务信息使用。由于该语言的适用性和可拓展性非常强，可以用于企业内部信息分享和商业信息管理等更多商业用途，所以逐渐改称为"商业报告语言"。XBRL 的用途很广泛，企业的各种信息，特别是财务信息，都可以通过该语言在互联网上有效地进行处理。XBRL 格式的数据能够便捷地转换成书面文字、PDF 文件、HTML 页面或者其他相应的文件格式，从而方便快捷地运用于各种财务分析。

　　注：①Federal Reserve System. Strategies for Improving the U. S. Payment System［R/OL］. （2015 – 01 – 26）［2016 – 08 – 30］https：//fedpaymentsimprovement. org/wp – content/uploads/strategies – improving – us – payment – system. pdf.

　　资料来源：作者根据相关文献与网站资料整理。

金融业务本体按照"主语—谓语—宾语"（Subject – predicate – Object，亦称为 Semantic "Triple"）这一语义建模的通行句法对金融行业通行的术语进行了明确、具体的定义，而且所有对金融术语的界定都围绕着两个核心问题展开：第一，所定义的目标是什么？第二，该目标具有何种独特的性质？因此，金融业务本体是一个典型的概念本体（conceptual ontology），其旨在为金融业提供一种通用的、标准化的语言，从而在语义层面消除由于对金融术语概念理解的不一致所可能产生的数据统计差异，为金融数据与信息的网络化、智能化交换提供便利。金融业务本体对金融术语的定义参见表 8 – 10。由于为金融行业全部的概念和术语构建语义模型是一个非常庞大的系统工程，其中既涉及不同技术部门之间的协同，还需要大量来自金融行业的主题专家（Subject Matter Experts）的参与。因此，金融业务本体的建设进展非常缓慢。以 2008 年便启动的"语义仓库"（semantic repository）项目为例，截至 2016 年 8 月，该项目仅初步完成了与金融工具相关术语的语义定义，其中部分内容仍在不断增加和修订中（参见表 8 – 11）。

表 8 – 10　　FIBO 金融工具"语义仓库"中部分术语的定义示例

术语分类	术语名称	语义定义
股票	可转换优先股	可转换优先股是可以转换为其他证券的优先股（A Preferred Share which is convertible into another security）
	转换（convertible into）	转换是可转换优先股被转换为有价证券的行为。只有公开发行上市的股票才能够被转换（The security into which the Convertible Preferred Share can be converted. This is always a publicly issued share）
	制定转换条款（has terms）	制定可转换股票转换细节的条款（Terms governing the Conversion of a Convertible Share）
	存托行	存托行是一家被指定的可以发行股票存托凭证的银行（A bank which is set up and authorized to issue Depositary Receipts）
	识别（identified as）	识别是指确定存托凭证发行方即存托行的身份（The identity of the Depositary Receipt Issuer, which is a Depositary Bank）
	原始股	原始股是由公司创始人持有的非上市交易的股票，是在公司上市交易之前的股票（A share which is not tradable and which is held by founders of the company. This is stock that pre – dates any flotation of the company）
	票面价值	票面价值是每股以现金或者实物表示的美元数额（A dollar amount that is assigned to a security when representing the value contributed for each share in cash or goods）

术语分类	术语名称	语义定义
债务	债权工具	债权工具是债务工具发行方承诺按照合约条款向借款人偿付本息从而获取融资的纸质或者电子债务凭证。债务工具的类型包括票据、债券、债务凭证、抵押贷款合约、租约或其他借贷双方签订的合约（A paper or electronic obligation that enables the issuing party to raise funds by promising to repay a lender in accordance with terms of a contract. Types of debt instruments include notes, bonds, certificates, mortgages, leases or other agreements between a lender and a borrower）
	附属衍生（relates to）	附属衍生是原始债务工具证券化为实际债务工具的过程。债务合约中须界定衍生后的实际债务工具的利率和偿付方式等细则（The actual debt that is securitized by the debt instrument. The Debt contract sets out terms for this debt, such as interest and repayment terms）
	可卖回性（Putable）	可卖回性是指债务工具的持有方是否有权在最终到期日之前要求债务工具的发行方赎回其持有的债务工具的权利（Whether the holder has the right to ask for redemption of the security prior to final maturity）
	抵押担保	抵押担保是提供抵押物的担保，如果某笔债券拥有抵押担保，则在该笔债券清偿前债权人拥有抵押资产（抵押物）的处置权〔Guaranty which takes the form of some Collateral. e.g. if a Security is guaranteed by collateral, assets（the Collateral）are pledged to a lender until a loan is repaid〕
	转换日期	转换日期是债券能够被转换为指定股权证券的日期（Date on which the Bond can be converted into the specified Equity Security）
	贴现债务工具	贴现债务工具是以票面价值折价发行，到期后支付票面价值的债务工具（A discount instrument is issued at a discount from its face value and matures for its face value）

续表

术语分类	术语名称	语义定义
衍生品	债券期权	债券期权是附加在债券期货合约上的权利，行权时期权持有者购入指定的债券期货合约（An option on a traded futures contract for a Bond. When exercised, the holder exercises the right to buy the future on a Bond）
	买方期权	买方期权是一种赋予买方（期权持有方）在规定日期当日或此前按照既定价格或规则购入指定资产的权利而非义务的合约〔Contracts between a buyer and a seller giving the buyer（holder）the right, but not the obligation, to buy the assets specified at a fixed price or formula, on or before a specified date〕
	有行权条款（has exercise terms）	有行权条款是指存在股票期权如何被执行的规定条款（Contractual terms setting out how the stock option may be exercised）
	交割	交割是以现金形式的期权行权（Delivery when the option is exercised in the form of cash）
	合约价格	事前敲定的合约买方购买或出售指定货币的交易价格（Predetermined price at which the holder will have to buy or sell the underlying currency）

资料来源：企业数据管理委员会网站（http：//www. edmcouncil. org/semantics-repository/index. html）。

表 8 - 11　　　　FIBO 金融工具"语义仓库"建设情况

术语分类	二级分类①	术语数量②	建设进展
普通工具术语（Common Instrument Terms）	无	403	已完成
股票（Equities）	无	178	已完成
债务（Debt）	无	254	已完成
衍生品（Derivatives）	有（2）	180	进行中
权利（Rights）	无	93	已完成

续表

术语分类	二级分类[①]	术语数量[②]	建设进展
集合投资工具（CIV/Funds）	无	407	已完成
索引与指数（Indices and Indicators）	无	191	已完成
证券信息[③]（Securities Components）	有（8）	—	进行中
金融业务流程（Process Terms）	有（1）	—	进行中
贷款（Loans）	待定	待定	待定
金融机构（Business Entity）	无	—	已完成

注：①括号内为二级分类术语的个数。

②截至 2016 年 8 月 15 日；"—"表示该类别为关系型语义，以图表形式定义。

③指关于证券产品的全部非核心信息，如证券合约条款、合约签订相关事项、是否上市交易、承诺与担保情况、限制性条款与税收情况等。

资料来源：http：//www.edmcouncil.org/semanticsrepository/index.html.

（三）金融业务本体在宏观审慎监管领域的应用

从语义网本身的技术特点来看，可以将金融业务本体在系统性风险分析和宏观审慎监管领域的应用概括为三个方面。

一是逻辑推理（reasoning）。构建金融业务本体的初衷之一便是在概念本体模型基础上开发更多面向具体应用的操作本体，从而利用电子计算机帮助金融监管当局更加有效地处理海量的微观金融数据，尤其是更加智能化地提取和分析系统性风险信息，从而维护金融体系的安全与稳定。金融业务本体对全部金融术语的内涵进行了明确清晰的界定，从而使不同微观金融数据库之间的数据交换与数据整合成为可能。在此基础上，金融业务本体模型所使用的"主语—谓语—宾语"这一语义建模的通行句法，使一些基于人工智能系统的简单逻辑推理成为可能。如从逻辑上看，根据"若 A 则 B"和"若 B 则 C"能够很容易推断出"若 A 则 C"。这一看似简单的逻辑推理对于系统性风险的智能监测可能具有至关重要的意义。假定某一金融体系中存在一组如图 8-15 所示的 OTC 交易网络，双向箭头代表金融机构互为 OTC 交易的对手方。

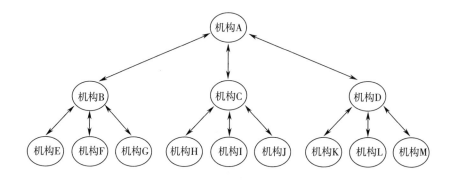

图 8 - 15　某金融体系的 OTC 交易网络

在金融业务本体模型下，我们建立一个更加具体的操作本体（operational ontology）模型：如果 OTC 交易的亏损大于该机构的注册资本，则该机构破产；如果 OTC 交易的亏损小于该机构的注册资本但高于注册资本的 50%，则该机构面临破产风险；如果 OTC 交易的亏损小于注册资本的 50%，则该机构无破产风险。在此情况下，一旦某机构（如机构 A）陷入破产，则电子计算机系统便可在我们建立的操作本体模型基础上作出"如果 A 破产，则 B 破产；如果 B 破产，则 F 破产；如果 A 破产，则 F 破产"这一逻辑推理，从而迅速识别出全部交易网络内的金融机构所面临的风险情况而无须人工介入调查（如图 8 - 16 所示）。事实上，金融市场真实的交易网络是非常复杂的。因此，这一由电子计算机完成的看似简单的推理能够极大地提高金融风险分析的效率。试想，如果在 2008 年 9 月 15 日美国雷曼兄弟公司破产倒闭的第一时间，能够通过这一逻辑推理厘清该公司破产倒闭可能产生的负面影响，或许就不会引发金融市场的恐慌，从而最终避免这场席卷全球的大危机。从另一个角度来看，语义网技术的逻辑推理功能也能够用来判定一家金融机构是否具有系统重要性，从而提前实施监管介入。如果我们在上述操作本体模型的基础上规定，"若某机构破产所产生的损失超过全部金融机构注册资本的50%，则该机构具有系统重要性"，那么计算机系统会在实时扫描各监管部门金融数据库的基础上，动态地识别系统重要性金融机构，从而提醒监管部门对其实施重点监管。

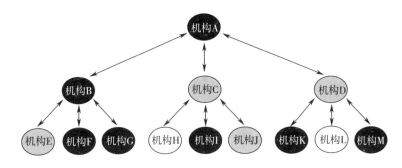

注：黑色代表该机构陷入破产，灰色代表该机构面临破产风险，白色代表该机构无破产风险。

图 8 - 16 基于 FIBO 的违约风险扩散推理

二是语义查询（semantic querying）。语义查询功能是语义网技术最为突出和重要的功能之一。在 Web 1.0 时代，数据信息的检索只能通过关键词（key words）展开，即电子计算机只能根据输入系统中的关键词与网络数据信息进行匹配，从而返回包括关键词的全部数据信息。这种检索完全是简单机械式的，而且检索效率很低，因为检索方只有输入了答案中包含的关键词，才有可能在浩瀚的网络信息中检索出希望得到的答案。如果以"系统性风险"为关键词进行网络搜索，那么计算机返回的仅仅是包含"系统性风险"字样的全部数据信息。而如果我们希望得到的是能够诱发系统性风险的因素，如股市泡沫与系统性风险的关系，则往往很难通过关键词搜索达到预期目的。而基于本体建模的语义网技术能够根据检索内容的语义而并非仅仅是字面内容开展更加智能化的查询，这对于金融监管部门而言是一个监测金融风险动态变化的重要工具。如银行业监管部门可以在金融业务本体模型下便捷地了解银行部门某类资产或金融交易（如高风险的 OTC 交易）的头寸数量。语义查询引擎会自动地扫描网络上全部的微观金融数据库，由于全部微观金融数据是按照统一的概念本体被定义和统计的，因此计算机系统可以便捷、高效地根据监管部门的分析需要随时调取和整合全部的微观数据，进而返回监管部门所需要的数据资源和初步分析的结果。这将大大提高金融监管部门的风险分析能力和效果。监管部门也可以利用语义查询功能，获取某一家金融机构的交易情况，从而有针对性地进行监管介入。

语义查询使金融风险的分析变得更加灵活和动态化。在传统的微观金融数据统计体系和分析方法下，度量系统性风险的指标往往是相对固定的，如监测商业银行的资本充足率、不良资产比率、流动性覆盖比率等。这些相对固化的指标往往难以及时反映出金融风险的动态变化，而基于语义查询能够较好地解决这一问题。如当房地产价格上升时，银行业监管部门可以通过语义引擎调取贷款数据、OTC交易数据，甚至外汇交易数据等一切可能与房地产交易相关的微观数据，从而汇总并监测银行部门与房地产相关的风险资产头寸。因此，金融风险指标即语义查询的内容可以随着宏观经济金融形势的变化而灵活调整，从而保证监测系统性风险的动态性和有效性。

三是自动归类（automatic classification）。由于金融业务本体模型是对真实金融世界的一个抽象概括，因此其所界定的金融术语以及不同术语之间的关系不是固定不变的，而是可以根据层出不穷的金融创新活动而进行拓展的。如一旦市场上出现了创新型金融产品，金融业务本体的统计和分析框架不必进行颠覆性的调整，而是可以根据该创新型金融产品的特征将其自动归类。本体建模在逻辑上的严密性能够保证任何创新型产品都能够被系统识别并划归为某一特定类别，从而避免了人为地调整原有数据库结构的必要。在传统的金融数据统计架构下，每出现一个新的金融产品，往往就需要监管部门针对这一金融产品单独设计一套统计表格，这不仅增加了金融机构统计和报送数据的成本，而且也加大了监管部门数据管理的难度。由于新增数据与原有数据之间往往缺乏内在的逻辑关联，因此监管部门的微观数据越发碎片化，难以对微观数据进行有效整合。

根据Chen（2015）的研究，金融业务本体模型在金融部门的大规模应用和推广大体上可以分为以下几个阶段：

第一，IT系统的升级改造。语义网技术的应用需要与之相配套的IT系统支持，无论是金融监管部门还是各金融市场主体，应用金融业务本体进行风险分析与管理的前提条件是具备一定的IT基础设施，从而进行数据存储与传输、语义查询、分布式处理等基本操作。

第二，操作本体建模。如前文所述，金融业务本体仅仅是一个概念本体模型，其开发并不基于某项具体的金融应用。因此，只有在金融业务本体模型基础上开发具体的操作本体模型，才能够开展金融风险分析等具体业务。

第三，数据匹配（data matching）。金融业务本体模型开发完成后，金融监管部门以及各金融机构需要将其数据库中的全部数据按照金融业务本体模型中对金融术语的定义进行匹配，并确保数据匹配的精确性。

第四，数据整合（data integration）。数据匹配完成后，监管部门便可以从不同数据库进行数据的抽取（extraction）与整合工作。数据整合的目的是查验数据质量，避免合成谬误。

第五，数据可视化或数据报告。上述工作完成后，便可在数据抽取和数据整合的基础上进行数据的可视化，并撰写数据分析的报告以用于特定目的（如金融风险的监测与分析）。

（四）金融业务本体面临的问题与发展前景

金融业务本体的基本逻辑是通过语义建模的方法，对整个金融术语以及金融关系进行明确定义并附加机器可读的标准化信息，从而为整合零散、彼此分割的微观金融数据体系奠定基础，同时也为金融数据的搜集、整合和智能化检索分析创造条件。因此，从设计理念上来看，金融业务本体既符合国际金融危机后美国弥合数据缺口从而全面加强宏观审慎监管的客观需要，也是大数据时代金融监管部门和金融机构有效处理海量金融数据的一项重要的基础设施。然而，其开发和应用仍然面临诸多问题和挑战。其中最为突出的一个问题，是金融业务本体模型作为一项全金融业的"数据标准"，只有在整个金融行业得到全面推广和普及才能够发挥其作用。然而，其全面推广面临巨大的沉淀成本损失，而这一成本损失如何得以补偿将是一个至关重要的问题。具体而言，无论是开发基于金融业务本体的操作本体模型，还是将原有数据库中的数据与金融业务本体模型中的定义进行匹配，都将是一个耗时耗力的过程，金融机构可能为此支付高额的 IT 设施升级与数据库改造费用。在市场化条件下，只有当可以预见的应用金融业务本体所带来的潜在收益大大超过其沉淀成本时，金融机构才有足够的动力使用金融业务本体模型。显然，从短期来看，金融业务本体模型仍然难以得到大规模的推广。当然，不排除美国金融当局将金融业务本体作为一项重要的金融监管基础设施，而采取行政手段予以推广。尽管美国财政部金融研究办公室、美联储以及联邦存款保险公司等监管部门都密切参与了金融业务本体模型的开发，但对于 FIBO 的评估和推广也非常谨慎。截至本书完稿时，美国金融当局对于 FIBO 这一正在开发进程中的金融数据行业标准尚无明确表态。

应当说，金融业务本体的发展前景是比较乐观的。但目前看来，其开发进程比较缓慢。企业数据管理委员会仅仅初步完成了与金融工具相关术语的语义建模，而大量的关于金融业务流程、金融机构之间的关系（如持股、控股）的语义建模仍未完成。因此，金融业务本体模型的构建及其实际应用还有相当一段路要走。

五、本章小结

当前大数据监管可谓正当其时、方兴未艾，美国在这一领域进行了大量的研究和探索，有些改革已经在美国乃至全球范围内取得了显著进展，而有些改革则仍处于构想和酝酿阶段。具体来看，首先，美国财政部金融研究办公室于 2010 年底提出了建立金融市场法人识别码（LEI）系统这一倡议，旨在构建一个开放的、采用标准化数据报送准则的信息系统，从而提高监管部门监控和识别系统性风险的能力，并有效降低金融机构的信息处理成本。2011 年以来，美国借助 G20 平台大力推动 LEI 数据系统的全球化、一体化以及公开化。全球金融市场 LEI 系统在迅速发展的同时，也面临诸如与现有金融监管框架的整合、新数据标准的推广和使用以及配套的分析工具的开发等问题。在可视化分析技术的开发与应用方面，美国在系统性风险的集中度分析、关联度分析以及随时间累积的失衡程度分析方面进行了卓有成效的可视化分析实践，但目前用于系统性风险分析的大多数可视化分析技术都属于静态的、人机交互性弱的简单类型，动态的、人机交互性强的可视化分析工具尚有待开发和广泛应用。可视化分析技术在宏观审慎监管领域的应用仍然面临一定的问题和局限性。首先，现代金融体系的复杂性与系统性风险形成机制的多面性使得可视化分析技术仍然难以从根本上解决系统性风险的识别与预测问题。其次，微观金融数据的质量可能成为影响可视化分析技术实际应用的一个瓶颈因素。最后，可视化分析技术本身仍存在继续改进和提高的空间。但从总体上来看，可视化分析技术仍然丰富了系统性风险分析的视角与工具，并且在一定程度上弥补了传统分析方法的不足。可视化分析作为一种辅助监管当局进行宏观经济金融风险管理的重要工具，具有良好的应用前景。

2013 年 12 月，美国财政部金融研究办公室提出了构建"通用房屋抵押贷款识别码"方案，旨在为美国的住房抵押贷款市场构建一个通用的、"从摇篮到坟墓"式的识别码系统，将原生信贷合约与各级衍生金融产品一一对接起来，从而有助于金融监管当局和各类机构识别和管理金融风险。美国的房地产金融系统极为复杂。因此，美国房地产金融系统的监管是典型的多头监管，各个监管方都掌握着一定的数据信息，而这些关于房屋抵押贷款的数据信息却往往是不完备的。由于缺乏一个被全部金融中介所普遍接受的贷款合约识别码，因此不同监管部门在不同环节收集的关于同一份房屋抵押贷款合约的数据信息往往难以直接整合。通用房屋抵押贷款识别码旨在提高监管效率，促进政策研究；便于数据文件整理归档，改善金融机构风险管理；保护房屋抵押贷款申请人的个人隐私。2008 年国际金融危机爆发后，美国金融业界提出了构建金融业务本体这一行业动议，旨在为全部金融术语给出标准、统一的语义内涵，通过语义建模的方式为现有的微观金融数据添加"元数据"以便于数据的汇聚与整合，以及使用语义网技术提高金融数据信息的机器可读性。金融业务本体在系统性风险分析领域的应用主要体现在三个方面，即逻辑推理、语义查询以及自动归类。从设计理念上看，金融业务本体既符合国际金融危机后美国弥合数据缺口从而全面加强宏观审慎监管的客观需要，也是大数据时代金融监管部门和金融机构有效处理海量金融数据的一项重要的基础设施。然而，其开发和应用仍然面临诸多问题和挑战。从短期来看，金融业务本体模型仍然难以得到大规模的推广，金融业务本体模型的构建及其实际应用还有相当一段路要走。

第九章　美国的大数据监管与国际金融监管改革

在 2008 年 9 月爆发的国际金融危机的推动下，以美国为代表的主要发达国家纷纷对本国的金融监管体制进行了大刀阔斧的改革；而强化宏观审慎监管以监控和防范系统性金融风险，则成为改革的重点。尽管各国的金融监管改革取得了一定的成效，但相比之下，国际金融监管框架改革的步伐仍然较为缓慢。虽然全球主要国家都表示支持巴塞尔协议 Ⅲ（Basel Accord Ⅲ）并各自制定了实施的时间表，但旨在提高单个商业银行风险抵御能力的新资本协议和流动性框架，仍然无法有效防范系统性金融风险。在金融交易全球化而金融监管非全球化这一背景下，主要发达国家各自为政构建的宏观审慎监管框架，难以在抑制监管套利的基础上，防范系统性金融风险在全球范围内的蔓延。为此，如何在协调与合作的基础上构建一个统一的国际金融监管框架，进而在全球范围内监控和防范系统性金融风险，是一个关系到国际金融安全的重要问题。如果说在此次国际金融危机爆发之前，国际金融监管框架的统一还是一个理论愿景或者是一个长期目标的话，那么国际金融危机的爆发则意味着解决这一问题已经刻不容缓①。

2010 年以来，大数据国家战略的全面实施表明美国在大数据监管领域进行了一系列卓有成效的探索，其中进展最快、影响范围最广的当属美国依托 G20 平台在全球范围内建立起来的全球金融市场 LEI（Legal Entity Identifier）系统。全球金融市场 LEI 系统是一项重要的全球微观金融数据基础设施，其对于海量数据信息的收集、交换和分析具有十分重要的意义。美国大数据监管的实践探索不仅在全球范围内起到了积极的示范效应，而且在客观上对国际金融

① 2010 年 11 月 12 日的 G20 首尔峰会通过了加强全球金融安全网建设和构建全球宏观审慎监管框架的议案。

监管改革进程也产生了重大而深远的影响。本章从国际金融监管改革的历史入手，回顾了美国主导现行国际金融监管框架改革的过程。在此基础上，对美国重构国际金融监管框架改革的逻辑进行深入分析，并将美国大数据监管的最新进展——全球金融市场 LEI 系统与巴塞尔协议监管框架进行比较。本章在分析视角上并未单纯地从大数据监管和传统微观审慎监管的技术层面展开分析，而是更多地从历史演进和国际政治经济学的视角进行论述，从而便于我们从一个更加宏大的视野和更长的时间维度，深化对美国的大数据监管将如何影响国际金融监管改革进程这一问题的认识。

一、现行国际金融监管框架的演进与缺陷

2008 年国际金融危机的爆发证明，巴塞尔协议所秉持的微观审慎监管理念以及相应的资本监管框架存在重大缺陷——无法有效防范全球金融体系的系统性风险。李楠、汪翀（2012）从技术层面深入分析了巴塞尔协议的资本监管框架在抑制监管套利和缓释顺周期性方面面临的两难，并认为巴塞尔协议漫长而复杂的磋商和修订程序使其难以紧跟国际金融创新的步伐。为此，他们指出，尽管"巴塞尔协议Ⅲ试图规避系统性风险的尝试令人鼓舞，但是业界将希望全部放在以巴塞尔协议为首的规制上，这就蕴含着极大的风险"。① 事实上，巴塞尔协议Ⅲ不仅没有转变"资本监管"这一自巴塞尔协议问世以来便确立的微观审慎监管理念，而且还从提高资本质量、加大风险覆盖、引入杠杆率要求以及建立全球流动性标准等各个方面予以强化（范小云、王道平，2012）。因此，我们不得不质疑巴塞尔协议Ⅲ能否从根本上纠正巴塞尔协议的重大缺陷。如果从国际政治经济学的视角切入，或许我们能够得到比技术层面的研究更为深入和明晰的答案。

（一）美国主导下的大国博弈与巴塞尔协议 I 的出台

20 世纪 70 年代无疑是战后世界经济发展历程中一个充满变化与挑战的时

---

① 李楠，汪翀. 关于巴塞尔协议规避银行系统危机的有效性研究 [J]. 国际金融研究，2012（1）：60.

期。从国际金融领域来看，1973 年布雷顿森林体系的崩溃打破了战后国际金融体系维持了近 30 年的均衡状态。国际资本流动规模的迅速扩大、汇率体制的多元化以及跨国与离岸金融活动的日益活跃，极大地加速了金融全球化的进程。在金融自由化和金融创新浪潮的冲击下，传统的商业银行业务和投资银行业务之间的界限日趋模糊，混业经营开始逐渐取代分业经营成为商业银行经营模式的主流。在此背景下，美国自 30 年代大危机后确立的严格的分业经营模式日渐式微，其商业银行在面对日本和德国的"全能银行"（Universal Banking）的竞争时则显得力不从心。美国布鲁金斯学会的一项研究表明，在1960—1980 年期间，美国的商业银行一直占据全球跨国银行业务市场份额的30%，而日本商业银行的市场份额则一直在 10% 以下；然而到 1985 年，前者的市场份额下降为 23%，而后者的市场份额则上升至 26%（Bryant，1987）。1986 年，在全球资产规模最大的 15 家商业银行中，共有 10 家日本银行（前 5名均被日本银行占据）、3 家法国银行、1 家德国银行和 1 家美国银行（花旗银行集团名列第六）。[1] 由此可见，到 80 年代初，国际银行业的竞争格局发生了巨大的变化，日本和西欧国家商业银行的崛起，使美国的商业银行面临着巨大的压力和挑战。而 1982 年爆发的拉美债务危机则使其处境雪上加霜。由于美国的商业银行是拉美国家最主要的债权人，因此拉美债务危机的爆发使前者陷入空前的流动性危机。据统计，截至 1982 年危机爆发前，仅墨西哥一国便欠下美国商业银行高达 230 亿美元的债务，占美国前 17 家商业银行资本总额的 46%；而美国前 9 家最大的商业银行向墨西哥、巴西和阿根廷 3 国提供的贷款总额占其资本总和的比重则高达 140%（Reinicke，1995）。在资产规模最大的 12 家美国商业银行中，对拉美重债国的贷款占其资本总额的比重最低的为82.7%，最高的为 262.8%，大多数银行介于 140% ~ 180%（Oatley 和 Nabors，1998）。[2] 换言之，美国商业银行对拉美国家的过度放贷使美国乃至全球金融

---

[1] 数据引自 Kapstein（1989）第 342、343 页。

[2] 相比之下，日本和欧洲国家的商业银行对拉美国家的风险敞口则小得多。如日本和英国商业银行对拉美国家贷款占其资本总额的比重分别在 55% 和 80% 以下。数据引自 De Carmoy（1990）。

体系面临着系统性风险的威胁。

为应对拉美债务危机，里根政府采取了在 IMF 框架下向拉美债务国提供贷款这一多边救助方式，并主张各成员国在原有份额的基础上继续向 IMF 增资从而为拉美国家提供融资，即在 IMF 的全体成员国之间分摊危机的救助成本。然而，美国国会却对美国须向 IMF 增资 84 亿美元这一提案颇为不满，并认为在美国实体经济未见好转之际，不应动用纳税人的资源贴补过度放贷的美国商业银行[1]。在此情况下，美国金融当局一方面面临着如何分散危机救助成本、缓和国内矛盾的问题；另一方面，也不得不对国内日益高涨的要求强化对商业银行监管的呼声作出回应[2]。于是，在时任美联储主席保罗·沃尔克（Paul A. Volcker）的提议下，美国金融当局开始考虑制定和实施全美统一的资本充足率标准，以全面强化对商业银行的资本监管（Kapstein，1989）。显然，此举不仅能够迫使商业银行通过筹集新资本的方式承担一部分危机救助成本，进而缓和美国国内的舆论压力，而且还能够抑制商业银行过度放贷的动机并降低杠杆比率。但是，一个随之而来的问题是，此举会进一步削弱美国商业银行的国际竞争力，进而使其在与日本和德国商业银行的竞争中陷入更加不利的境地。事实上，在 80 年代至 90 年代初这一时期，日本和西欧各国商业银行始终保持着远低于美国商业银行的资本充足率水平[3]，而这一直被后者视为其难以获得"公平竞争"（Level Playing Field）地位的重要原因。因此，旨在强化资本监管的提议招致美国各大商业银行的强烈反对。美国金融当局由此陷入了两难困境：动用宝贵的财政资源增资 IMF 从而间接救助过度放贷的本国商业银行，将会得罪国内选民；而顺应民意强化资本监管，则不利于提高本国商业银行的国际竞争力并会招致国内金融利益集团的游说和抵制。

---

[1]　美国经济在 1981—1982 年间经历了较为严重的衰退。当时失业率高达 10.8%，联邦财政赤字在 1982 年达到了 1107 亿美元的历史高位。1983 年 8 月美国开展的一项民意调查显示，约有 77% 的选民对增资 IMF 表示"愤怒"。参见 Oatley 和 Nabors（1998），第 43 页。

[2]　1983 年 11 月 30 日，美国国会通过了《国际借贷监管法》（ILSA）。该法案明确要求美国金融当局制定"最低资本要求"以加强对银行机构的资本监管。

[3]　据统计，在 1986—1992 年期间，美国商业银行的平均资本充足率水平约比欧洲高 1.51 个百分点，比日本则高 3.04 个百分点。数据引自 Scott（1994），第 889、890 页。

在这种情况下，美国金融当局开始考虑从外部入手，破解这一困境。1983年，美联储向巴塞尔银行监管委员会（以下简称巴塞尔委员会）正式提出了为国际银行业设定一个统一的资本充足率标准的设想。对美国而言，此举既能够强化对美国商业银行的资本监管，又能够抑制其竞争对手利用低资本充足率抢占市场的能力，从而为提高美国商业银行的国际竞争力创造有利条件。然而，这一完全基于美国自身利益提出的国际金融监管改革议案，触动了日本和欧洲国家的利益，因此遭到了后者尤其是日本和法国的强烈反对。当时，在十国集团（G10）内部，日本和法国商业银行的资本充足率水平是最低的，因此这两国金融当局承受的压力也最大。一位著名的日本银行家曾直言不讳地指出，采用统一的资本充足率指标"将使日本的银行支付更多的'税款'，并由此削弱日本的金融实力"①。德国对美国的这一提议也持反对态度。德国金融当局认为，一方面，德国全能银行没有必要维持过高的资本充足率水平；另一方面，此举也会削弱德国商业银行此前依靠低资本充足率在国际竞争中取得的优势地位（Underhill，1991）。于是，在 G10 内部形成了意见相左的两大国家集团：一方以美国为代表，另一方则以日本、法国和德国为代表，双方在是否有必要制定和执行统一的银行资本充足率指标这一问题上争执不下②。由于日本、法国等国的强烈反对，无论是在巴塞尔委员会还是在 G10 央行行长会议上，对美国这一提议的磋商和多边谈判始终无法取得实质性进展。

1986 年年初，在双方博弈陷入僵局之际，美国改变了试图寻求多边共识这一战略，而转为寻求其传统盟友——英国的支持。由于英美两国在银行体系

---

① 参见 American Banker，25 June，1987：2.

② 事实上，学界对于是否有必要制定全球统一的资本充足率标准这一问题也是有争议的。有学者认为，美国和英国商业银行在发展中国家有着高额风险敞口，因此其理应维持高资本充足率；相反，日本和欧洲国家的商业银行在拉美等国的风险敞口很低，所以资本充足率也低。因此，没有必要制定全球统一的资本充足率标准。此外，历史经验也证明，日本、德国银行体系的稳定性远高于英美两国。因此，认为其较低的资本充足率会危及国际金融体系的稳定，是没有根据的（Oatley and Nabors，1998）。

和监管理念上非常相似①，两国很快达成了共识并于 1987 年 1 月就制定统一的银行资本充足率标准签订了双边协议。此后，美国开始向反对阵营中最为顽固的日本施压。一方面，美国作出强硬姿态，表示未来可能要求所有在伦敦和纽约交易的外国银行都要满足美英两国制定的最低资本充足率标准，并要求 5 家在美国开设分支机构的日本银行率先向美联储提交其计算资本充足率的方法以及相关数据②；而另一方面，美国又派出了以纽约联邦储备银行行长杰拉德·科里根（Gerald Corrigan）为首的代表团赴日游说，并向日本表示，美英制定的双边协议只是一个面向未来的资本监管框架的蓝本，任何国家都可以就其细节与美国进行磋商和探讨。在美国的施压下，日本不得不于 1987 年 6 月表示同意与英美两国开展多边协商③。1987 年 9 月，在英美两国同意日本提出的将日本银行 45% 的隐性资本纳入资本充足率的计算公式后，日本宣布遵从在美英双边协议基础上达成的美国、英国、日本多边资本监管框架。日本的妥协意味着反对阵营的瓦解。随后，法国、德国等国也纷纷以积极的姿态加入了国际银行业监管框架改革的多边谈判进程。1987 年 12 月，G10 全体成员国就制定统一的国际银行业资本监管框架达成了一致。翌年 7 月，巴塞尔协议 I 正式出台。

（二）多方参与的复杂博弈格局下的巴塞尔协议 II

巴塞尔协议 I 作为大国利益博弈的直接结果，其目标函数——应对信用风险和确保公平竞争显然被美国设计得过于简单。面对 90 年代迅速发展的金融全球化和金融创新浪潮，巴塞尔协议 I 的这一缺陷暴露无遗。在经历过一系列

---

① 长期以来，英美两国金融当局一直保持着紧密的沟通与合作。事实上，英国早在 70 年代便开始强化对商业银行的资本监管，而且按照风险加权资产计算商业银行资本充足率这一方法，也是由英国率先提出并最终被美国所采纳的。此外，英国商业银行也面临着与美国商业银行类似的问题，即在咄咄逼人的日本和其他西欧国家商业银行面前，国际竞争力不断下降。因此，美英两国在向后者施压这一问题上很快达成了共识。

② 日本大藏省拒绝了美联储的这一要求。详情参见 American Banker, 10 March, 1987：1.

③ 1987 年上半年，日本银行家协会对英格兰银行和美联储展开了一轮游说，试图说服后者同意将日本银行普遍存在的隐性资本纳入资本充足率的计算公式。与此同时，日本大藏省也要求日本商业银行暂时放缓在美国的扩张步伐，以缓和矛盾。

事件以及东亚金融危机的冲击之后，巴塞尔委员会不得不于 1998 年开始着手制定新版巴塞尔协议，并最终于 2004 年 6 月发布了题为《统一资本计量和资本标准的国际协议：修订框架》的定稿。这一后来被称为巴塞尔协议Ⅱ的新监管框架明确提出了强化国际金融监管的三根支柱，即最低资本充足率、外部监管和市场约束，并要求商业银行主要采用内部评级法（IRB）、在险价值法（VaR）、高级计量法（AMA）以及期限阶梯法（MLA）等更加精准的方法分别衡量信用风险、市场风险、操作风险以及流动性风险[①]。需要指出的是，巴塞尔协议Ⅱ仍然是在美国的推动和主导下完成的。Claessens 等人（2008）的研究表明，90 年代以来，美国等主要发达国家一直通过各种非政府组织向巴塞尔委员会施加影响，进而主导巴塞尔协议Ⅰ的修订。如代表美欧大型商业银行利益的国际金融研究所（IIF）通过向巴塞尔委员会施压，使后者于 1995 年接受了其提出的应采用美欧大银行所广泛使用的 VaR 模型衡量市场风险这一建议。1997 年，在巴塞尔委员会正式启动新版巴塞尔协议修订工作的前夕，由美国联邦储备委员会前主席保罗·沃尔克领导的"30 人小组"（G30）发布了一篇题为《全球机构、国别监管与系统性风险》的研究报告。该报告提出的应加强金融机构自身的管理控制以及强化以市场为导向的监管等理念，被普遍视为巴塞尔协议Ⅱ的三根支柱的起源。1998 年 6 月，时任美国联邦储备银行纽约分行行长的威廉·麦克唐纳（William J. McDonough）兼任巴塞尔委员会主席，在其力主下，对巴塞尔协议Ⅰ的修订工作于 1998 年 9 月正式展开。

　　巴塞尔协议Ⅱ这一新监管框架虽然传承了巴塞尔协议Ⅰ的资本监管理念，却在技术层面上对其前身进行了颠覆性的修改。事实上，巴塞尔协议Ⅱ几乎可以独立于巴塞尔协议Ⅰ而存在。由于国际金融监管规则的这一重大改变将引发现有利益格局的调整，因此主要发达国家在新监管规则的制定过程中展开了充分的博弈与角力。与巴塞尔协议Ⅰ相比，这一轮博弈的主体更加多元化，博弈

---

　　① 国内学术界对于巴塞尔协议Ⅱ复杂技术细节的介绍和研究已经相当充分了（可参见巴曙松等，2010，2011）。

过程也更加复杂。各国的大型金融机构、银行业协会以及智囊团体等私人部门利益相关方纷纷参与到新规则的咨询和讨论中，这种看似更加公平合理和更具代表性的决策过程使巴塞尔协议Ⅱ的出台成为一场主要发达国家金融实力较量的持久战。大体上看，美欧双方特别是美德两国之争是此轮博弈的主旋律。人们普遍认为，90 年代以来商业银行在计算资本充足率时普遍借助创新型金融工具进行监管套利，是促使美国力主对巴塞尔协议Ⅰ进行修订的主要原因。然而，由于当时德国商业银行仍主要从事传统的借贷业务并较少涉足金融创新，因此德国金融当局不赞成美国的这一提议，且不愿卷入这场"漫长而痛苦的规则修订过程"①。因此，修订伊始，双方便在外部评级、商业地产抵押贷款以及德国抵押债券②等敏感问题上产生了尖锐的分歧。首先，由于资产信用评级制度在美国早已有之，而且美国商业银行持有的资产大都经过外部评级机构的信用评估，因此，美国商业银行出于节约资本的考虑，要求在使用基本法（Standard Approach）衡量信用风险时，所有获得外部信用评级的资产都应以较低的风险权重计入风险加权资产。然而，此举遭到了持有大量未评级资产的欧洲国家银行尤其是德国商业银行的强烈反对。其次，在商业地产抵押贷款的风险权重问题上，美国商业银行提出应赋予风险明显高于普通居民住宅抵押贷款的商业地产抵押贷款较高的风险权重，并指责德国商业银行蓄意低估该风险权重从而获得竞争优势的做法不仅是不负责任的，而且还不利于金融稳定。然而，后者坚称德国的商业地产抵押贷款市场相当稳定、风险很低，因此并无必要提高其风险权重。由于双方互不相让，因此原定在 1999 年 4 月出台的巴塞尔协议Ⅱ的首轮征求意见稿不得不被推迟发布。最后，针对德国特有的庞大的抵押债券市场，美国、英国以及意大利等国共同指责德国对抵押债券的风险权重赋值过低，并由此使得德国商业银行获得了不公平的资本竞争优势。而法国

---

① 引自 Kothari（2006），第 112 页。

② 指由特许银行为抵押贷款或公共项目融资而发行的德国债券，德文为 Pfandbriefe。该债券可以在德国证券交易所挂牌交易，是德国债券市场最重要的产品之一。国际金融危机爆发前，德国抵押债券市场是全球第七大债券市场，总市值超过 1 万亿美元。数据引自 Kothari（2006），第 120 页。

和西班牙则对此不以为然，并声称也要开发类似的债券产品（Wood，2005）。由于德国抵押债券市场规模过于庞大，且历来是德国商业银行重要的投融资渠道，因此调高其风险权重必将对德国商业银行产生严重的负面影响。为此，德国坚称并无调整的必要。各方首轮博弈的结果是，美国在推广信用评级方面作出了一定让步，而德国在后两个问题上的诉求基本上都得以保留①。

2001 年 1 月，巴塞尔协议 II 的第二轮征求意见稿出炉后，双方博弈的焦点转移到对中小企业的融资歧视这一问题上。巴塞尔协议 II 对于各类资产的风险权重进行了细分，在美国的提议下，未评级资产以及私人部门贷款等高风险资产都被赋予较高的风险权重。一些欧洲国家认为，此举可能导致银行对中小企业的融资歧视，进而加剧后者的融资困难。鉴于中小企业在德国经济中的重要性，德国各界对此表示强烈反对。然而，美国也毫不让步，并坚称将中小企业贷款与一般私人部门贷款相区别对待是不合理的。双方各持己见、针锋相对，一时间相关协商和讨论陷入停滞。2001 年 10 月，时任德国总理的格哈特·施罗德（Gerhard Schröder）公开表示，一旦协商无果，德国将退出巴塞尔协议 II 的谈判并将否决欧盟基于巴塞尔协议 II 制定的任何条例或立法②。德国这一强硬的表态将双方的争端推向高潮。经过长达 9 个月的反复磋商后，美、德双方最终各让一步：信用等级低于 BB - 级的中小企业贷款的风险权重从美国提出的 150% 降低至 100%，并对一些技术性条款做出有利于德国的修改。2002 年 7 月，巴塞尔委员会和德国联邦金融监管局在同一天召开了新闻发布会，双方宣布有关巴塞尔协议 II 的协商取得了重大进展，并可以继续推进。但由于各方在其他技术细节上仍存有一定争议，因此巴塞尔委员会不得不

---

①　双方协商的结果是，只有获得 A - 级以上的资产才会比未评级资产获得更低的风险权重，这在一定程度上削弱了美国商业银行的比较优势。而巴塞尔协议 II 最终则未对德国抵押债券的风险权重特殊赋值。欧盟在其后来通过的一系列落实巴塞尔协议 II 的监管细则中，则明确规定德国可以继续对其抵押债券赋予较低的风险权重。参见 Deutsche Bundesbank（2004），第 98 页。曾任瑞典金融监管局长和"巴塞尔委员会未来资本监管特别工作组"主席并负责协调各方意见的 Claes Norgren 也承认，当时为了争取德国的支持，而不得不进行"纯粹的政治妥协"。

②　参见 Wood（2005），第 141 页。

在 2003 年 4 月发布了第三轮征求意见稿并修订了部分条款。直至 2006 年 7 月，随着巴塞尔委员会发布更新后的最终版本，这场历时 8 年之久的博弈方告一段落[①]。

（三）发达经济体在执行巴塞尔协议Ⅲ中的博弈与角力

2008 年 9 月爆发的国际金融危机对现行的国际金融监管框架形成了重大冲击。在这一背景之下，主要发达国家在修订巴塞尔协议Ⅱ这一问题上迅速达成共识。巴塞尔委员会于 2010 年底正式推出了巴塞尔协议Ⅲ[②]。新监管框架不仅进一步严格了资本的定义和风险加权资产的计算方法，而且还大幅提高了最低资本充足率要求，并强化了杠杆比率和流动性监管。此外，巴塞尔协议Ⅲ提出了逆周期监管的理念，并加强了对系统重要性金融机构的监管。然而，巴塞尔协议Ⅲ一出台，主要发达经济体便在执行这一国际金融监管新规过程中展开了博弈和较量（危机当前，各国的博弈从规则制定环节后移到了规则执行这一环节）。以英美等国为代表的一方认为，各国都应严格恪守巴塞尔协议Ⅲ的资本监管理念和流动性监管规则；而以法德为代表的欧洲大陆国家则强调落实巴塞尔协议Ⅲ应该充分顾及和考虑各国不同的国情。2011 年 7 月，法德两国不顾英国的极力反对，力主欧盟委员会通过了主要反映法德诉求的欧盟资本要求监管条例（CRR）以及第四版资本监管指南（CRD IV）。这两份被称为"欧盟版"巴塞尔协议Ⅲ的监管新规不仅放宽了巴塞尔协议Ⅲ提出的核心资本的计算标准，而且对于流动性监管这一巴塞尔协议Ⅲ的创新性监管举措的规定也相当模糊。不仅如此，在法国的施压下，巴塞尔委员会不得不对巴塞尔协议Ⅲ的流动性覆盖比率监管要求进行修订，并扩大了"高质量流动资产"（HQ-

---

[①]　事实上，有关各方围绕巴塞尔协议Ⅱ展开的博弈是十分复杂的，其中既有美德等主要发达国家之间的利益对抗，也有发达国家和发展中国家之间乃至各国内部不同利益集团之间的博弈。为保持与前文分析的连贯性，本文只对国家层面的博弈进行了全景式描述。受篇幅所限，不再具体展开。相关研究可参见 Wood（2005）和 Claessens 等人（2008）。

[②]　巴塞尔协议Ⅲ之所以迅速出台的另一个原因是，多年以来各界对巴塞尔协议Ⅱ尤其是其缺陷的讨论已经相当充分。这为巴塞尔协议Ⅲ的出台奠定了较为坚实的基础。

LA）的定义①。法德两国的强势之举引发了英国的强烈不满②，并招致国际社会的普遍质疑。国际货币基金组织认为，欧盟此举无疑是在实施巴塞尔协议Ⅲ的关键条款时"放水"（watering down）（IMF，2011）；巴塞尔委员会也在其2012年底发布的巴塞尔协议Ⅲ第二层次执行报告中指出，欧盟出台的监管细则与巴塞尔协议Ⅲ存在"实质性不符"（materially non-compliant）。与欧盟的"放水"行为相对应的是，美国则拖延了实施巴塞尔协议Ⅲ的进程。2012年6月，美国金融当局宣布推迟原定于2013年1月实施巴塞尔协议Ⅲ的计划，并声称需要更多的时间酝酿新的监管细则。目前，在巴塞尔委员会的27个成员国中，已有20个成员国宣布实施巴塞尔协议Ⅲ并制定了相应的监管规则，而美国这一金融大国和国际金融监管改革的领导者则与阿根廷、巴西以及土耳其等6个新兴经济体一起，成为最晚实施巴塞尔协议Ⅲ的国家。美国当局的这一态度引发了欧盟的不满。欧洲银行业联盟（EBF）在一份书面声明中直言不讳地指出，"与欧盟适时出台的CRR/CRD IV相比，我们的美国同业竞争者在可预见的将来都未能承担起其应当担负的责任"（Veron，2013）。

导致各方立场迥异的根本原因是巴塞尔协议Ⅲ对主要发达经济体产生的非对称影响。从资本监管方面来看，英美两国商业银行在危机爆发初期都已经历过数轮去杠杆化和政府注资，因此其能够较平稳地适应巴塞尔协议Ⅲ中有关提高核心资本充足率、控制杠杆比率以及强化流动性监管等新规则。然而，对于德法两国的商业银行，尤其是数量众多的德国州立银行、非上市的互助与储蓄银行以及大多数法国互助银行而言，其不仅未经历过去杠杆化，而且其股权结构也有别于以普通股为主的欧美银行。因此，其难以按照巴塞尔协议Ⅲ的标准迅速提高资本充足率（Howarth和Quaglia，2013）。从流动性方面来看，法国商业银行高度依赖短期金融市场融资（2010年，法国商业银行短期债务融资总额占其GDP的比重高达40%），这正是法

---

① 参见巴塞尔委员会于2013年1月发布的最新版流动性覆盖比率要求（www.bis.org/press/p130106b.pdf）。

② 前英国财政大臣乔治·奥斯本（George Osborne）抱怨道："明眼人都能发现，我们根本不是在落实巴塞尔协议Ⅲ"（参见Financial Times，2，May 2012）。本文转引自Howarth和Quaglia（2013）。

国当局坚决反对严格执行巴塞尔协议Ⅲ中的流动性监管条款的原因。此外，在欧洲主权债务危机肆虐的背景下，欧盟国家商业银行大规模补充资本和去杠杆化无疑不利于企业融资和实体经济的复苏。主要发达国家出于维护本国利益的考虑而在落实巴塞尔协议Ⅲ中所表现出的消极态度，使我们不得不质疑巴塞尔协议Ⅲ在应对系统性风险方面的可靠性。事实上，正如 Veron（2013）所指出的，如果流动性监管等巴塞尔协议Ⅲ中的核心条款被"放水"，那么该协议将可能成为一纸空文。

（四）对巴塞尔协议监管框架的本质及缺陷的再认识

巴塞尔协议演进的历史充分说明，该协议的本质是美国主导下的、反映以美国为代表的主要发达国家利益诉求的国际金融监管框架和规则。美国构建这一国际金融监管框架的初衷并非是应对各类潜在的金融风险，而是在抑制美国商业银行过度放贷的同时限制其竞争对手的扩张。日本、德国、法国等国出于"两害相权取其轻"的考虑，不得不屈从于美国的意志。因此，现行国际金融监管框架的确立从一开始就不是帕累托改进式的，这一大国博弈的逻辑始终贯穿在现行国际金融监管框架的历次调整和改革进程之中。

事实证明，现行国际金融监管框架的根本缺陷不在技术层面，而恰恰在议事规则、治理结构以及实施效率等非技术层面。在现行框架下，国际金融监管规则的制定取决于美国的意志以及主要发达国家之间利益诉求的平衡，新规则的实施效率也取决于博弈进程的缓急。在这一过程中，学理与技术层面的因素往往让位于核心国家的利益诉求，而监管新规也往往是大国协商而并非是技术考量的结果。以巴塞尔协议Ⅱ为例，其备受诟病的技术缺陷之一是顺周期性（pro - cyclicality），而这与美国大力推广的信用评级制度以及内部评级法是密不可分的。尽管 20 世纪 90 年代中期便有学者指出了这一点，在 2001 年巴塞尔协议Ⅱ第二轮征求意见稿中，也有学者和相关机构指出这一问题，但在美国的强势主导下，巴塞尔协议Ⅱ的终稿并未对这一问题采取任何措施[①]。事实

---

① 众所周知，美国拥有最为发达和完善的信用评级体系，全球公认的最具影响力的三家信用评级机构（标准普尔公司、穆迪投资者服务公司和惠誉国际信用评级公司）均在美国。显而易见的是，约束信用评级制度无疑会触动美国的核心利益。

上，巴塞尔协议Ⅱ中的很多条款以及风险权重参数都是美德妥协的结果而并非出于监管技术的必要。主要发达国家围绕巴塞尔协议Ⅱ展开的复杂博弈使得新规则的出台和实施变得异常低效，很多条款不得不数易其稿，而正式实施的期限也一拖再拖。事实上，与其说巴塞尔协议Ⅱ中的技术缺陷使其无力阻止国际金融危机的爆发，倒不如说其冗繁拖沓的决策过程使其未能及时发挥效力、阻止危机。主要发达国家在执行巴塞尔协议Ⅲ的过程中的博弈与角力充分说明，即使从技术层面看是最优的监管举措，一旦其与核心国家的利益发生冲突，也会在实施过程中被"放水"，从而无法真正发挥效力。因此，在有效协调各国利益的基础上落实监管新规比纠正技术层面的缺陷更重要，也更为复杂和困难。显然，短期内在巴塞尔协议监管框架下仍难以看到彻底解决这一问题的希望。

二、美国引领新一轮国际金融监管改革的逻辑与进展

首先，自20世纪90年代初巴塞尔协议Ⅰ实施以来，国际银行业的竞争格局发生了巨变，美国商业银行已经在与日本、德国、法国等国商业银行的国际竞争中取得了压倒性的优势。因此，美国推行巴塞尔协议的战略目的已经实现。

其次，进入21世纪以来，全球经济、金融格局发生了一系列重大变化。一方面，欧元区的成立以及欧洲金融一体化进程的加快，使得法德两国具备了挟欧盟以与美国分庭抗礼的实力[①]。主要发达国家围绕巴塞尔协议Ⅱ和巴塞尔协议Ⅲ展开的博弈已经充分说明，由法德两国主导的欧盟在巴塞尔协议框架中的话语权和影响力不断扩大。换言之，美国对于巴塞尔协议监管框架的影响力和控制力在下降。另一方面，新兴市场国家的整体崛起已是不争的事实。目前，在巴塞尔委员会的27个成员国中，有10个为新兴经济体。在这种情况

[①]　Damro（2012）的研究表明，欧洲经济一体化进程的加快使得欧盟具备了将其经济与社会政策外部化的能力，即其有能力采取温和的抑或强制性的手段和工具对国际事务施加影响。

下，美国在巴塞尔协议框架下协调和推进国际金融监管改革的成本不断攀升。

最后，美国于 2010 年 7 月出台的《多德—弗兰克法案》被普遍视为今后一个时期美国乃至全球金融监管改革的基石。然而，该法案却并非与巴塞尔协议Ⅲ完全兼容①。这也是导致美国当局在落实巴塞尔协议Ⅲ时动作迟缓的重要原因。

以上三个方面构成了美国重构现行国际金融监管框架的基本逻辑，即美国需要重构现行的国际金融监管框架并重塑国际金融监管规则（正如 80 年代初推广巴塞尔协议Ⅰ一样），以更好地应对全球金融格局的变化对其构成的挑战，并不断巩固其作为全球金融领导者的地位，进而更好地维护自身的金融利益。

早在 2010 年初，奥巴马政府便试探性地提出了向大型金融机构征收"银行税"这一监管改革方案，即在 2010—2020 年期间，对全美资产总额在 500 亿美元以上的金融机构以及资产规模在 100 亿美元以上的对冲基金的总负债按照 0.15% 的税率征税，预计征税总额为 900 亿美元（Weisman and Enrich，2010）。其内在逻辑是：第一，国际金融危机爆发后，巨额的财政资金被用于救助受危机冲击的金融机构，其中具有系统重要性的大型金融机构是最大受益方，因此其有义务通过纳税的方式予以偿还；第二，大型金融机构过度从事复杂的金融衍生产品交易是导致金融危机的重要诱因，因此，其理应缴纳"金融危机责任费"（Financial Crisis Responsibility Fee），以分担危机的救助成本，并缓和美国国内不断高涨的要求"惩戒"华尔街的政治压力；第三，在全球范围内推广这一方案可以确保美国金融机构的竞争力不被削弱，并消除金融机构进行监管套利的可能。

这一完全基于美国自身利益提出的改革方案在美国国内和国际社会引起了轩然大波。从美国国内来看，这一旨在"清算"大型金融机构的改革方案不仅招致华尔街利益集团的强烈反对，而且在美国国会也引发了激烈争论。共和

---

① 如巴塞尔协议Ⅲ规定监管机构在对商业银行实施审慎监管时可以参考信用评级机构的评估报告，而《多德—弗兰克法案》第 939A 条款则明令禁止此类行为。此外，后者着重强调的金融消费者保护、强化金融数据搜集与分析以及"沃克尔规则"等内容在巴塞尔协议Ⅲ中则未有明确体现。

党方面认为，这一改革方案不仅可能导致金融机构紧缩信贷从而加剧实体经济的恶化，而且还可能诱使金融机构将税负成本转嫁给消费者和中小企业，进而提高后者获取金融资源的成本。美国各大金融机构则普遍认为，征税只能进一步抑制美国金融机构的竞争力，而无助于防范系统性风险。从国际层面来看，尽管美国提出的这一改革方案迅速得到了遭受危机严重冲击的英国、法国、德国等国的支持，但是加拿大、澳大利亚以及日本等并未遭受金融危机严重冲击的国家则明确持反对态度。于是，在 G20 内部再次产生了以上述两方为代表的、立场针锋相对的两大国家集团。在 2010 年 6 月召开的 G20 多伦多峰会上，美国试图弥合各方分歧，进而通过由其提出的在全球范围内征收银行税这一改革方案。然而，这一努力以失败告终，美国自身也不得不放弃这一计划①。有关各方在是否征收银行税问题上的博弈再次说明，无论是在一国范围内还是在国际层面，金融监管规则的改变都意味着现有利益格局的调整，因此必然招致利益受损一方的强烈反对。这也凸显了国际金融监管改革进程之艰难。

与招致普遍反对的银行税方案相比，美国自 2010 年以来积极推动的大数据监管实践在国际上起到了重大的示范效应，主要发达国家纷纷跟进，效仿美国探索金融业综合统计体系建设以及大数据监管方法的开发与应用。仅以英国为例，国际金融危机后，英国也对其金融监管体系进行了大刀阔斧的改革，尤其是强调微观金融数据整合以及构建金融业综合统计体系的重要性。与美国不同的是，英国在宏观审慎监管架构改革上并未增设超级监管机构，而由英格兰银行总揽全局，实施宏观审慎监管②。在英格兰银行的主导下，英国积极布局金融业综合统计体系建设，并大力探索大数据监管的理论与实践。2014 年 3 月，英格兰银行发布了为期三年的战略规划，明确提出了"整体立行、单一

---

① 2010 年 6 月 29 日，美国国会将预计征税总额已降低至 190 亿美元的银行税条款从金融监管改革议案中删除。此举标志着美国银行税改革方案的夭折。

② 与美国不同的是，英国的金融监管改革采取了"减法"原则，即撤并金融服务管理局（FSA），改由英格兰银行下辖的金融政策委员会（FPC）和审慎监管局（PRA）实施宏观审慎监管，并对财政部和国会负责，由此使同时负责执行货币政策和实施宏观审慎监管的英格兰银行成为事实上的超级监管者。

目标"（one bank, one mission）的调控原则，即加强宏观调控的整体性，注重货币政策、宏观审慎政策与微观审慎监管的协调，以实现维护货币与金融稳定这一目标。在该规划中，英格兰银行提出构建一个综合性的金融数据搜集与分享架构（One Bank Data Architecture）的战略目标。2015 年年初，英格兰银行任命享誉欧洲的资深数据专家汉尼·切欧里（Hany Choueiri）担任首席数据官（CDO），与此前组建的高级分析小组（Advanced Analytics）、数据实验室（Data Lab）、研究中心（Research Hub）以及英格兰银行的统计与监管数据部（Statistical and Regulatory Data Division）共同负责对现有统计数据的研究与整合，探索新的数据分析方法，从而为英格兰银行的宏观审慎决策提供智力支持。

国际金融危机爆发后，英格兰银行加大了对微观金融信息的采集力度，但传统的基于手工报表的统计方式难以适应统计数据的急剧增长：一方面，处理数量众多的统计报表使该行原本就有限的人力资源更加捉襟见肘，且手工操作的失误率较高；另一方面，由于不同统计报表的数据标准差异较大、口径不一，因此数据整合的难度很大。2010 年以来，英格兰银行开始探索统一微观金融数据标准的可行性，以便使用机器取代人工进行数据汇总与分析。英格兰银行还积极探索大数据技术在宏观调控中的应用，如通过挖掘社交媒体、网络求职检索数量以及网购物品价格等数据分析英国的宏观经济景气波动。该行在金融业综合统计体系建设与前沿技术探索方面走在了主要发达国家的前列。此外，英格兰银行的数据战略非常务实。尽管其积极响应美国提出的构建全球金融数据标准的倡议并积极参与标准的制定，但英格兰银行更加重视自身数据资源的整合，即从数据存量中挖掘有用信息（2015 年该行开展了数项数据整合试验并初见成效）。这主要是因为，英国已非全球金融霸主，所以积极参与新标准的制定而在标准推广方面搭美国的"便车"更符合英国的利益。

近年来，英格兰银行确定了举全行之力推进微观数据整合与数据分析方法革新的战略，并在制度架构、人力资源、技术研发等方面采取了颇为灵活的管理机制，从而为数据创新创造条件。如从数据信息共享层面打破部门之间的界限，鼓励跨部门的合作研究与技术创新；设立数据创新与研发中心，组建和培育专门的数据人才队伍；通过召开主题研讨会、资助项目研究、吸引访问学者等多种方式，与各国监管当局、学术界以及业界开展沟通交流，广泛采纳各方意见与最新研究成果。建立金融业综合统计体系是一项系统工程，尤其是开发基于海量微观金融数据的大数据分析方法更需要时间以及大量的研发投入。英格兰银行处理技术瓶颈的手法颇为巧妙——寻求"外脑"支援。该行在 2014 年制定了披露长期研究目标并向公众开放部分内部数据库的计划，旨在引领宏观金融调控领域的大数据研究，吸引全球的数据专家挖掘这些传统数据的价值，以从其技术路线中寻求技术创新的灵感。这种利用"外脑"弥补自身技术短板的做法目前已经成为主要发达国家加快大数据技术创新的普遍做法。

三、美国主导下的全球 LEI 系统与巴塞尔协议的比较

在美国国内和国际社会对银行税这一改革方案的讨论陷入僵局后，美国金融当局再次调整了改革策略。既然监管制度层面的任何调整和变动都会招致既得利益集团（国家）的强烈反对，那么为何不能从微观的技术层面着手推动国际金融监管改革进程？显然，与金融监管的制度改革相比，监管技术层面的讨论更加容易获得学理认同从而占据道德高地。2010 年 11 月，美国财政部金融研究办公室提出了在美国率先构建全球金融市场"法人实体识别码"（LEI）系统的设想，并于 2012 年开始借助 G20 平台大力推动全球金融市场 LEI 系统的建立和推广（FSB，2012）。

美国提出这一改革方案主要基于以下三点考虑：

首先，目前主要发达国家在监测和分析系统性风险方面面临的主要问题是缺乏连续的、高质量的聚合数据（aggregated data）。然而，数据收集与整合是进行风险分析和管理的前提。正如 Bottega 和 Powell（2012）所指出的，金融市场 LEI 系统作为标准化的数据收集和共享系统，能够为监管部门监控和分析金融市场的总体风险提供可靠的数据保障。

其次，国际金融危机的导火索即美国雷曼兄弟公司的破产证明，在金融交

易高度全球化和复杂化的今天，系统重要性金融机构（SIFIs）的交易对手风险（counter party risk）可能成为系统性风险的重要诱因①。而全球金融市场LEI系统不仅能够为金融机构分析自身的风险暴露和管理交易对手风险提供数据支持（Powell等人，2011），而且还能够极大地提高整个金融体系和金融交易的透明度，从而克服市场失灵，增强金融市场的有效性。

最后，全球金融市场LEI系统能够覆盖参与金融交易的各类金融机构，特别是游离于现行监管框架之外的规模庞大的影子银行体系，以及从事复杂金融衍生产品交易的对冲基金，这无疑将极大地提高宏观审慎监管的有效性。

由于美国提出的这一改革方案属于金融市场基础设施建设的范畴，它既契合了当前全球加强宏观审慎监管改革的需要，又不涉及对现行金融监管规则和既有利益格局的重大调整，因此，该方案不仅得到了美国国内有关各方的积极响应，而且还得到了G20大多数成员国的支持。美国商品期货交易委员会（CFTC）明确要求，从2012年10月开始，所有参与互换（swap）交易的机构必须采用由美国存款信托和清算公司（DTCC）和环球银行金融电信协会（SWIFT）提供的临时代码，直至最终过渡到全球金融市场LEI。欧盟在2012年3月通过的欧洲市场基础设施监管条例（EMIR）中也明确表示，支持推广符合国际支付结算体系委员会以及国际证监会组织准则（CPSS－IOSCO Principles）的全球法人识别码标准。在美国主导下，2012年6月G20洛斯卡沃斯峰会正式通过了构建全球金融市场LEI系统的决议。2013年初，全球法人实体识别码组织（Global LEI Foundation）以及监管监察委员会（ROC）正式组建完成，全球金融市场LEI系统的治理架构日渐清晰，各项监管细则的制定也在有序开展。

① 美国雷曼兄弟公司曾在全球50多个国家和地区拥有多达2985个有独立法人地位的子公司。但由于该公司所从事的金融衍生交易过于隐秘和复杂，以至于在其申请破产保护后，无法判断其倒闭所引发的交易对手风险会产生多大的波及面。据估计，至少需要20年的时间才能够厘清雷曼兄弟公司的全部交易方（Bowley，2010）。于是，对未知的恐惧诱发了全球金融市场的恐慌，由此导致危机全面爆发。Gordy（2011）认为，雷曼兄弟公司的破产是触动美国金融当局建立全球金融市场LEI系统，进而提高金融交易透明度的直接原因。

美国主导下的全球金融市场 LEI 系统与现行的巴塞尔协议监管框架相比，既有联系又有区别。一方面，二者都是国际金融危机的产物。作为国际金融监管改革进程中具有里程碑意义的重大事件，二者都具有鲜明的时代特点，都反映了特定时代背景下国际金融市场和全球金融格局发生的深刻变化。另一方面，二者都是在美国的主导下，由主要发达国家经过博弈和协商确立的。因此，其确立的国际金融监管规则既集中体现了美国的意志，也在一定程度上代表了国际金融监管改革的主流方向。

然而，二者在监管理念上具有明显的区别。巴塞尔协议受其产生的时代背景的局限，主要从微观审慎的视角出发，强调通过实施资本监管保持金融机构的个体稳健，进而间接维护整个金融体系的稳定。尽管巴塞尔协议Ⅲ提出了将微观审慎监管和宏观审慎监管相结合的监管理念，并试图从加强逆周期监管和强化对系统重要性金融机构的监管等方面弥补巴塞尔协议Ⅱ的不足，但其仍然是从金融机构（特别是系统重要性金融机构）个体的视角出发来维护金融体系的稳定。为此，它难以解决由信息不对称所引发的系统性风险问题。而全球金融市场 LEI 系统则从宏观审慎监管的视角出发，以监控金融机构之间的"关联性"（interconnectedness）为突破口，对金融机构风险暴露的微观数据进行公开披露和跟踪研究，进而抑制市场失灵、避免金融风险的过度累积，最终达到有效防范系统性风险的目的。全球金融市场 LEI 系统与巴塞尔协议监管框架相比，主要具有两个优势：一是该系统不仅为各国金融当局监控本国金融体系的系统性风险提供了数据保障，而且还使监控全球金融体系的系统性风险（特别是金融风险的跨国传递）成为可能，从而为基于大数据的金融风险分析与监管奠定了基础；二是全球金融市场 LEI 系统在法律意义上囊括了从事金融交易的全部法人实体，进而强化了对影子银行和场外金融衍生产品交易的监管，覆盖了巴塞尔协议的监管盲区[①]。因此，全球金融市场 LEI 系统能够在一

---

① 当然，全球金融市场 LEI 系统的构建也面临着一系列的问题与挑战。这一问题涉及大量技术层面的细节，故本文不再具体展开。详情参见王达，项卫星. 论国际金融监管改革的最新进展：全球金融市场 LEI 系统的构建 [J]. 世界经济研究，2013（1）：10-14.

定程度上弥补现行国际金融监管框架的缺陷，随着其各项细则的完善和陆续出台，其将成为与巴塞尔协议Ⅲ并行不悖的监控和应对系统性风险的基石。

然而，考虑到各国金融市场有着不同的制度环境、交易惯例和技术范式，在全球普及一致的金融数据标准，其难度可想而知。尽管美国利用 G20 这一全球经济治理平台大力推动全球金融市场 LEI 系统的建设，但是从目前来看，该系统在实际运行中仍然面临诸多问题和挑战。

第一，尽管 2008 年国际金融危机是全球经济失衡、现行国际货币体系的缺陷等宏观货币因素和微观监管因素共同作用的结果[①]，但是危机后全球经济再平衡和国际货币体系改革的进展却非常缓慢。在这一背景之下，如果脱离诸多宏观因素，而仅仅在技术层面上加强宏观审慎监管，那么新的微观金融数据统计体系以及大数据方法究竟能够在多大程度上化解系统性金融风险？不容否认的是，无论技术手段如何先进，金融监管部门的信息获取永远滞后于现实中金融机构的交易行为。至于将不同金融部门的数据信息汇总后是否会出现"合成谬误"，则有待实践检验。因此，寄希望于大数据监管革命"毕其功于一役"是不现实的。从这个意义上说，在动荡的全球货币金融大环境下，宏观审慎监管目标的实现依然面临巨大挑战。

第二，金融监管改革从来都不仅仅是技术层面的问题，不同利益主体之间复杂的博弈往往是导致改革难以深入的重要原因。在新的数据系统与现有监管框架的整合过程中，面临着"谁来做"以及"如何做"等一系列非常现实的问题。各国的监管框架并不相同，应当由哪个监管机构负责数据系统的运行？中央银行应当发挥何种作用？如何协调新的数据规则在不同监管部门的推广[②]，进而顺畅地整合监管资源，最终形成监管合力？经验证明，这是一个耗

---

① 穆良平，张静春. 难以实现预期目标的国际金融监管改革 [J]. 国际经济评论，2010 (5)：121 - 132.

② 美国财政部金融研究办公室（OFR）负责制定和推广新的数据标准。2011 年 7 月 14 日，美国商务部在向众议院所做的听证中明确指出，金融研究办公室的 LEI 议案僭越了《多德—弗兰克法案》赋予其的权限，并建议对其进行审查和评估。详情参见美国众议院网站（http：//financialservices. house. gov/UploadedFiles/071411uscc. pdf）。

时耗力且相当复杂和微妙的过程。

第三，以全球金融市场 LEI 系统为代表的金融数据统计体系面临提升公共透明度（public transparency）与保护个人隐私（individual privacy）之间的矛盾。全球金融市场 LEI 系统强调金融机构的信息特别是股权结构信息的公开可得性，以确保监管部门和市场主体能够对风险"寻根溯源"。然而，大多数国家的司法体系都支持公司保护内部信息的司法诉求，对冲基金等非上市公司并无义务公开披露其股权结构信息。因此，全球金融市场 LEI 系统将面临如何与各国的司法体系相契合的问题。如何确保金融机构的私密信息不被泄露或滥用？谁有权力基于何种目的并以何种方式获得这些信息？① 这些都是需要认真研究并妥善解决的重要问题。

第四，从全球层面来看，这场由美国主导的大数据监管浪潮将极大地提高全球金融体系的透明度，这将如何影响商业银行的跨境经营活动和国际资本流动？广大发展中国家是否会遭受"意外后果"（unintended consequences）② 的冲击？这些国家又将如何应对这种冲击？面对国际金融统计规则的标准化这一大趋势，各国如何结合本国的制度环境和现实情况平衡标准的推广与可实施性之间的矛盾？尽管目前还难以对这些问题进行准确的评估，但这将是在构建全球金融市场 LEI 系统这一全球性公共产品的过程中需要面对和解决的重要问题。

四、美国重构国际金融监管框架面临的问题与挑战

国际金融危机过后，美国对其金融监管的理念与实践进行了深刻反思。从监管理念和指导思想上看，监管介入理念取代了崇尚自由放任、过度迷信市场

---

① Editorial. The Future of Central Bank Data [J]. Journal of Banking Regulation，2013，14（3/4）.

② 金融稳定委员会指出，危机爆发后，发达国家主导的国际金融监管改革对发展中国家产生了一系列"意外后果"，主要包括在国际金融监管规则制定和执行过程中可能产生的溢出效应（spillovers）、域外效应（extraterritorial effects）、跨境效应（cross - border effects）以及母国歧视（home bias）等（FSB，2012）。

调节机制的市场原教旨主义，成为全球金融监管的主导思想，在继续加强微观审慎监管的基础上构建宏观审慎监管框架成为全球共识；从监管的利益出发点看，金融监管更加强调保护金融消费者以及纳税人的公共利益；从金融监管的组织架构上看，通过设立法制化的监管协调机构以加强集中监管，去除多头监管体制下的监管重叠和监管空白，是提高监管有效性的较好选择；从监管内容上看，贯彻对影子银行体系以及资产证券化等金融创新活动的全面监管成为当务之急；从监管协调机制上看，各国都强调应加强国际金融监管合作、完善国际金融监管标准，共同抗击系统性金融风险；从监管技术范式上看，则更加强调微观金融数据搜集和利用大数据技术探索更加高效的风险分析方法的重要性。

显然，巴塞尔协议Ⅲ在落实上述反思方面做得远远不够，尤其是其并未明确回答如何在全球各国构建相容的宏观审慎监管框架这一核心问题；而全球金融市场 LEI 系统正是美国作为国际金融监管改革进程的领导者对这一问题给出的答案。然而，主要发达国家之间在如何深化国际金融监管框架改革这一问题上仍然存在诸多分歧，现行国际金融监管框架的重构之路依然漫长。美国提出的构建全球金融市场 LEI 系统这一方案之所以没有引发强烈的反对，一个关键因素是其从争议最小、最容易在国际社会取得共识的问题——强化微观数据搜集与整合这一进行风险分析和管理的前提入手，所以才能够取得重大进展。因此，这一阶段性成果的取得并不意味着后续的改革将一帆风顺。目前各方分歧的焦点主要集中在以下几个方面：

首先，是否应限制商业银行的规模和经营活动。"沃尔克规则"作为《多德—弗兰克法案》的重要内容之一，明确提出了应限制商业银行的规模和高风险自营业务。然而，该条款在美国国内和国际社会都引起了广泛的争论和质疑。目前，欧盟和英国都表示不会出台类似的监管规则，此举无疑将美国置于十分尴尬的境地。

其次，是否应采取征税手段强化监管。尽管美国政府在 2010 年就放弃了征收银行税这一计划，在全球范围内征收银行税更是备受争议和遥不可及的改革议案，但是，随着欧债危机的不断升级，德法两国在征税方面表现出异常强硬的姿态。两国不顾美国的反对，甚至冒着与英国交恶和欧盟分裂的风险，力主欧盟委员会于 2013 年 2 月通过了在欧盟 11 国率先征收金融交易税这一监管新规，并于 2014 年 1 月正式施行。这一单边主义行为无疑为国际金融监管改革的前景蒙上了一层阴影。

再次，如何加强对对冲基金的监管。对冲基金在国际金融危机中大肆做空欧元的投机行为大大强化了德法两国加强对其监管的利益诉求。2010 年 10 月，欧盟财长会议通过了一项对冲基金监管草案（AIFMD）。该草案规定，非欧盟对冲基金只有取得"欧盟护照"后，才能在欧盟境内进行操作。这一带有明显歧视和保护主义色彩的监管草案招致英美两国的强烈反对。由于 80% 以上的欧盟对冲基金都将总部设在伦敦，因此英国对于这一可能影响伦敦作为全球金融中心地位的草案尤为忌惮。然而，在德法两国的强势主导下，欧洲议会和欧盟委员会还是在 2011 年 6 月通过了这一法案，并于 2013 年 7 月正式生效。德法两国这一强势之举无疑加深了各方在这一问题上的矛盾。

最后，如何贯彻和强化国际金融监管合作。尽管主要发达国家都强调加强国际监管合作的重要性，但是各方在合作策略上的分歧较大。如德法两国主导下的欧盟力主实现超主权国家的监管模式；而英国则并不愿受欧盟掣肘并试图继续保持其对国际金融事务的影响力；美国作为金融超级大国和国际金融监管改革的领导者，不可能接受由欧盟提出的超主权国家监管模式。事实上，正如巴曙松等（2011）所指出的，美国不仅不愿受国际金融监管合作的制约，而且还总是试图将美国的监管标准和措施对外输出，使其成为国际标准，从而更好地维护其自身利益。因此，在国际社会强调监管合作的背后，各方仍然存在较大的利益冲突，国际金融监管合作之路并非坦途。总而言之，美国重构现行国际金融监管框架的关键在于其能否弥合或消除各方在上述问题上的分歧。从短期来看，困难和挑战相当艰巨。

五、本章小结

历史证明，国际金融监管改革是以美国为代表的主要发达国家在不断变化和充满挑战的国际金融格局中，以博弈的方式修改国际金融监管规则进而实现和维护自身金融利益并间接谋求全球金融稳定的过程。在这一集体决策和彼此动态博弈的过程中，各国都希望按照自身的利益重塑国际金融监管规则，因此不同国家提出的改革主张往往是相互矛盾的。历史证明，危机的冲击是解决这一问题的有效方法。无论是巴塞尔协议的资本监管框架，还是当前由美国主导的全球金融市场 LEI 系统，都具有明显的"危机导向"这一特点。事实上，也只有区域性或全球性危机的爆发才会产生足够的动力推动这一"集体行动"的进程。这就是为什么国际金融监管框架改革的时间窗口通常都在危机发生之后。国际金融监管规则不仅是维护全球金融稳定的工具，更是一国在参与金融全球化进程中维护本国金融利益的重要手段。因此，国际金融监管规则的制定从来就不仅仅是技术层面的问题，精巧复杂的风险模型和参数设置背后隐藏着的是赤裸裸的国家金融利益。国际金融监管规则的制定是各国为维护本国利益而反复博弈和较量的过程。正是从这个意义上说，国际金融监管规则的制定与修改既是金融全球化进程日益深化的客观要求，也是在特定的国际金融格局下，主要发达国家之间经济与金融实力对比的真实反映。

美国一直充当国际金融监管改革的"领头羊"，国际金融监管规则的制定主要体现了美国的意志。事实上，在金融全球化进程不断深化的背景下，主要发达国家推行金融监管改革都将面临监管套利问题。只有美国既有意愿又有能力主导国际金融监管规则的制定，进而使这些规则符合其自身监管改革的利益诉求。美国的大数据监管实践将引领新一轮国际金融监管改革进程。但与此同时，我们也应当看到，随着国际金融格局的变化尤其是欧盟的崛起，美国直接动用可置信的威胁强行推进其改革意愿的做法已经难以奏效，主要发达国家之间的博弈变得更加复杂。全球金融市场 LEI 系统的建立拉开了现行国际金融监管框架重构的序幕，尽管它在一定程度上弥补了巴塞尔协议的缺陷，但是防范系统性风险与构建全球宏观审慎监管框架是一个系统工程，由于主要发达国家在诸多领域还存在较大的分歧，因此，现行国际金融监管框架的重构将是一个长期的、动态博弈的复杂过程。最后，国际金融监管改革的进程一直由以美国为代表的发达国家主导，广大发展中国家在国际金融监管规则制定过程中没有更多的发言权。这一方面是因为，后者的金融市场规模相对较小，金融体系相对封闭和欠发达，因此没有能力与发达国家进行金融对抗；而另一方面则因为，由发达国家提出的监管改革方案往往超越了广大发展中国家的金融发展水平，进而在一定程度上打消了后者参与国际金融监管改革的积极性。但是，随着后危机时代国际经济、金融格局的调整，以"金砖国家"为代表的新兴经济体在全球治理结构中将发挥越来越重要的作用。因此，可以预见的是，现行国际金融监管框架的调整也将越来越体现广大新兴经济体的利益诉求。

第十章　对美国大数据监管实践的评述与展望

2008 年国际金融危机爆发以来，美国从监管框架、监管规则以及监管技术三个方面对其现行的金融监管体系进行了大刀阔斧的改革。尤其是在大数据国家战略出台的背景下，美国金融当局加大了对大数据技术研发与应用的力度，旨在全面提高对系统性风险的监测与分析能力，从而更加有效地实施宏观审慎监管。近年来，美国在大数据监管领域开展了深入的研究和探索，并进行了一系列卓有成效的大数据监管实践。美国的大数据监管实践不仅将极大地提升其监管效率，而且还将引领新一轮国际金融监管改革进程，进而对全球金融体系产生重大而深远的影响。显然，理性、客观地看待美国在大数据监管领域的前沿探索是中国洞察全球金融监管改革的趋势以及借鉴美国经验的前提和基础。本章将对美国的大数据监管进行总结性评述，即归纳美国大数据监管实践的主要特征并分析其未来的发展趋势。在此基础上，本章将揭示大数据方法的局限性以及美国大数据监管实践对中国的启示，并指出需要国内学术界持续关注和进一步研究的主要问题。

一、美国大数据监管实践的特征与趋势

从美国大数据监管的实践探索中，我们大体上可以归纳出美国大数据监管的八个基本特征：全局性与系统性、广泛性与基础性、前瞻性与灵活性、兼容性与隐私性。

首先，在规划统筹方面，美国的大数据监管实践具有全局性与系统性。2012 年美国政府正式发布大数据国家战略是开展大数据监管实践的一个重要背景。正是从这一角度来看，大数据监管不仅仅是美国金融监管技术手段的一次升级，而且是美国从整体上落实和推进大数据国家战略的重要举措。因此，

从规划统筹方面来看，大数据监管的意义已经超出了金融监管这一相对狭窄的领域和范畴，即它不仅仅是美国金融当局推进金融监管体系改革的内在需要，而且是从全局和整体上落实大数据国家战略的一个重要环节。更为重要的是，规划统筹的全局性和系统性决定了大数据监管与美国其他方面的大数据战略能够相得益彰。具体来看，美国其他相关部门，尤其是科研部门能够为实施大数据监管提供坚实的技术保障；而金融部门透明度的提高，特别是微观数据标准的统一与逐步开放，也能够为大数据技术的改善提供一个良好的"试验场"。近年来，美国金融研究办公室（OFR）先后与美国国家科学基金会（NSF）以及美国国家标准和技术研究院（NIST）开展了一系列合作研究，旨在探索高性能计算、数据挖掘以及信息工程等新兴的大数据技术在金融风险监测领域的创造性应用。与此同时，金融研究办公室还与在大数据技术研究方面具备雄厚实力的美国高校开展技术合作①，并且通过资助科研项目的方式积极开发大数据监管的前沿方法。可以说，这些都是在大数据国家战略这一大背景下获得的资源整合效应，由此也印证了对大数据战略进行整体布局的必要性与可行性。

其次，在设施建设方面，美国的大数据监管实践注重广泛性与基础性。大数据监管作为一种前沿的监管理念，需要辅之以切实有效的大数据技术才能真正落到实处；而大数据技术的开发与应用，则需要必要的数据基础设施。因此，数据基础设施的建设是开发大数据技术和实施大数据监管的重要前提。具体到金融监管领域，金融业综合统计体系和统一的微观数据标准，是大数据监管的两个重要数据基础设施。前者旨在确保全部的金融风险信息能够被纳入大数据监测与分析的范畴，而后者则确保这些数据能够被加总（integration）和分解并且具备机器可读性（machine – readable）。在金融业综合统计体系建设

---

① 2014 年，美国金融研究办公室与多所美国大学以及研究中心启动了四项大数据监管研究项目，项目名称分别为"基于文本分析法的系统性风险动态识别与解读"、"金融合约架构下企业与系统性风险的分布式计算方法分析"、"动态信贷网络的策略建模"以及"基于纳秒时间维度解析高频交易行为"，合作高校分别为美国的马里兰大学、南佛罗里达大学、密歇根大学、伊利诺伊大学香槟分校以及圣地亚哥超级计算研究中心。详情参见美国金融研究办公室官方网站（http：//financialresearch. gov/grants/grants – issued/）。

方面，美国金融当局非常注重新的综合性统计体系的包容性和广泛性，以彻底消除数据孤岛，进而打造一个真正跨部门、跨市场以及跨机构的全方位的金融数据收集与共享系统。这方面以美国金融研究办公室（OFR）开发的金融市场法人识别码（LEI）系统为典型代表。任何参与金融市场融资活动的法人机构，不论其业务领域、所属市场以及是否在现行的监管框架内，都将被纳入该系统的数据统计范畴，从而极大地提高了风险信息收集的范围。当然，构建通用房屋抵押贷款识别码也是金融业综合统计体系建设的重要举措。而在微观金融数据标准统一方面，美国金融业界则致力于从最根本也是最基础的语义模型出发，试图采用语义建模的方法重新定义金融领域的基本概念以及概念之间的关系，即开发基于语义网技术的金融业务本体（FIBO）模型。一旦这一语义模型得以成功开发并在全球范围内推广，则意味着金融业的数据分析拥有了全球通行的"世界语"，其重大意义不言而喻。

再次，在技术开发方面，美国的大数据监管实践追求前瞻性与灵活性。如果说金融业综合统计体系等数据基础设施是实施大数据监管的必要条件，那么核心的、前沿的大数据技术则是实施大数据监管的充分条件。二者共同构成了大数据监管的两个有机组成部分。在大数据技术开发方面，美国金融当局始终致力于技术手段的前瞻性与灵活性。美国作为信息技术大国，拥有强大的技术研发能力，其在大数据技术的开发与应用方面始终走在全球各国的前列。因此，在大数据监管领域，美国金融当局近年来一直致力于将最新的前沿科技与金融风险分析相结合，从而提高系统性风险分析的有效性。可视化分析技术的开发与应用以及构建基于语义网技术的金融业务本体模型是两个比较典型的案例。事实上，近年来以深度学习（deep leaning）为代表的新一代人工智能（AI）技术日益成熟并已经开始在众多领域得到了应用[①]，其在美国大数据监管领域的应用也只是一个时间问题。相比较而言，灵活性则更多地体现在美国

[①] 2016 年 3 月，美国谷歌（Google）公司基于深度学习技术开发的"阿尔法围棋"（AlphaGo）人工智能程序战胜了韩国围棋选手李世石。这一轰动全球的事件被普遍视为新一代人工智能技术成熟的标志。

金融当局在大数据监管技术的开发和管理的理念和方法上。由于大数据技术具有一定的技术门槛，尤其是前沿方法的开发往往需要特定专业背景的高技术人才的参与，因此，以金融研究办公室为代表的美国监管当局通常采取自主研发、合作研究乃至外包开发等多种形式，灵活地探索大数据监管技术的开发与应用。

最后，在应用普及方面，美国的大数据监管实践强调兼容性与隐私性。大数据监管作为一种前沿的监管手段，其在基本理念上与传统的监管策略有着根本性的差异。在微观金融数据数量日益庞大且迅速增长的背景下，大数据方法能够辅助金融监管部门更加有效地收集和处理风险信息，从而提高宏观审慎监管的效率。然而，尽管大数据监管有着传统监管方法不具备的优越性，但其并非是完全独立于后者而单独存在的。从理论方面来看，大数据方法并非应对系统性风险的灵丹妙药，其本身也存在固有的缺陷①。从实践方面来看，一方面，大量的数据存量信息亟待挖掘和整理，这些数据都以不同的形式储存在不同监管部门的数据库中；另一方面，大数据监管的具体实施也需要现有监管框架下的具体监管部门的协调与配合。因此，大数据监管与传统金融监管体系是相互补充、完善的关系，二者的相互融合至关重要。美国非常注重大数据监管与其现行监管体系的兼容，尤其是如何激活海量的存量数据信息的价值始终是美国进行大数据监管实践探索的一个重要课题。此外，美国的司法体系强调对隐私权的保护。保护个人（公司）隐私在美国是一种深刻的社会文化。因此，美国金融当局在实施大数据监管的过程中，对于可能的信息泄露与数据滥用问题给予了高度重视，并从立法执法、行政管理、技术保障、金融消费者保护等众多方面，不断探索在大数据时代确保数据安全的途径和方法。美国在这些方面积累的经验值得包括中国在内的后进国家学习与借鉴。

目前，尽管美国已经在微观数据基础设施的建设和大数据方法的开发这两个方面取得了一定的进展，但是从总体上来看，美国对于宏观审慎监管的大数据方法的开发和运用仍然处于起步阶段。换言之，目前大数据技术被用于系统

---

① 详情参见本章第二部分的分析。

性风险分析和预测仍处于理论构想和技术调试阶段，其预测系统性风险的有效性仍有待实践检验。这一方面是因为以美国为代表的主要发达国家的金融数据统计体系的历史较为久远且高度碎片化，各国乃至各部门之间的数据标准存在巨大差别，大量在现行统计体系下被收集和储存的微观金融数据需要按照统一的标准进行整合。因此，微观金融数据基础设施的建设是一项较为复杂和长期的工作，尚需时日。另一方面，大数据技术本身也在不断发展和完善，尽管其已经在诸多实体经济部门和广泛的领域产生了显著的效果，但金融监管当局将大数据技术与宏观审慎监管这一新兴的且富有挑战性的领域相结合，仍然需要一个探索的过程。目前，以美国为代表的主要发达国家的金融当局纷纷对此表现出极大的热情并积极进行研究和实践。应当说，宏观审慎监管的大数据方法有望成为未来全球金融监管的主要技术范式之一，其前景是值得期待的。

二、对大数据方法及其局限性的几点认识

2008 年国际金融危机爆发后，美国金融监管当局在深刻反思危机教训的基础上认识到弥合数据缺口的重要性。因此，《多德—弗兰克法案》将全面加强微观金融数据的收集与分析作为强化宏观审慎监管的重要步骤。面对海量的微观金融数据信息，探索宏观审慎监管的大数据方法成为美国金融监管当局的必然选择。在金融研究办公室的主导和推动下，美国在微观金融数据整合以及大数据技术的应用方面进行了一系列探索，并在金融机构和金融产品识别等领域取得了一定进展，数据可视化分析技术也得到了一定的应用。大数据的理念和方法在客观上为美国金融监管当局监测系统性风险提供了新的思路和工具，对于研究系统性风险的形成机制进而更加有效地实施宏观审慎监管具有十分重要的意义。然而，我们也应当注意到，大数据方法是对传统的统计与计量分析方法的有益补充而非替代。在有限的数据维度下，传统方法在检验理论假定和分析特定问题时，依然有着重要的作用。正如 Flood 等人（2014）所指出的，包括数据可视化分析方法在内的任何一种方法都不是完美的，研究者的认知和判断始终在分析（系统性风险）过程中占据重要位置。目前看来，在宏观审

慎监管领域应用和推广大数据方法仍存在以下几方面的局限性：

第一，金融数据统计标准的不一致限制了大数据方法的运用。众所周知，规范一致的数据标准是对数据进行处理的首要前提，标准不一的同类数据之间是无法进行合并和比较的。在现行金融统计体系下，各国金融数据的统计口径存在相当大的差异，这使得诸如"短期债券"、"流动性资产"等名称相同的同类统计数据无法进行合并与比较，进而也无法度量金融风险的跨国传递。在各国内部，传统的金融统计体系都是以问题为导向并以监管当局提供的格式固定的表格为基础进行分类统计的。以美国为例，各州以及联邦层面的不同监管部门的报表格式、统计口径以及数据涵盖的范围千差万别，这其中存在大量的交叉统计和重复统计。为此，如何按照一个规范、统一的标准对金融数据进行整合（integration），是一个非常棘手的问题。支离破碎的金融统计体系限制了大数据方法的应用，使得各国监管当局目前尚无法从一国更遑论从全球金融体系的高度分析和监测系统性风险。

第二，私人金融机构使用金融数据基础设施的激励不足。美国自 20 世纪 90 年代率先进入信息时代以来，大数据的理念和相应的技术便逐渐在公共管理、市场营销、物流运输等各行业广泛应用。美国许多大型跨国金融机构很早便开始探索数据库建设以及相关方法的开发与运用，以便在激烈的市场竞争中占得先机。因此，美国的大型金融机构大都建立了较为完善的内部数据库和相应的数据标准，如花旗银行的内部数据库涵盖了近百年的微观金融数据。由此产生的问题是，美国金融监管当局出于加强宏观审慎监管的需要而大力推动的数据基础设施以及相关数据标准的推广，使传统的金融机构面临着自身数据库与数据基础设施的对接以及数据标准的转换问题①，这不仅需要大量的人力、物力投入，而且还涉及大量复杂的技术细节。这意味着各大金融机构可能需要放弃沿用已久的分析范式和方法，或对正在使用的信息系统进行升级改造。由此可见，如何通过市场化的方式弥补私人部门需要付出的高昂的沉淀成本，进

---

① 仅以机构识别码为例，各大金融机构内部都有各自不同的识别交易对手的数据标准和方法，要求其统一使用美国金融研究办公室提出的 LEI 编码，显然需要一个过渡。

而提高其使用公共数据基础设施的积极性，是美国金融监管当局在改革金融统计体系和推广大数据方法过程中面临的一项挑战。

第三，大数据方法的运用面临着隐私保护与信息安全问题。大数据技术在其他行业的运用所反映出来的一个重要问题是，使用事无巨细的海量微观金融数据很容易越过保护个人（机构）隐私权的法律边界。美国在探索大数据监管的实践过程中也同样面临这一问题。以金融市场 LEI 识别码的推广为例，美国金融研究办公室认为 LEI 的信息报送准则中应包含金融机构的股权结构信息，以便于金融监管当局和金融机构更好地研究金融风险的网络效应和识别交易对手风险。然而，从法律上看，股权结构是对冲基金等非上市金融机构的内部信息，现行公司法支持非上市金融机构保护内部信息隐私权。如何解决这一矛盾目前尚无良策。维护信息安全是金融数据基础设施建设和使用大数据方法的前提，目前的大数据管理主要依托云技术，即海量的微观金融数据被分别存储在不同的服务器并通过云服务共享，一旦云端服务器被攻破或被病毒入侵，将对金融市场产生难以估量的负面影响。因此，目前美国在进行大数据技术开发和测试时，对于微观金融数据的使用是相当谨慎的，并不对外开放。消除信息系统的安全隐患是应用大数据技术需要突破的一个技术难题。

第四，在金融风险的防控以及金融监管的过程中，究竟是技术性因素更重要还是人的直觉判断更重要，这是一个值得深思的问题。基于海量微观数据分析的大数据方法是便利了宏观审慎监管还是仅仅将监管手段复杂化？显然，这些"仁者见仁，智者见智"的问题需要我们进一步研究和思考。正如綦相（2015）所指出的，从理论上讲，相对复杂的模型可以提高风险捕捉能力和风险计量的敏感性，但是风险控制的效果并不一定好于贷款—价值比率（LTV）、拨备覆盖率等传统的简单指标。英格兰银行金融稳定局前局长安德鲁·霍尔丹（Haldane，2012）在美国联邦储备委员会举办的第 36 届杰克逊·霍尔（Jackson Hole）全球经济政策研讨会上曾有一个著名的比喻——"狗抓飞盘"。飞盘好似变化中的风险，对于狗为什么能屡屡成功叼住飞盘这个问题，学识丰富的科学家往往会运用物理学、大气原理进行各种分析解释，要判断风速、飞盘的转速，要援引万有引力定律，要收集数据、建立模型。但实际上很简单，狗只需要在维持使眼睛与飞盘之间的夹角固定的速度奔跑就可以轻松叼住飞盘。所以在很多时候，与其诉诸顶级的物理学家用求解最优控制问题来识别金融危机的可能性，还不如依靠简单政策和经验判断来得直观、有效。

三、美国大数据监管对中国的借鉴与启示

随着传统金融业的全面信息化和网络化以及新兴的互联网金融模式的迅速发展，全球金融业已经进入了真正意义上的大数据时代。几乎所有的金融交易和微观金融行为都体现为种类各异、数量庞大且迅速增长的数据。金融机构需要用微观数据进行风险管理、产品推广和金融创新，而金融监管当局则需要用微观数据监测金融运行、维护金融体系稳定。以中国银行部门为例，目前全国商业银行每个月发放的贷款合约数量在 10 亿份左右，总金额近万亿元。按照目前中国金融监管当局的数据处理能力，只能对其中的一部分进行抽样调查，以监测实体经济的贷款成本。随着金融交易规模的增长和金融创新的日益活跃，中国金融监管当局将在宏观金融管理过程中越来越需要开发和使用大数据方法。美国作为全球金融监管改革的先行者，其大数据监管的实践探索值得我们密切关注并加以研究。如前文所述，金融业综合统计体系是实施大数据监管的数据基础设施。离开了完善的金融业综合统计体系，大数据监管将无从谈起。

仍以美国为例，首先，美国的微观金融数据统计体系改革背后所体现的是其监管理念和监管方法的革新，契合了金融市场和金融体系全球化发展的大趋势，是对以巴塞尔协议为代表的传统监管框架和方法的有益补充。其既能够强化截面维度的宏观审慎监管，又能够提高微观金融主体管理交易对手风险和操作风险的能力。建立在金融业综合统计体系基础上的大数据监管，在一定程度上打通了微观审慎监管与宏观审慎监管之间的界限，因此可以说代表了国际金融监管改革的方向。其次，构建金融业综合统计体系是在美国金融当局深刻反思危机教训并与主要发达国家金融当局基本达成共识的背景下进行的，从而为

全球 LEI 系统的建立和新数据规则的推广奠定了良好的基础。此外，与数十年来欧美金融业界一直致力于统一金融数据标准的努力所不同的是，这一综合性金融统计体系建设是由各国金融当局主导的自上而下的规则变革，并通过 G20 这一全球经济治理平台以国际合作的形式进行全球推广，其执行力和影响范围完全不可同日而语。最后，互联网的普及和信息技术的迅猛发展，使数据传输的成本近乎为零，数据挖掘和处理能力大幅提高。随着微观数据量的持续增长以及全球金融体系复杂程度的不断提高，在客观上，无论是监管当局还是金融机构，对于标准化的微观数据统计体系都有着强烈的内在需求，从而使重构现行的微观金融统计体系具有充分的可行性和合理性。有鉴于此，本书认为，从目前来看，在借鉴美国经验的基础上，构建符合中国国情的金融业综合统计体系是当务之急。

概括而言，美国的金融业综合统计体系建设具有以下几个突出特点：

一是监管机构数量多，统计覆盖面全。美国一直实行联邦与各州两级监管的多头监管体制，数量众多的监管机构都在一定程度上行使金融信息搜集的职能，整个金融信息统计体系极为庞大。由各方搜集的信息既有大量重复统计，也存在着统计标准不一的问题。因此，整合既有统计体系的碎片化信息难度大、成本高。为此，金融研究办公室致力于重新制定一套"全覆盖"各金融子市场的微观数据标准，如从 2010 年开始逐步推广的"金融市场法人识别码"（LEI）系统。

二是收集信息有纵深，普及标准视野广。金融研究办公室的终极目标是构建一个包括金融机构、金融工具以及各金融产品在内的标准化的信息系统，以便各监管当局不仅能够清晰掌握金融机构之间的资产负债联系，而且还能够在复杂的衍生金融链条中追踪原生金融资产，实现对金融风险的动态监管。为此，金融研究办公室信息收集的精度和深度已经远远超过传统的基于报表的金融信息统计体系。此外，美国金融监管当局始终致力于新数据标准在全球范围内的推广。目前，全球金融市场 LEI 系统已经建成并投入运营。2013 年以来，美国金融研究办公室联合英格兰银行、欧洲中央银行召开了数轮研讨会，为推动全球微观金融信息标准的统一进行技术准备。

三是开发信息系统的理念和技术新，信息系统性能优异。新构建的金融业综合统计体系不再是各金融监管机构的专用数据资源，而是"官民共享"的金融"信息高速公路"。如联邦证券交易委员会（SEC）早在2010年就着手开发大数据分析系统。2013年1月，基于大数据技术的市场信息数据分析系统（MIDAS）正式上线。该系统每天从全美13家股票交易所收集约10亿条微秒量级的交易记录，并具备对数以千计的股票在过去6个月甚至12个月内的交易情况进行即时分析的能力，这意味着其需要同时处理1000亿条股票交易信息①。其性能之先进由此可见一斑。该系统的建立极大地帮助了联邦证券交易委员会及时发现证券市场价格的非正常波动并在第一时间采取补救措施。

从上述分析中可以得到三个重要的启示：一是量体裁衣、因地制宜。各国应该从本国的实际国情出发，其金融业综合统计体系应该与本国金融体系的发展和金融监管框架相契合。二是数据标准的统一与数据资源的开放共享至关重要。前者是构建金融业综合统计体系的重要手段，而后者则是最大化数据资源社会价值的必要条件。三是技术创新和机制创新是重要保障。金融业综合统计体系建设整合信息资源、优化数据质量、有效支持决策等目标，都离不开数据技术和决策机制的创新和应用。

作为货币政策当局和最后贷款人，中国人民银行在全国金融业综合统计体系建设方面进行了大量有益的尝试，如早在2011年就开展了跨部门的社会融资规模统计。但是，在当前金融分业经营和分业监管的制度安排下，中国金融业统计在统计技术、数据标准以及机制建设等方面，与美国等主要发达国家之间依然存在较大的差距。为此，本书建议采用"三三制"战略，打造符合现代金融市场发展实际的中国金融业综合统计体系，即秉持三个基本原则——理念前瞻、设计务实、内容开放，分三个阶段推进——框架改革、数据整合、实

---

① 数据引自 Securities and Exchange Commission. MIDAS Market Information Data Analytics System［R/OL］.（2013 – 09 – 16）［2016 – 09 – 23］http：//www. sec. gov/marketstructure/midas. html.

践应用。

中国金融业综合统计体系建设应该遵循理念前瞻、设计务实、内容开放的原则。理念前瞻是指目前构建金融业综合统计体系，既要充分借鉴国际经验，特别是发达国家较为成熟的技术范式，又必须充分考虑到中国金融体制持续深化改革、金融市场快速发展、传统金融机构逐渐转型以及金融创新日趋活跃等实际情况。新的统计体系在数据标准、统计规则以及分析方法等方面，既要体现国际标准，又要具备可拓展性，即预留出足够的"升级接口"，以确保能够客观、准确反映中国金融体系的动态变化。设计务实是指新的统计体系不仅要有"高大上"的标准，更应该有"接地气"的能力，即应该与中国现行的金融统计体系、数据规则以及使用习惯相协调，以降低推广和使用新统计体系的沉淀成本。内容开放是指应当借鉴美国等主要发达国家的通行做法，把新的统计体系建成一个开放式系统，在一定的原则和规范下，监管部门、金融机构、学术界都能够充分使用相关数据，进行风险管理或者开展相关学术研究，这将在最大程度上发挥金融业综合统计体系的作用。

在推进金融业综合统计体系建设过程中，应该按照框架改革、数据整合、实践应用三个阶段，循序渐进，逐步深入。框架改革是制度准备阶段，应该根据金融监管体制改革的进展，明确中央银行在宏观审慎和金融稳定中的主导作用，由其统筹负责金融业综合统计体系建设工作。数据整合是开发调试阶段，主要是搭建新统计体系的总体架构，如制定统一的数据标准、数据报送规则以及数据分享机制，探索基于大数据技术的新型数据分析方法；建立标准统一、时间连续的微观金融数据库等。实践应用则是检验完善阶段。一方面，金融监管部门利用相关数据开展系统性风险监测，从而更好地行使宏观审慎政策职能；另一方面，鼓励、引导微观主体使用相关数据开展风险管理和相关研究。各方将在实际使用过程中，不断修正数据模型，探索和开发新的数据分析方法，反馈意见和建议，在实践中不断完善金融业综合统计体系。

当然，美国的实践证明，新的金融业综合统计体系的建立和推广将面临诸多问题和挑战。从非技术层面来看，动荡的宏观货币金融环境、复杂的利益博弈与监管协调、与现行司法体系的契合等问题，使建立和推广新的金融业综合统计体系之路并不平坦。特别需要指出的是，金融机构识别仅仅是构建金融业综合统计体系的第一步，其后的金融交易识别和金融产品识别的技术细节将更加复杂，操作难度无疑也更大。因此，构建一个真正意义上的金融业综合统计体系，将是一项浩大的系统工程。

四、需要持续关注和进一步研究的问题

目前，对宏观审慎监管的大数据方法的研究仍然处于探索和起步阶段，尚未形成明确统一的技术范式。但是，重视微观金融数据并且深入挖掘其背后的风险信息，将成为宏观审慎监管的重要发展方向。美国等主要发达国家的先行先试，为我们研究这一问题提供了重要的参考。本书认为，目前中国在大数据监管领域，尤其是金融业综合统计体系建设方面存在以下几个方面的问题：

一是研究储备不足。近年来，"大数据金融"（Big Data Finance）的迅速兴起使传统的风险管理理念和方法出现了重大变化。与此同时，宏观审慎监管的技术路线也更加明晰、成熟。然而，国内学术界对这一问题缺乏深入系统的研究，相关研究储备严重不足（这主要是由于该领域本身是一个跨学科的新兴交叉研究领域）。这在一定程度上导致中国的微观金融数据系统建设以及在此基础上的大数据监管实践只能在借鉴国际经验的基础上"干中学"，从而缺乏长远规划和系统安排。为此，国内学术界应该密切关注这一领域的前沿进展，为该领域的基础研究和政策应用贡献更多的力量。

二是业界参与度不高。长期以来，在金融抑制和刚性兑付的背景下，中国金融机构普遍存在风险意识弱化、风险管理能力不强的问题。在传统的信贷业务占主导、金融创新不活跃的金融体系中，金融机构之间的资产负债关系和金融产品链条较为简单。因此，商业银行等传统金融机构普遍缺乏对全球 LEI 系统、金融交易与金融工具识别的关注和认知，更缺乏对该新数据平台所承载的基于大数据技术的风险管理理念的深入理解。如果没有业界的深入参与，新数据系统的作用难免会大打折扣。

　　三是框架体系不顺。目前，全国金融标准化技术委员会（以下简称金标委）作为中国金融当局的代表，参与全球 LEI 体系的建设并负责组建和运行中国的本土信息系统。金标委作为金融领域内从事全国性标准化工作的技术组织，从技术层面提供支持并无不妥，但是新的金融数据系统主要涉及系统性风险监测和实施宏观审慎监管，这就远远超出了金标委的职能范畴。从美国和英国等主要发达国家的实践来看，新的金融数据系统多由专司宏观审慎监管职能的机构负责。因此，深化监管框架改革、明确宏观审慎监管的职责是一个重要前提。

　　此外，以下两个方面的问题也值得我们密切关注并进行深入研究：

　　第一，全球统一的微观金融数据标准的制定及其可能产生的影响。以美国为代表的主要发达国家已经深刻地意识到，微观金融数据标准的不一致以及支离破碎的现行金融统计体系，已经成为监测系统性风险和加强宏观审慎监管的一大阻碍。为此，近年来美国、英国以及欧盟国家纷纷加快了金融统计体系的改革，其中制定统一的微观金融数据标准成为重要内容。出于加强监管合作、推动国际金融监管改革的考虑，建立全球统一的微观金融数据标准已经被主要发达国家提上了议事日程。2015 年 1 月，美国财政部金融研究办公室、英格兰银行以及欧洲中央银行在伦敦就制定微观金融数据的全球标准问题进行了磋商。这是由主要发达经济体主导的新的国际金融标准的制定，统一的数据标准将对全球金融市场特别是无法参与规则制定的广大发展中国家产生重大而深远的影响。为此，密切关注这一进程并开展前期研究是非常有必要的。

　　第二，基于语义建模（semantic modeling）技术的金融业务本体（FIBO）方案及其进展。如本书第八章所述，除统计标准不一之外，目前大多数微观金融数据信息缺乏机器可读性，很多金融信息的获取和处理主要依靠人工操作，从而限制了大数据方法的使用。企业数据管理委员会（简称 EDM 委员会）开发的 FIBO 方案近年来获得了越来越广泛的认可。FIBO 方案的基本逻辑是以语义建模的方式对整个金融术语以及金融关系进行明确定义并附加机器可读的标准化信息，从而为金融信息搜集、处理和匿名分享的高度自动化创造条件。美国财政部、美联储、联邦存款保险公司等主要监管部门以及美国主要的大型金融机构都参与了 FIBO 方案的开发并发挥了重要作用。不排除该方案将会成为未来国际通行的金融数据处理的工作母机。因此，其开发和推广的进展值得我们密切关注。

五、本章小结

美国大数据监管的实践探索具有八个基本特征：在规划统筹方面具有全局性与系统性，在设施建设方面注重广泛性与基础性，在技术开发方面追求前瞻性与灵活性，在应用普及方面强调兼容性与隐私性。尽管美国已经在微观数据基础设施的建设以及大数据方法的开发这两个方面取得了一定的进展，但是从总体上看，美国对于宏观审慎监管的大数据方法的开发和运用仍然处于起步阶段，即大数据技术与宏观审慎监管这一新兴的且富有挑战的领域相结合，仍然需要一个探索的过程。宏观审慎监管的大数据方法有望成为未来全球金融监管的主要技术范式之一。目前，金融监管的大数据方法仍然存在一定的局限性：金融数据统计标准的不一致限制了大数据方法的运用、私人金融机构使用金融数据基础设施的激励不足以及大数据方法的运用面临着隐私保护与信息安全问题。最后，在金融风险的防控以及金融监管的过程中，技术性因素和人的直觉判断的相对重要性，也是一个"仁者见仁，智者见智"的问题。在很多时候，与其使用复杂的技术手段识别金融危机的可能性，还不如依靠简单的政策和经验判断来得直观、有效。

金融业综合统计体系是实施大数据监管的数据基础设施。本书认为，在借鉴美国经验的基础上构建符合中国国情的金融业综合统计体系乃是一项当务之急。美国的金融业综合统计体系建设具有三个突出特点：监管机构数量多，统计覆盖面全；收集信息有纵深，普及标准视野广；开发信息系统的理念和技术新，信息系统性能优异。从美国经验中可以得到三个重要的启示：一是量体裁衣、因地制宜，二是数据标准的统一与数据资源的开放共享至关重要，三是技术创新和机制创新是重要保障。尽管中国人民银行在全国金融业综合统计体系建设方面进行了大量有益的尝试，但是中国金融业综合统计在统计技术、数据标准、机制建设等方面，与美国等主要发达国家仍存在较大差距。本书建议采用"三三制"战略，打造符合现代金融市场发展实际的中国金融业综合统计体系，即秉持三个基本原则——理念前瞻、设计务实、内容开放，分三个阶段推进——框架改革、数据整合、实践应用。目前中国在大数据监管领域尤其是金融业综合统计体系建设方面存在的主要问题是研究储备不足、业界参与度不高以及框架体系不顺。此外，全球统一的微观金融数据标准的制定及其可能产生的影响以及基于语义建模技术的 FIBO 方案及其进展等问题，也值得我们密切关注并进行深入研究。

参考文献

[1] ADAMS R M. Consolidation and Merger Activity in the United States Banking Industry from 2000 through 2010 [R]. Divisions of Research & Statistics and Monetary Affairs of the U. S. Federal Reserve Board, Washington, D. C. , 2012.

[2] ADRIAN T, SHIN H S. The Changing Nature of Financial Intermediation and the Financial Crisis of 2007 – 2009 [J]. Annual Review of Economics, 2010 (2): 603 – 618.

[3] AGRAWAL A, CATALINI C, GOLDFARB A. Crowdfunding's Role in the Rate and Direction of Innovative Activity [R]. Working Paper, University of Toronto, 2013.

[4] AGRAWAL A, CATALINI C, GOLDFARB A. Some Simple Economics of Crowdfunding [R]. NBER Working Paper, 2013.

[5] AGRAWAL A, CATALINI C, GOLDFARB A. The Geography of Crowdfunding [R]. NBER Working Paper, 2011.

[6] ALBRECHT J P. Regaining Control and Sovereignty in the Digital Age [M]. In Enforcing Privacy, Volume 25 of the Law, Governance and Technology Series, 2016.

[7] ALLEN F, MCANDREWS J, STRAHAN P. E – Finance: An Introduction [J]. Journal of Financial Services Research, 2002, 22 (1/2): 5 – 27.

[8] ALLEN H, HAWKINS J, SATO S. Electronic Trading and Its Implications for Financial Systems [R]. BIS Papers Chapters with Number 07 – 04, 2001.

[9] ANGUELOV C E, HILGERT M A, HOGARTH J M. U. S. Consumers and Electronic Banking, 1995—2003 [R]. Federal Reserve Bulletin, 2004.

[10] ARNER D W, BARBERIS J N, BUCKLEY R P. The Evolution of Fintech: A New Post – Crisis Paradigm [R]. University of Hong Kong Faculty of Law Research Paper, No. 2015/047.

[11] ARNOLD C E, HARZOG B B. The Complete Idiot's Guide to Person – to – Person Lending [M]. Penguin Press, 2009.

[12] ARNOLD I J M, EWIJK S E. Can Pure Play Internet Banking Survive the Credit Crisis [J]. Journal of Banking & Finance, 2011, 35: 783 – 793.

[13] ARTHUR W B. Competing Technologies, Increasing Returns, and Lock-in by Historical Events [J]. The Economic Journal, 1989, 99 (394): 116 – 131.

[14] ARTHUR W B. Increasing Returns and Path Dependence in the Economy [M]. Ann Arbor, MI, The University of Michigan Press, 1994.

[15] ARTHUR W B. Positive Feedbacks in the Economy [J]. Scientific American, 1990: 92 – 99.

[16] ATKIN M, BENNETT M. Semantics in Systemic Risk Management [M] //Publisher: Cambridge University Press, 2013.

[17] BAAKE P, BOOM A. Vertical Product Differentiation, Network Externalities and Compatibility Decisions [J]. International Journal of Industrial Organization, 2001, 19: 267 – 284.

[18] BALMANN A, et al. Path – Dependence without Increasing Returns to Scale and Network Externalities [J]. Journal of Economic Behavior and Organization, 1996, 29: 159 – 172.

[19] BANKS E. E – Finance: The Electronic Revolution [M]. London: John Wiley & Sons, 2001.

[20] Basel Committee on Banking Supervision. Risk Management for Electronic Banking and Electronic Money Activities [R]. BCBS, 1998.

[21] Basel Committee on Banking Supervision. Electronic Banking Group Initiatives and White Papers [R]. Paper 76, October, 2000.

［22］ Basel Committee on Banking Supervision. Risk Management Principles for Electronic Banking ［R］. Paper 82, May, 2001.

［23］ BASU A, MAZUMDAR T, RAJ S P. Indirect Network Externality Effects on Product Attributes ［J］. Marketing Science, 2003, 22: 209 – 221.

［24］ BAUER K, HEIN S E. The Effect of Heterogeneous Risk on the Early Adoption of Internet Banking Technologies ［J］. Journal of Banking & Finance, 2006, 30: 1713 – 1725.

［25］ BELLEFLAMME P, LAMBERT T, SCHWIENBACHER A. Crowdfunding: Tapping the Right Crowd ［J］. Journal of Business Venturing, 2014, 29: 585 – 609.

［26］ BENNETT M. The Financial Industry Business Ontology: Best Practice for Big Data ［J］. Journal of Banking Regulation, 2013, 14 (3/4): 255 – 268.

［27］ BENSAID B, LESNE J P. Dynamic Monopoly Pricing with Network Externalities ［J］. International Journal of Industrial Organization, 1996, 14: 837 – 855.

［28］ BERGER A N, DEMSETZ R S, STRAHAN P E. The Consolidation of the Financial Services Industry: Causes, Consequences, and Implications for the Future ［J］. Journal of Banking and Finances, 1999, 23.

［29］ BESEN S M, JOHNSON L L. Compatibility Standards, Competition, andInnovation in the Broadcasting Industry ［R］. Rand Publication, No. R – 3453 – NSF, 1986.

［30］ BILLIO M, GETMANSKY M, LO A W, PELIZZON L. Econometric Measures of Systemic Risk in the Finance and Insurance Sectors ［R］. NBER Working Paper, No. 16223, 2010.

［31］ BIS. Digital Currencies ［R］. Committee on Payments and Market Infrastructures, 2015.

［32］ BISIAS D, FLOOD M, LO A W, VALAVANIS S A. Survey of Systemic Risk Analytics ［R］. Office of Financial Research Working Paper, 2012.

［33］ BLANCHER N, MITRA S, MORSY H, OTANI A, SEVERO T,

VALDERRAMA L. Systemic Risk Monitoring（"SysMo"）Toolkit—A User Guide ［R］. IMF Working Paper, 2013.

［34］ BORIO C. Towards a Macroprudential Framework for Financial Supervision and Regulation ［R］. BIS Working Papers, No. 128, 2003.

［35］ BORST W N. Construction of Engineering Ontologies for Knowledge Sharing and Reuse ［D］. Enschede: University of Twente, 1997.

［36］ BOTTEGA J A, POWELL L F. Creating a Linchpin for Financial Data: Toward a Universal Legal Entity Identifier ［J］. Journal of Economics and Business, 2012（1）: 105 – 115.

［37］ BOWLEY G. Lone ＄ 4.1 Billion Sale Led to "Flash Crash" in May ［N］. The New York Times, 2010 – 10 – 01.

［38］ BROADBENT B. Central Banks and Digital Currencies ［R/OL］. （2016 – 06 – 12）［2016 – 09 – 20］. http: //www. bankofengland. co. uk/publications/Documents/speeches/2016/speech886. pdf.

［39］ BRUMMER C, GORFINE D. FinTech: Building a 21st – Century Regulator's Toolkit ［R］. Center for Financial Markets, Milken Institute, 2014.

［40］ BRYNJOLFSSON E, KEMERER C. Network Externalities in Microcomputer Software: An Econometric Analysis of the Spreadsheet Market ［J］. Management Science, 1996, 42: 1627 – 1647.

［41］ CABRAL L M B, SALANT D J, WOROCH G A. Monopoly Pricing with Network Externalities ［J］. International Journal of Industrial Organization, 1999, 17: 199 – 214.

［42］ CARD S K, MACKINLAY J D, SHNEIDERMAN B. Readings in Information Visualization: Using Vision to Think ［M］. San Francisco: Morgan – Kaufmann Publishers, 1999.

［43］ CARLINI E M, et al. A Decentralized and Proactive Architecture Based on the Cyber Physical System Paradigm for Smart Transmission Grids Modelling, Monitoring and Control [J]. Technology and Economics of Smart Grids and Sustainable Energy, 2016 (1).

[44] CHANDER A. National Data Governance in a Global Economy [R]. UC Davis Legal Studies Research Paper, No. 495, 2016.

[45] CHEN J. Evaluation of Application of Ontology and Semantic Technology for Improving Data Transparency and Regulatory Compliance in the Global Financial Industry [D]. Massachusetts Institute of Technology, 2015.

[46] CHOU C F, SHY O. Network Effects without Network Externalities [J]. International Journal of Industrial Organization, 1990, 8: 259 – 270.

[47] CHURCH J, GANDAL N. Platform Competition in Telecommunications [M] // NewYork: Elsevier, 2005.

[48] CHURCH J, KING I, KRAUSE D. Indirect Network Effects and Adoption Externalities [J]. Review of Network Economics, 2008, 7: 337 – 358.

[49] CLAESSENS S, GLAESSNER T, KLINGEBIEL D. Electronic Finance: Reshaping the Financial Landscape Around the World [J]. Journal of Financial Services Research, 2002, 22 (1/2): 29 – 61.

[50] CLAESSENS S, UNDERHILL G R D, ZHANG X. The Political Economy of Basel II: The Costs for Poor Countries [J]. The World Economy, 2008 (3): 313 – 460.

[51] COHENDET P, LLERENA P, STAHN H, UMBHAUER G. The Economics of Networks: Interaction and Behaviours [M]. Heidelberg: Springer – Verlag Berlin, 1998.

[52] COLLINS L, PIERRAKIS Y. The Venture Crowd: Crowdfunding Equity Investment into Business [M]. London: Nesta, 2012.

[53] Council of Advisors on Science and Technology. Big Data and Privacy: A Technological Perspective [R]. Executive Office of the President, The White House, 2014.

[54] CRAWFORD K. The Hidden Biases in Big Data [J]. Harvard Business

Review, 2013 (4).

[55] CROCKETT A D. Marrying the Micro and Macroprudential Dimensions of Financial Stability [C]. BIS Speeches, September, 2000.

[56] CRONIN M J. Banking and Finance on the Internet [M]. Wiley, 1997.

[57] CROSS H. The People's Right to Know: Legal Access to Public Records and Proceedings [M]. New York: Columbia University Press, 1953.

[58] CURTIN J P, GAFFNEY R L, RIGGINS F J. Identifying Business Value Using the RFID E – Valuation Framework [J]. International Journal of RF Technologies: Research and Applications, 2013 (2).

[59] DAMRO C. Market Power Europe [J]. Journal of European Public Policy, 2012, 19 (5): 682 – 699.

[60] DATTELS P, MCCAUGHRIN R, MIYAJIMA K, PUIG J. Can You Map Global Financial Stability [R]. IMF Working Paper WP/10/145, June 2010.

[61] DAVID P A. Clio and the Economics of QWERTY [J]. American Economic Review, 1985, 75: 332 – 337.

[62] DAVID P A. Why are Institutions the "Carriers of History"? Path Dependence and the Evolution of Conventions, Organizations and Institutions [J]. Structural Change and Economic Dynamics. 1994, 5 (2): 205 – 220.

[63] DAVIDSON S, DE FILIPPI P, POTTS J. Economics of Blockchain [R/OL]. http: //ssrn. com/abstract = 2744751, 2016.

[64] DE REZENDE F C. The Structure and the Evolution of the U. S. Financial System, 1945 – 1986 [J]. International Journal of Political Economy, 2011 (2): 21 – 44.

[65] Deutsche Bundesbank. Neue Eigenkapitalanforderungen für Kreditinstitute (Basel II) [R/OL]. (2004 – 09 – 01) [2016 – 09 – 20]. www. bundesbank. de/download/volkswirtschaft/mba/2004/200409mba_ basell. pdf, September, 2004.

[66] DEYOUNG R, LANG W W, NOLLE D L. How the Internet Affects Out-

put and Performance at Community Banks [J]. Journal of Banking & Finance, 2007, 31: 1033 - 1060.

[67] DEYOUNG R. The Financial Progress of Pure - play Internet Banks [R]. BIS Papers Chapters with Number 07 - 04, 2001.

[68] DEYOUNG R. The Performance of Internet - based Business Models: Evidence from the Banking Industry [J]. Journal of Business, 2005, 78 (3): 893 - 947.

[69] DIAMOND D W, RAJAN R G. Liquidity Risk, Liquidity Creation and Financial Fragility: A Theory of Banking [J]. Journal of Political Economy, 2001, 109: 287 - 327.

[70] DOGANOGLU T, WRIGHT J. Multihoming and Compatibility [J]. International Journal of Industrial Organization, 2006, 24: 45 - 67.

[71] DURDEN T. Visualizing the Past of the Treasury Yield Curve, and Deconstructing the Great Confusion Surrounding Its Future [R/OL]. (2010 - 08 - 01) [2016 - 09 - 20]. http://www. zerohedge. com/article/visualizing - past - treasury - yield - curve - and - deconstructing - great - confusion - surrounding - its - fut.

[72] DUTTON W H. Putting Things to Work: Social and Policy Challenges for the Internet of Things [J]. Info, 2014 (3).

[73] ECBS. Electronic Banking, European Committee for Banking Standards [S]. 1999.

[74] ECONOMIDES N. Network Economics with Application to Finance [J]. Financial Markets, Institution & Instrument, 1993, 2 (5): 89 - 97.

[75] ECONOMIDES N. The Economics of Networks [J]. International Journal of Industrial Organization, 1996 (10): 673 - 699.

[76] ECONOMIDES N. The Impact of the Internet on Financial Markets [J]. Journal of Financial Transformation, 2001, 1 (1): 8 - 13.

[77] ECONOMIDES N, HIMMELBERG C. Critical Mass and Network Evolu-

tion in Telecommunications [C]. Toward a Competitive Telecommunications Indus-
try: Selected Papers from the 1994 Telecommunications Policy Research Conference,
1995.

[78] ENGLAND K L, FURST K, NOLLE, DANIEL E, ROBERTSON D.
Banking over the Internet [J]. Quarterly Journal, Office of the Comptroller of the
Currency, 1998, 17 (4).

[79] EPSTEIN G A. Financialization and the World Economy [M].
Northampton: Edward Elgar Press, 2005: 7 – 9.

[80] Executive Office of the President. Big Data and Differential Pricing [R].
The White House, 2015.

[81] Executive Office of the President. Big Data Research and Development
Initiative [R]. The White House, 2012.

[82] Executive Office of the President. Big Data: A Report on Algorithmic
Systems, Opportunity, and Civil Rights [R]. The White House, 2016.

[83] Executive Office of the President. Big Data: Seizing Opportunities, Pre-
serving Values [R]. The White House, 2014.

[84] FARRELL J, SALONER G. Converters, Compatibility, and the Control
of Interfaces [J]. Journal of Industrial Economics, 1992, 40: 9 – 35.

[85] FARRELL J, SALONER G. Installed Base and Compatibility: Innova-
tion, Product Preannouncements, and Predation [J]. American Economic Review,
1986, 76: 940 – 955.

[86] FARRELL J, SALONER G. Standardization, Compatibility, and Innova-
tion [J]. Rand Journal of Economics, 1985, 16: 70 – 83.

[87] FARRELL J, SHAPIRO C. Dynamic Competition with Switching Costs
[J]. Rand Journal of Economics, 1988, 19: 123.

[88] FCIC. Final Report of the National Commission on the Causes of the Fi-
nancial and Economic Crisis in the United States [R]. The Financial Crisis Inquiry

Report, Official Government Edition, 2011.

[89] FCIC. Shadow Banking and the Financial Crisis [R]. Preliminary Staff Report, 2010.

[90] FLOOD M D, LEMIEUX V L, VARGA M, WONG B L W. The Application of Visual Analytics to Financial Stability Monitoring [R]. Office of Financial Research (OFR) Working Paper, No. 14 – 02b, 2014.

[91] FOUQUE J P, LANGSAM J A. Handbook on Systemic Risk [M]. Cambridge University Press, 2013.

[92] FREEDMAN S M, JIN G Z. Learning by Doing with Asymmetric Information: Evidence from Prosper. com [R]. NBER Working Paper No. 16855 March 2011.

[93] FSB. A Global Legal Entity Identifier for Financial Markets [R/OL]. (2012 – 06 – 08) [2016 – 09 – 20]. www. financialstabilityboard. org/list/fsb_publications.

[94] FSB. Shadow Banking: Scoping the Issues [R/OL]. (2011 – 04 – 12) [2016 – 09 – 20]. www. financialstabilityboard. org/list/fsb_ publications/index. htm.

[95] FSB. Shadow Banking: Strengthening Oversight and Regulation [R/OL]. (2011 – 10 – 27) [2016 – 09 – 21]. www. financialstabilityboard. org/list/fsb_publications/index. htm.

[96] FURST K, LANG W W, NOLLE D E. Internet Banking [J]. Journal of Financial Services Research, 2002, 22 (1/2): 95 – 117.

[97] FURST K, LANG W W, NOLLE D E. Who Offers Internet Banking [J]. OCC Quarterly Journal, 2000, 19 (2).

[98] GABISON G A. Understanding Crowdfunding and Its Regulations [R]. Joint Research Centre Science and Policy Report, European Commission, 2015.

[99] GALLINI N, KARP L. Sales and Consumer Lock – in [J]. Economica, 1989, 56: 279 – 294.

[100] GANDAL N. A Selective Survey of the Literature on Indirect Network Externalities: A Discussion [J]. Research in Law and Economics, 1995, 17: 23 –31.

[101] GARUD R, KARNOE P. Path Dependence and Creation [M]. Lawrence Erlbaum Associates, Inc. , Publishers, 2001.

[102] GEITHNER T F. Reducing Systemic Risk in a Dynamic Financial System [R/OL]. (2008 – 06 – 09) [2016 – 09 – 22]. www. bis. org/review/r080612b. pdf, Bank of International Settlement, June 9, 2008.

[103] GHOSE R, et al. Digital Disruption How FinTech is Forcing Banking to a Tipping Point [R]. Global Perspectives & Solutions of Citigroup, March 2016.

[104] GORTON G, METRICK A. Regulating the Shadow Banking System [J]. Brookings Papers on Economic Activity, 2010 (2): 261 –312.

[105] GORTON G, METRICK A. Securitized Banking and the Run on Repo [R]. Yale ICF Working Paper No. 09 – 14, 2010.

[106] GORTON G, NICHOLAS S S. Special Purpose Vehicles and Securitization [R]. NBER Working Paper No. 11190, 2005.

[107] GOWRISANKARAN G, STAVINS J. Network Externalities and Technology Adoption: Lessons from Electronic Payments [J]. Rand Journal of Economics, 2004, 35: 260 –276.

[108] GRAJEK M. Estimating Network Effects and Compatibility: Evidence from the Polish Mobile Market. Information Economics and Policy, 2010, 22 (2): 130 –143.

[109] GREENSTEIN S M. Lock – in and the Costs of Switching Mainframe Computer Vendors: What Do Buyers See [J]. Industrial and Corporate Change, 1997, 6: 247.

[110] GREENWOOD R, HANSON S, STEIN J. A Comparative – Advantage Approach to Government Debt Maturity [R]. Harvard Business School Working Paper No. 11 –035, 2011.

［111］ GRIFFIN Z. Crowdfunding: Fleecing the American Masses ［R/OL］. (2012 – 03 – 12) ［2016 – 08 – 20］. http: //ssrn. com/abstract = 2030001.

［112］ GROSS B. Beware Our Shadow Banking System ［J］. Fortune, 2007 (11).

［113］ GRUBER T R. A Translation Approach to Portable Ontology Specifications ［J］. Knowledge Acquisition, 1993, 5: 199 – 220.

［114］ GUPTA S, JAIN D C, SAWHNEY M S. Modeling the Evolution of Markets with Indirect Network Externalities: An Application to Digital Television ［J］. Marketing Science, 1999, 18: 396 –416.

［115］ HALDANE A G. How Low Can You Go ［R/OL］. (2015 – 08 – 01) ［2016 – 09 – 20］. http: //www. bankofengland. co. uk/publications/Documents/ speeches/2015/speech840. pdf.

［116］ HALDANE A. The Dog and the Frisbee ［C］. Paper Given at the Federal Reserve Bank of Kansas City's 36th Economic Policy Symposium, Jackson Hole, Wyoming, 31 August, 2012.

［117］ HALTOM R C. Out from the Shadows: The Run on Shadow Banking and A Framework for Reform ［J］. Regional Focus, 2010 (3): 22 –25.

［118］ HARTZOG W. Chain – Link Confidentiality ［J］. Georgia Law Review, 2011 (46): 657 –704.

［119］ HAWKINS J. Electronic Finance and Monetary Policy ［R］. BIS Papers Chapters with Number 07 –04, 2001.

［120］ HE D. et al. Virtual Currencies and Beyond: Initial Considerations ［R］. IMF Staff Discussion Note, January 2016.

［121］ HERBST A F. E –finance Promises Kept, Promises Unfulfilled, and Implication for Policy and Research ［J］. Global Finance Journal, 2001 (12): 205 –215.

［122］ HERNÁNDEZ – MURILLO R, LLOBET G, FUENTES R. Strategic Online Banking Adoption ［J］. Journal of Banking & Finance, 2010, 34: 1650 –1663.

[123] HOWARTH D, QUAGLIA L. Banking on Stability: The Political Economy of New Capital Requirements in the European Union [J]. European Integration, 2013 (3): 333 – 346.

[124] HUMPHREYS K. Banking on the Web Security First Network Bank and the Development of Virtual Financial Institutions [M] // John Wiley & Sons, 1998.

[125] IMF. Financial Stress and Deleveraging: Macrofinancial Implications and Policy [R]. Global Financial Stability Report, October, 2008.

[126] IMF. United Kingdom: Staff Report for the 2011 Article IV Consultation—Supplementary Information [R]. IMF Country Report No. 11/220, July 2011.

[127] JENKINS P, MASTERS B. Shadow Banks Face Regulators' Scrutiny [N]. Financial Times, 2010 – 11 – 16.

[128] JENKINSON N, LEONOVA I S. The Importance of Data Quality for Effective Financial Stability Policies – Legal Entity Identifier: A First Step towards Necessary Financial Data Reforms. Financial Stability Review [J]. Banque de France, 2013 (17).

[129] JEREZ B. Incentive Compatibility and Pricing under Moral Hazard [J]. Review of Economic Dynamics, 2005, 8: 28 – 47.

[130] JOHNSON J A. From Open Data to Information Justice [J]. Ethics and Information Technology, 2014 (16).

[131] JONARD N, SCHENK E. A Note on Compatibility and Entry in a Circular Model of Product Differentiation [J]. Economics Bulletin, 2004 (12): 1 – 9.

[132] KAPSTEIN E B. Between Power and Purpose: Central Banker and the Politics of Regulatory Convergence [J]. International Organization, 1992 (1): 265 – 287.

[133] KAPSTEIN E B. Resolving the Regulator's Dilemma: International Coordination of Banking Regulations [J]. International Organization, 1989 (2): 323 – 347.

[134] KATZ M L, SHAPIRO C. Network Externalities, Competition, and Compatibility [J]. The American Economic Review. 1985 (6): 424.

［135］ KATZ M L, SHAPIRO C. Systems Competition and Network Effects ［J］. Journal of Economic Perspectives, 1994 (8): 93 – 115.

［136］ KEIM D A, KOHLHAMMER J, ELLIS G, MANSMANN F. Mastering the Information Age – Solving Problems with Visual Analytics ［M］. Florian Mansmann, 2011.

［137］ KLEMPERER P. The Competitiveness of Markets with Switching Costs ［J］. Rand Journal of Economics, 1987 (18): 138 – 150.

［138］ KNUTSEN J. Uprooting Products of the Networked City ［J］. International Journal of Design, 2014 (1).

［139］ KOTHARI V. Securitization: The Financial Instrument of the Future ［M］. Singapore: John Wiley & Sons (Asia) Ltd., 2006.

［140］ KRISHNAMURTHY A, ANNETTE V J. The Aggregate Demand for Treasury Debt ［R］. NBER Working Paper, No. 12881, 2010.

［141］ KUMAR S. Relaunching Innovation: Lessons from Silicon Valley ［J］. Banking Perspective, 2016, 4 (1): 19 – 23.

［142］ KUPPUSWAMY V, BAYUS B L. Crowdfunding Creative Ideas: The Dynamics of Projects Backers in Kickstarter ［R］. UNC Kenan – Flagler Research Paper, 2013 – 15.

［143］ LEMIEUX V L, PHILLIPS P, BAJWA H S, LI C. Applying Visual Analytics to the Global Legal Entity Identifier System to Enhance Financial Transparency ［C］ // Conference Presentation, Conference on Data Standards, Information, and Financial Stability, Loughborough University, April 11 – 14, 2014.

［144］ LERMAN J. Big Data and Its Exclusions ［J］. Stanford Law Review Online 2013 (66).

［145］ LIEBOWITZ S J, MARGOLIS S E. Path Dependence, Lock – in, and History ［J］. Journal of Law, Economics, and Organization, 1995, 11 (1): 205 – 226.

［146］ LIEBOWITZ S J, MARGOLIS S E. Policy and Path Dependence: From

Qwerty to Windows 95 [J]. Regulation, 1995 (3): 33 –41.

[147] MACH T L, CARTE C M, SLATTERY C R. Peer – to – peer Lending to Small Businesses [R]. Finance and Economics Discussion Series, Divisions of Research & Statistics and Monetary Affairs, Federal Reserve Board, Washington, D. C. , January 2014.

[148] MACK T C. Privacy and the Surveillance Explosion [J]. The Futurist, 2014 (1).

[149] MADHAVAN A. In Search of Liquidity in the Internet Era [C]. Paper presented at the Ninth Annual Financial Markets Conference of the Federal Reserve Bank of Atlanta, 2000.

[150] MANKAD S, MICHAILIDIS G, BRUNETTI C. Visual Analytics for Network – Based Market Surveillance [C]. Proceedings Paper of the 2014 ACM SIGMOD Conference, Special Workshop on Data Science for Macro – Modeling, June, 2014, Snowbird, UT, USA.

[151] MARTIN K E. Ethical Issues in the Big Data Industry [J]. MIS Quarterly Executive, June 2015.

[152] MATUTES C, REGIBEAU P. Mix and Match: Product Compatibility without Network Externalities [J]. Rand Journal of Economics, 1988 (19): 221 –234.

[153] MATUTES C, REGIBEAU P. Standardization Across Markets and Entry [J]. Journal of Industrial Economics, 1989 (40): 467 –487.

[154] MAYER – SCHÖNBERGER V, CUKIER K. Big Data: A Revolution that Will Transform How We Live, Work and Think [M]. Boston, MA: Houghton Mifflin Harcourt, 2013.

[155] MCCORMICK M, CALAHAN L. Common Ground: The Need for a Universal Mortgage Loan Identifier [R]. Office of Financial Research Working Paper 0012, December 5, 2013.

[156] MCKINSEY. Big Data: The Next Frontier for Innovation, Competition, and

Productivity [R/OL]. (2011 - 06 - 11) [2016 - 09 - 20]. www. mckinsey. com.

[157] MCMULLEY P. Teton Reflections [C/OL]. PIMCO Global Central Bank Focus, (2007 - 09 - 08) [2016 - 09 - 22]. http: //easysite. commonwealth. com.

[158] MCMULLEY P. The Shadow Banking System and Hyman Minsky's Economic Journey [R/OL]. (2009 - 05 - 09) [2016 - 09 - 26]. http: //media. pimco - global. com/.

[159] MEER J. Effects of the Price of Charitable Giving: Evidence from an Online Crowdfunding Platform [R]. NBER Working Paper, No. 19082, May 2013.

[160] MILNE A, PARBOTEEAH P. The Business Models and Economics of Peer - to - Peer Lending [R]. Report of the European Credit Research Institute, No. 17, May 2016.

[161] MINSKY H P. The Financial Instability Hypothesis [R]. The Jerome Levy Economics Institute of Bard College Working Paper, No. 74, May, 1992.

[162] MISHKIN, F S, STRAHAN P E. What will Technology Do to Financial Structure [R]. NBER Working Paper, No. 6892, January, 1999.

[163] MOLLICK E. The Dynamics of Crowdfunding: Determinants of Success and Failure [J]. Journal of Business Venturing, 2014, 29 (1).

[164] NAKAMURA L. Durable Financial Regulation: Monitoring Financial Instruments as a Counterpart to Regulating Financial Institutions [R]. Working Paper of Federal Reserve Bank of Philadelphia, November, 2013.

[165] NECHES R, FIKES R E, Gruber T R, et al. Enabling Technology for Knowledge Sharing [J]. AI Magazine, 1991, 12 (3): 36 - 56.

[166] NIETO M J. Reflections on the Regulatory Approach to E - Finance [R]. BIS Papers Chapters with Number 07 - 04, November, 2001.

[167] NOETH B J, SENGUPTA R. Is Shadow Banking Really Banking [J]. The Regional Economist, October, 2011: 8 - 13.

[168] OATLEY T, NABORS R. Redistributive Cooperation: Market Failure,

Wealth Transfers, and the Basle Accord [J]. International Organization, 1998 (1): 35 – 54.

[169] OECD. Exploring Data – Driven Innovation as a New Source of Growth: Mapping the Policy Issues Raised by "Big Data" [R]. OECD Digital Economy Papers, No. 222, OECD Publishing, 2013.

[170] OECD. Measuring the Digital Economy: A New Perspective [R]. OECD Report, Paris, 2014.

[171] Office of Science and Technology Policy. "Data to Knowledge to Action" Event Highlights Innovative Collaborations to Benefit Americans [R]. The White House, November 12, 2013.

[172] OMG. Financial Industry Business Ontology Foundations Beta [R/OL]. (2014 – 02 – 20) [2016 – 09 – 09]. http://www.omg.org.

[173] ORACLE. Big Data for the Enterprise [R]. Oracle White Paper, June 2013.

[174] OREN S S, SMITH S A. Critical Mass and Tariff Structure in Electronic Communications Markets [J]. Bell Journal of Economics, 1981, 12 (2): 467 – 487.

[175] PADDRIK M E, HAYNES R, TODD A E, BELING P A, SCHERER W T. The Role of Visual Analysis in the Regulation of Electronic Order Book Markets [R]. Office of Financial Research (OFR) Working Paper, No. 2014 – 02, August 27, 2014.

[176] PAGE W H, LOPATKA J E. Network Externalities [J]. Encyclopedia of Law & Economics, 1999: 952 – 980.

[177] PENNATHUR A. Clicks and Bricks: E – risk Management for Banks in the Age of the Internet [J]. Journal of Banking and Finance, 2001, 25: 2103 – 2123.

[178] PETERSEN M A, RAJAN R G. Does Distance Still Matter? The Information Revolution in Small Business Lending [J]. Journal of Finance, 2002, 57 (6): 2533 – 2570.

[179] PHILIPPON T, RESHEF A. Wages and Human Capital in the U. S. FinancialIndustry: 1909 – 2006 [J]. Quarterly Journal of Economics, 2012.

[180] PHILIPPON T. Has the US Finance Industry Become Less Efficient on the Theory and Measurement of Financial Intermediation [J]. The American Economic Review, 2015, 105 (4): 1408 – 38.

[181] PHILIPPON T. The FinTech Opportunity [R]. NBER Working Paper, July 2016.

[182] PILKINGTON M. Blockchain Technology: Principles and Applications [M] // Edward Elgar, 2016.

[183] POWELL L F, MONTOYA M, SHUVALOV E. Legal Entity Identifier: What Else Do You Need to Know [R]. Finance and Economics Discussion Series 2011 – 31, Federal Reserve Board, Washington, D. C. , 2011.

[184] POZSAR Z, ADRIAN T, ASHCRAFT A, BOESKY H. Shadow Banking [R]. Federal Reserve Bank of New York Staff Report, No. 458, July, 2010.

[185] POZSAR Z. Institutional Cash Pools and the Triffin Dilemma of the U. S. Banking System [R]. IMF Working Paper, No. WP/11/190, August, 2011.

[186] PREECE J, ROGERS Y, SHARP H, BENYON D, CAREY T. Human – Computer Interaction [R]. Essex: Addison – Wesley Longman Ltd. , 1994.

[187] RADECKI L J, WENNINGER J, ORLOW D K. Industry Structure: Electronic Delivery's Potential Effects on Retail Banking [J]. Journal of Retail Banking Services, 1997, 19 (4): 57 – 63.

[188] RASKIN M, YERMACK D. Digital Currencies, Decentralized Ledgers, and the Future of Central Banking [R]. NBER Working Paper, No. 22238, May 2016.

[189] REIMSBACH – KOUNATZE C. The Proliferation of "Big Data" and Implications for Official Statistics and Statistical Agencies: A Preliminary Analysis [R]. OECD Digital Economy Papers, No. 245, OECD Publishing, 2015.

[190] RENTON P. The Lending Club Story [M]. Create Space Independent Publishing Platform, 1ˢᵗ Edition, DEcember 11, 2012.

[191] RIGGINS F J, WAMBA S F. Research Directions on the Adoption, Usage, and Impact of the Internet of Things through the Use of Big Data Analytics [C]. 48th Hawaii International Conference on System Sciences (HICSS), Kauai, 2015.

[192] ROE M J. Chaos and Evolution in Law and Economics [J]. Harvard Law Review, 1996, 109: 641 – 668.

[193] ROHLFS J. A Theory of Interdependent Demand for a Communications Service [J]. Bell Journal of Economics, 1974, 5 (1): 16 – 37.

[194] SARLIN P. Macroprudential Oversight, Risk Communication and Visualization [R]. Working Paper, Goethe University, March, 2014.

[195] SARLIN P. Mapping Financial Stability [D]. PhD Thesis of Åbo Akademi University, 2013.

[196] SATO S, HAWKINS J. Electronic Finance: An Overview of the Issues [R]. BIS Papers Chapters with Number 07 – 04, November, 2001.

[197] SCHAECHTER A. Issues in Electronic Banking: An Overview [R]. IMF Policy Discussion Paper, PDP/02/6, 2002.

[198] SCHODER D. Forecasting the Success of Telecommunication Services in the Presence of Network Effects [J]. Information Economics and Policy, 2000, 12 (2): 181 – 200.

[199] SCN EDUCATION B. V. Electronic Banking: The Ultimate Guide to Business and Technology of Online Banking [M]. Vieweg Teubner Verlag Publishing, 2001.

[200] Securities and Exchange Commission. MIDAS Market Information Data Analytics System [R/OL] (2013 – 08 – 11) [2016 – 09 – 27] SEC Technical Report, http://www.sec.gov/marketstructure/midas.html.

[201] SHNEIDERMAN B. Extreme Visualization: Squeezing a Billion Records

into a Million Pixels [M] // New York: ACM Press, 2008: 3 – 12.

[202] SHY O A. Short Survey of Network Economics [J]. Review of Industrial Organization, 2011, 38: 119 – 149.

[203] SINGH M, AITKEN J. The (sizable) Role of Rehypothecation in the Shadow Banking System [R]. IMF Working Paper No. 10/172, July, 2010.

[204] SORAMÄKI K, BECH M L, ARNOLD J, GLASS R J, BEYELER W E. The Topology of Interbank Payment Flows [J]. Physica A, 2007, 379: 317 – 333.

[205] STUDER R, BENJAMINS V R, FENSEL D. Knowledge Engineering, Principles and Methods [J]. Data and Knowledge Engineering, 1998, 25 (1 – 2): 161 – 197.

[206] SUNDSTRÖM G A, HOLLNAGEL E. Governance and Control of Financial Systems: A Resilience Engineering Perspective [M]. Ashgate Publishing, 2011.

[207] THOMAS J J, COOK K A. Illuminating the Path: The Research and Development Agenda for Visual Analytics [M]. National Visualization and Analytics Center, 2005.

[208] TRELEAVEN P. Financial Regulation of FinTech [J]. The Journal of Financial Perspectives, 2015, 3 (3).

[209] UNDERHILL G. Markets Beyond Politics? The State and the Internationalization of Financial Markets [J]. European Journal of Political Research, 1991 (March – April): 197 – 225.

[210] United States Government Accountability Office. Person – to – Person Lending, New Regulatory Challenges Could Emerge as the Industry Grows, Report to Congressional Committees [R/OL]. (2011 – 06 – 15) [2016 – 09 – 04]. www. gao. gov/products/GAO – 11 – 613.

[211] VERON N. Basel III: Europe' Interest is to Comply [R]. Working Paper of the Peterson Institute for International Economics, February 20, 2013.

[212] WARDROP R, et al. Breaking New Ground: The Americas Alternative Finance Benchmarking Report. [R – OL]. (2016 – 08 – 11) [2016 – 09 – 23]. http: //research. chicagobooth. edu/polsky/research.

[213] WEINSTEIN R S. Crowdfunding in the US and Abroad: What to Expect When You're Expecting [J]. Cornell International Law Journal, 2013, 46: 427 – 453.

[214] WEISMAN J, ENRICH D. Obama Unveils $ 90 Billion Bank Tax with Sharp Words [J]. The Wall Street Journal, January 14, 2010.

[215] WESTON J. Electronic Communication Networks and Liquidity on the NASDAQ [J]. Journal of Financial Services Research, 2002, 22 (1): 125 – 139.

[216] WHITACRE E, CAULEY L. American Turnaround, Reinventing AT&T and GM and the Way We Do Business in the USA [M]. New York, NY: Business Plus, Hachette Book Group, 2013.

[217] WILL M G. Privacy and Big Data: The Need for a Multi – Stakeholder Approach for Developing an Appropriate Privacy Regulation in the Age of Big Data [R]. Discussion Paper No. 2015 – 03, Martin – Luther – University Halle – Wittenberg, 2015.

[218] WILLIAMSON O E. Transaction Cost Economics and Organization Theory [J]. Industrial and Corporate Change, 1993, 2 (1): 17 – 67.

[219] WINKLER R. Fedcoin: How Banks Can Survive Blockchains [J]. Konzept, 2015 (6): 6 – 7.

[220] WITT U. "Lock – in" vs. "Critical Masses" —Industrial Change under Network Externalities ´ International [J]. Journal of Industrial Organization, 1997, 15: 753 – 773.

[221] WOOD D R. Governing Global Banking: The Basel Committee and the Politics of Financial Globalization [M]. Aldershot: Ashgate Publishing Ltd. , 2005.

[222] World Bank Group. World Development Report 2016: Digital Dividends [R/OL]. (2016 – 03 – 11) [2016 – 09 – 22]. https: //openknowledge. worldbank. org/

handle/10986/23347.

［223］XIE P，ZOU，C. The Theory of Internet Finance［J］. China Econo-mist，2013，8（2）：18－26.

［224］ZAUBERMAN G. The Intertemporal Dynamics of Consumer Lock－in［J］. Journal of Consumer Research，2003，30：405.

［225］ZHANG B. Harnessing Potential the Asia－Pacific Alternative Finance Benchmarking Report［R/OL］.（2019－03－15）［2016－09－22］. https：// www. jbs. cam. ac. uk/fileadmin/user ＿ upload/research/centres/alternative － fi-nance/downloads/harnessing－potential. pdf.

［226］ZHANG J，LIU P. Rational Herding in Microloan Markets［J］. Man-agement Science，2012，58（5）：892－912.

［227］ZODROW G R. Network Externalities and Indirect Tax Preferences for Electronic Commerce［J］. International Tax and Public Finance，2003，10：79－97.

［228］巴曙松等. 巴塞尔资本协议Ⅲ研究［M］. 北京：中国金融出版社，2011.

［229］巴曙松等. 金融危机中的巴塞尔新资本协议：挑战与改进［M］. 北京：中国金融出版社，2010.

［230］蔡翠红. 国际关系中的大数据变革及其挑战［J］. 世界经济与政治，2014（5）.

［231］陈一稀. 美国纯网络银行的兴衰对中国的借鉴［J］. 新金融，2014（1）.

［232］陈志武. 互联网金融到底有多新［N］. 经济观察报，2014－01－06（41）.

［233］邓志鸿. Ontology 研究综述［J］. 北京大学学报（自然科学版），2002（5）.

［234］高晓娟. 美国网络银行发展的困境［J］. 新金融，2001（8）.

［235］韩立炜. 基于本体的金融事件跟踪［D］. 哈尔滨：哈尔滨工业大

学，2009.

[236] 韩韧等. OWL 本体构建方法的研究 [J]. 计算机工程与设计，2008 (6).

[237] 黄健青，刘雪霏，辛乔利，张琦. 美国 JOB 法案出台的背景分析、实施进展及其创新启示 [J]. 国际金融，2015 (5).

[238] 李健，王丽萍，刘瑞. 美国的大数据研发计划及对我国的启示 [J]. 中国科技资源导刊，2013 (1).

[239] 李洁，丁颖. 语义网关键技术概述 [J]. 计算机工程与设计，2007 (8).

[240] 李楠，汪翀. 关于巴塞尔协议规避银行系统危机的有效性研究 [J]. 国际金融研究，2012 (1)：54 – 62.

[241] 李善平等. 本体论研究综述 [J]. 计算机研究与发展，2004 (7).

[242] 李扬. 影子银行体系发展与金融创新 [J]. 中国金融，2011 (12).

[243] 刘芳. 信息可视化技术及应用研究 [D]. 浙江：浙江大学，2013.

[244] 陆晓明. 中美影子银行系统比较分析和启示 [J]. 国际金融研究，2014 (1)：55 – 63.

[245] 綦相. 国际金融监管改革启示 [J]. 金融研究，2015 (2).

[246] 任磊，杜一，马帅，张小龙，戴国忠. 大数据可视分析综述 [J]. 软件学报，2014 (9).

[247] 任永功，于戈. 数据可视化技术的研究与进展 [J]. 计算机科学，2004 (12).

[248] 唐金成，李亚茹. 美国第三方网络保险平台 InsWeb 的兴衰启示 [J]. 上海保险，2015 (3).

[249] 涂子沛. 大数据 [M]. 广西：广西师范大学出版社，2013.

[250] 王达，项卫星. 静悄悄的金融统计体系革命：意义、进展及中国的参与 [J]. 国际经济评论，2015 (4)：121 – 133.

[251] 王达，项卫星. 论国际金融监管改革的最新进展：全球金融市场

LEI 系统的构建 [J]. 世界经济研究, 2013 (1): 10 - 14.

[252] 王达. 宏观审慎监管的大数据方法: 背景、原理及美国的实践 [J]. 国际金融研究, 2015, (9): 55 - 65.

[253] 王达. 论美国影子银行体系的发展、运作、影响及监管 [J]. 国际金融研究, 2012 (1): 35 - 43.

[254] 吴湛微, 禹卫华. 大数据如何改善社会治理: 国外 "大数据社会福祉" 运动的案例分析和借鉴 [J]. 中国行政管理, 2016 (1).

[255] 肖欣荣, 伍永刚. 美国利率市场化改革对银行业的影响 [J]. 国际金融研究, 2011 (1): 69 - 75.

[256] 谢平, 邹传伟, 刘海二. 互联网金融手册 [M]. 北京: 中国人民大学出版社, 2014.

[257] 谢平, 邹传伟. 互联网金融模式研究 [J]. 金融研究, 2012 (12): 11 - 22.

[258] 谢平. 互联网金融模式研究 [R]. 中国金融四十人论坛课题报告, 2012.

[259] 姚文平. 互联网金融 [M]. 北京: 中信出版社, 2014.

[260] 张丽芳. 网络产业的市场结构、竞争策略与公共政策研究 [D]. 厦门: 厦门大学, 2008.

[261] 张艳莹. 美国网络银行经营模式分析及其启示 [J]. 现代财经, 2002 (6).

[262] 赵波, 陶跃华. 本体论及本体论在计算机科学技术中的应用 [J]. 云南师范大学学报 (自然科学版), 2002 (6).

[263] 赵英杰, 张亚秋. JOBS 法案与美国小企业直接融资和监管制度变革研究 [J]. 金融监管研究, 2014 (2).

[264] 甄炳禧. 全球电子商务发展趋势及其影响 [J]. 国际问题研究, 2000 (3).

[265] 中国人民银行金融稳定分析小组. 中国金融稳定报告 (2014)

［M］．北京：中国金融出版社，2014.

　　［266］中国人民银行金融稳定分析小组．中国金融稳定报告（2016）［M］．北京：中国金融出版社，2016.

后　记

　　好奇往往是学术研究的开始。我对于互联网金融问题的探索印证了这句话。2013 年 8 月，以余额宝为代表的互联网货币基金异军突起；2014 年初，中国的第三方支付市场掀起了以现金补贴为特征的价格大战。中国金融市场前所未有的这些新现象和新问题深深地吸引了我。怀着一份久违的热情与冲动，我开始尝试解析互联网金融蓬勃发展之谜。受专业背景的影响，我喜欢从世界经济尤其是国别比较的视角开展研究。由于美国是当之无愧的互联网金融模式的发源地，加之长期以来我一直关注美国金融，我的研究自然而然地聚焦在美国互联网金融发展以及美中比较这一问题上。幸运的是，这一时期我先后得到了国家社会科学基金、国家自然科学基金以及教育部留学回国人员科研启动基金的资助。依托这些项目，我对美国互联网金融以及大数据监管进行了系统的分析和思考。这本拙作正是我近三年对这一问题进行研究的总结，请学界前辈、同仁批评指正。

　　付梓之际，感慨良多。感谢吉林大学美国研究所所长、经济学院院长李俊江教授对于本书研究的大力支持。多年来，李老师一直关注我的学术成长。李老师宽厚仁爱、提携后学的长者风范令我终生受益。吉林大学美国研究所副所长项卫星教授是我的硕士研究生导师和博士研究生导师，我的点滴进步都凝聚着项老师的心血。作为我学术成果的"第一读者"，项老师为本书的研究提出了许多宝贵的建议并不辞辛劳地为我校稿，在此我再次向授业恩师致以崇高的敬意！我要向中国社会科学院世界经济与政治研究所国际投资室主任、研究员张明表示诚挚的感谢！张明研究员在百忙之中认真阅读了书稿并欣然应允为本书作序，他深刻独到的见解令本书陡然增色。我还要感谢吉林大学经济学院的李晓教授、白大范书记、丁一兵教授以及史本叶副教授一直以来对我的帮助，特别是李晓教授高屋建瓴的点评常常令我茅塞顿开、文思泉涌。中国银行国际金融研究所资深研究员钟红以及供职于中共中央办公厅的周国梁博士在我的学术成长过程中提供了大量的帮助，特向二位前辈表示衷心的感谢！中国人民银行营业管理部的李宏瑾副研究员对于本书后续研究的开展提出了富有远见和建设性的意见。本书的出版得到了中国金融出版社的大力支持，感谢亓霞主任和任娟编辑的帮助，她们负责、敬业的工作态度以及高水平的编辑工作使本书得以按时出版。

　　我的妻子刘晓鑫在本书写作期间，不仅替我处理了大量的家庭琐事从而使我能够潜心于书稿的写作，而且还为我的研究提供了大量的帮助。正是在她的鼎力支持下，本书才得以成稿付梓。我将此书献给晓鑫以及我们可爱的儿子。爱令我的人生更加完整，让我在学术道路上不再孤单。最后，感谢我的父母以及岳父、岳母一直以来对我们三口之家的无私支持，父母们无怨无悔、毫无保留的奉献使我能够更加坚定地前行，祝愿天下父母平安、健康！

　　　　　　学海无涯心志真，
　　　　　　术业专攻报师恩。
　　　　　　快意青春终无悔，
　　　　　　乐为书山砍柴人。

王达

2016 年 9 月于吉林大学